板料冷压成形的工程解析

胡世光　陈鹤峥　编著

北京航空航天大学出版社

内容简介

本书以数学塑性力学的工程应用为线索编撰而成,少量涉及金属物理及金相学方面内容。内容由以下三部分组成。第一部分:金属塑性变形的基本原理;第二部分:典型冷压工序分析;第三部分:板料成形的基本变形方式、变形稳定性与成形性能。

本书可作为高等学校航空、宇航制造工程专业、金属塑性加工(板料冲压)专业的教材,也可供其他有关专业学生与工程技术人员参考。

图书在版编目(CIP)数据

板料冷压成形的工程解析/胡世光等编著.—北京:
北京航空航天大学出版社,2004.7
ISBN 7-81077-469-7

Ⅰ.板… Ⅱ.胡… Ⅲ.板材—冷冲压 Ⅳ.TG38

中国版本图书馆 CIP 数据核字(2004)第 022543 号

板料冷压成形的工程解析

胡世光 陈鹤峥 编著

责任编辑 蔡 喆

*

北京航空航天大学出版社出版发行

北京市海淀区学院路 37 号(100083) 发行部电话:010—82317024 传真:010—82328026
http://www.buaapress.com.cn
E-mail:bhpress@263.net
北京宏伟双华印刷有限公司印装 各地书店经销

*

开本:850×1 168 1/32 印张:11 字数:296 千字
2004 年 7 月第 1 版 2004 年 7 月第 1 次印刷 印数:3 000 册
ISBN 7-81077-469-7 定价:19.00 元

序

板料冷压成形作为金属塑性加工的一个重要分支,在许多工业领域(特别是产品为薄壁结构的飞行器制造业)有着极为广泛的应用。因此,"冷压技术"成为1952年北航建校时最初建立的四个专业之一——"飞机工艺"专业的一门必修课,多年来一直作为教改的剖析重点。结合教学、科研、生产实践,反复推敲琢磨最终形成了《板料冷压成形原理》教材,是本书——《板料冷压成形的工程解析》的蓝本。其基本任务是:揭示板料在不同变形条件和变形方式下的塑性变形性质,使读者深入理解板料成形中出现的各种现象,正确拟定有关的工艺参数,以提高零件的成形极限与成形质量,寻求新的更为完善的工艺方法,由"认识世界"进而"改造世界"。

这种以板料塑性成形作为研究对象的书籍国外并不多见,在国内同类书籍中,本书也是较为突出的。其特色在于:立足于集体深厚的教学科研与生产实践积累,凝结了许多教师的智慧与心血,充分表达了他们自身的体验;选材精细,避免庞杂;阐述塑性理论,由一般(材料)到特殊(板料),尤其注重针对性(如板的各向异性);论述板料成形,则先分解(典型工序分析)而后综合(板的基本变形方式,变形稳定性与成形性能),还介绍了学科前沿的动态(成形极限图的建立与应用);习题丰富,大多源于科研生产实践,避免浅显,以启迪读者深入思考。全书编撰始终考虑了人对间接知识的获取规律。

近年来,板料成形虽有长足发展,但大多为计算机技术在板料成形中的应用,至于基本原理则没有太大的变化。本书蓝本(国防工业出版社,1979年)1979年初版曾获国家教委首届高校优秀教材奖,1989年修订再版又获航空部优秀教材一等奖,受到广大读者的欢迎。本书对从事本门学科学习、研究的本科生及研究生,科研生产单位的技术人员来说,都不失为一本实用的参考书。目前,蓝本虽翻印多次但已告罄,多方求索而不可得。作者为使既有教学成果能物尽其用,使厚积薄发,在继承的基础上开发创新,这一治学理念彰明较著,乃不揣冒昧,对原书加以修改,推出《板料冷压成形的工程解析》一书。谬误之处,欢迎读者不吝指正。

王秀凤博士建议并推动了本书的出版,校阅了全书,在此谨致谢意。

胡世光
2003 年 10 月

目 录

第一部分 金属塑性变形的基本原理

第一章 金属塑性变形的物理概念
§1.1 金属的结晶构造 …………………………………………… 1
§1.2 金属的变形 …………………………………………………… 3
§1.3 影响金属塑性变形的因素 ………………………………… 10

第二章 金属塑性变形的力学规律
§2.1 板条的单向拉伸试验 ……………………………………… 16
§2.2 变形物体的应力应变状态分析 …………………………… 29
§2.3 任意应力状态下的切应力和屈服准则 …………………… 33
§2.4 流动规则——塑性应力应变关系 ………………………… 39
§2.5 塑性流动与屈服表面的相关性——法向性原则 ……… 43
§2.6 最小阻力定律 ……………………………………………… 44
习 题 ……………………………………………………………… 47

第三章 板料的各向异性
§3.1 屈服条件和应力应变关系 ………………………………… 52
§3.2 厚向异性板的屈服轨迹 …………………………………… 56
§3.3 板料一般性实际应力曲线的另一试验方法——液压胀形 … 58
习 题 ……………………………………………………………… 63

第四章 板料成形问题的求解方法
§4.1 主应力法(Slab method) ………………………………… 66
§4.2 塑性材料力学法(СМПД) ………………………………… 67
习 题 ……………………………………………………………… 72

第二部分 典型冷压成形工序分析

第五章 弯曲
§5.1 基本原理 …… 73
§5.2 最小相对弯曲半径 …… 89
§5.3 弯曲回弹 …… 92
§5.4 拉弯 …… 99
习题 …… 104

第六章 拉深
§6.1 基本原理 …… 109
§6.2 起皱与防皱措施 …… 122
§6.3 厚向异性对拉深过程受力的影响 …… 127
§6.4 拉断与极限拉深系数 …… 130
§6.5 多次拉深 …… 135
§6.6 其他形状零件的拉深 …… 140
§6.7 改进拉深过程的工艺措施 …… 146
习题 …… 159

第七章 局部成形和翻边
§7.1 局部成形 …… 163
§7.2 翻边 …… 169
习题 …… 179

第八章 拉形和胀形
§8.1 拉形 …… 181
§8.2 胀形 …… 187
习题 …… 195

第九章 旋压、旋薄和冷挤压
§9.1 旋压与旋薄 …… 198
§9.2 冷挤压 …… 211
习题 …… 215

第三部分 板料成形的基本变形方式、变形稳定性与成形性能

第十章 板料成形的基本变形方式
§10.1 板料成形过程中毛料区域的划分 ………… 217
§10.2 变形区应力应变状态的特点 ………… 218
§10.3 板料成形的基本变形方式 ………… 221
习 题 ………… 224

第十一章 板料变形的受压失稳
§11.1 板条受压的塑性失稳、折减模数与切线模数 ………… 226
§11.2 筒形件拉深不用压边的界限 ………… 230
§11.3 筒形件用压边拉深时压边力的确定 ………… 236
习 题 ………… 241

第十二章 板料塑性变形的拉伸失稳
§12.1 板条的拉伸失稳 ………… 242
§12.2 板料的拉伸失稳 ………… 245
§12.3 板料拉伸变形的集中性失稳 ………… 255
习 题 ………… 262

第十三章 板料的成形性能
§13.1 鉴定板料成形性能的基本试验 ………… 263
§13.2 鉴定板料成形性能的模拟试验 ………… 288
§13.3 基本成形性与模拟成形性的相关性 ………… 294
习 题 ………… 296

第十四章 网格技术和成形极限图
§14.1 概 述 ………… 298
§14.2 网格技术与成形极限图 ………… 299
§14.3 网格应变分析法和成形极限图的应用 ………… 312

附录 例题
主要参考文献

第一部分
金属塑性变形的基本原理

第一章 金属塑性变形的物理概念

§1.1 金属的结晶构造

通过金相显微镜可以看到:通常一块光亮均匀的金属,实际上是由许许多多形状极不规则的小颗粒杂乱地嵌合而成。这种小颗粒,我们称之为晶粒或单晶体。显然,为了深入剖析金属的微观世界,还必须对每个单晶体的结晶构造加以研究。

X光研究表明:单晶体是金属原子按照一定的规律在空间排列而成的。每个原子都在晶体中占据一定的位置,排列成一条条的直线,形成一个个的平面,原子之间都保持着一定的距离。于是,可以利用如图1.1所示的空间格网来描述单晶体的结晶构造。在格网的每一个节点上,都排列着一个原子。这种格网我们称为单晶体的空间晶格。

单晶体的空间晶格,又可以看作是许多相同的晶格单元积累叠合而成,如图1.1中影线所示。

一般金属的晶格单元,多为以下三种形式:

(1)体心立方晶格,如图1.2所示。具有这种晶体的金属如α-铁、铬等。

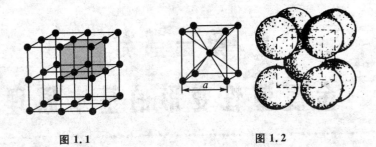

图 1.1   图 1.2

(2) 面心立方晶格,如图 1.3 所示。具有这种晶格的金属如 γ-铁、铜、铝、镍、铅等。

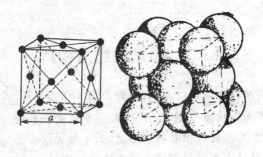

图 1.3

(3) 密排六方晶格,如图 1.4 所示。具有这种晶格的金属如镁、钛、锌等。

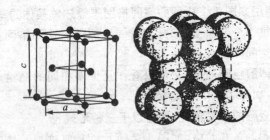

图 1.4

不同金属的原子之所以各自按照一定的规律在空间集结,是因为原子之间物理化学力的作用结果,取决于金属本身的性质。

从晶格单元的构成不难看出:单晶体中沿着不同的结晶面和结晶方向,原子分布的密度是不同的。各种类型的晶格,原子分布最密的结晶方向如图 1.5 所示。而互不平行的这种晶面在体心立方晶格中共有六个,面心立方晶格共有四个,密排六方晶格只有一个。而在每一个这种晶面上,互不平行的原子分布最密的结晶方向在体心立方晶格中是两个,面心立方晶格中是三个,密排六方晶格中也是三个。

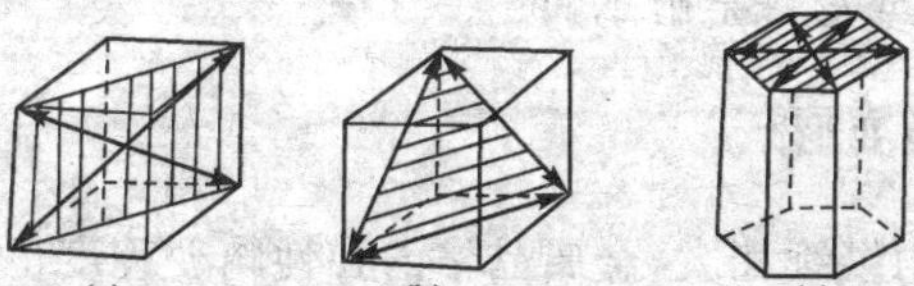

注:(a) 体心立方晶格;(b) 面心立方晶格;(c) 密排六方晶格(影线表示晶面,箭头表示结晶方向)。

图 1.5

单晶体由于沿着不同的结晶面和结晶方向,原子分布的密度不同,所以单晶体各个方向的物理、化学及机械性质也不一致,表现出各向异性的现象。多晶体既然是由许许多多不同方位的晶粒机械嵌合而成,所以每一个单晶体的各向异性就会互相抑制抵消,而一般金属就可以看作是各向同性的物体了。

以上我们简要地说明了金属的结晶构造。下面就在这个基础上,对金属受力变形的物理性质作一说明。

§1.2 金属的变形

金属在外力作用下产生的变形包括弹性变形和塑性变形两个发展阶段。两个发展阶段既相互区别又相互关联。

一、弹性变形

没有外力时,金属晶格中的原子处于稳定的平衡状态。外力的作用破坏了这种平衡,引起了原子间距离的改变,造成了晶格的畸变,如图 1.6(a)、(b)及图 1.13(a)、(b)所示,使晶格中的原子处于不稳定的状态。晶格的畸变必然表现为整个晶体的变形。外力除去以后,晶格中的原子即因为内力的作用,立即恢复到原来稳定平衡的位置,晶格的畸变和整个晶体的变形也就立即消失了。这就是金属弹性变形的实质。弹性变形,既然是原子间距离变化的结果,因此其变形量是微小的。

二、塑性变形

如果外力继续加大,金属晶格的弹性畸变程度也随之而加大,当外力和畸变到达一定程度时,晶格的一部分即相对另一部分产生较大的错动,如图 1.6(c)及图 1.13(c)所示。错动以后的晶格原子,就在新的位置与其附近的原子组成新的平衡。这时如果卸去外力,原子间的距离虽然仍可恢复原状,但是错动了的晶格却不再回到其原始位置了,如图 1.6(d)及图 1.13(d)所示。于是,晶体产生了一种不可恢复的永久变形——塑性变形。塑性变形既然是晶格错动造成的,因此可以产生比弹性变形大得多的变形量。

由此可见,金属在塑性变形过程中必须首先经过弹性变形阶段,即在外力作用下金属晶格先产生晶格的畸变。外力继续加大时,才产生晶格之间的错动。由于在晶格的错动过程中晶格的畸变依然存在,因此在塑性变形过程中弹性变形和塑性变形是同时存在的。外力消除后,总变形量中的弹性变形也就消失了。

三、塑性变形的两种方式

晶格的错动实质上是因为切应力引起的。错动通常采取滑移与孪动两种形式。

1. 滑 移

当切应力达到某一临界值时,晶体的某一部分即沿着一定的晶面,向着一定的方向,与另一部分之间作相对移动。这种现象称为滑移。而上述晶面称为滑移面,上述方向称为滑移方向。图 1.6 为晶格滑移的示意图。

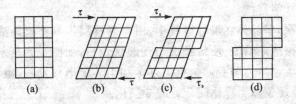

注:(a) 晶格在外力作用前的状态;(b) 晶格在外力 τ 的作用下发生了弹性畸变;(c) 当 τ 增至某一临界值 τ_s 时,晶格开始滑移;(d) 外力卸去以后原子间的距离恢复,但是产生了永久变形。

图 1.6

金属的滑移面,一般都是晶格中原子分布最密的晶面,滑移方向则是原子分布最密的结晶方向。因为沿着原子分布最密的面和结晶方向滑移的阻力最小。金属晶格中,原子分布最密的晶面和结晶方向愈多,产生滑移的可能性也愈大,金属的可塑性就愈好。各种晶格,其滑移面与滑移方向的数量见表 1.1(参见图 1.5)。

表 1.1

晶格种类	不平行滑移面的数量	滑移面上不平行的滑移方向的数量	滑移系统(滑移可能性)总　数
体心立方晶格	6	2	$6 \times 2 = 12$
面心立方晶格	4	3	$4 \times 3 = 12$
密排六方晶格	1	3	$1 \times 3 = 3$

镁、钛及其合金具有密排六方晶格,滑移系统(滑移可能性)数量少,因此可塑性差,属于低塑性材料。

实际上现实金属的滑移过程要复杂得多。首先,滑移并非只是在一个单一的晶面上进行的,同时参加滑移的有若干个平行的晶面——滑移层。滑移层的厚度可达 50 nm 左右。而在滑移层之间形成一种阶梯状。当变形程度很大时,两个滑移层间的阶梯可达 120 nm 左右,如图 1.7 所示。于是,塑性变形时,我们可以在金属表面观察到滑移的痕迹——无数互相平行的线条。这种线条就是所谓滑移线。

其次,单晶体在滑移过程中,由于滑移层内晶格逐渐破碎,附近的晶格逐渐畸变,使滑移面出现起伏歪扭,如图 1.8 所示,于是晶体的滑移阻力即变形抵抗力逐渐加大。变形愈发展,阻力也愈大,这种现象称为冷作硬化或应变强化。

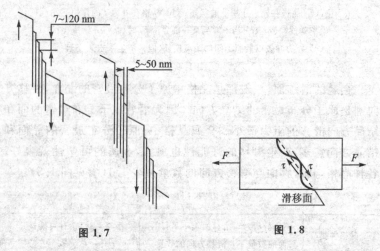

图 1.7   图 1.8

最后,晶体在外力的作用下,各个滑移系统或滑移面上的切应力是不相同的。其中必然有一个滑移面上的切应力最先达到临界值,最先开始滑移。但是在滑移过程中,阻力逐渐加大,因此外力也必须相应地增加。这时,其他方位的晶面上,切应力也加大起来。当某个新的晶面上切应力达到临界值时,这个新的晶面亦将参加滑移了。由此可见:在塑性变形过程中,滑移实际上是由许多滑移系统参差交替进行的,称为交错滑移。

前已述及，单晶体的滑移是因为滑移面上的切应力达到某一临界值后，两部分晶格之间出现的一种相对移动。临界切应力的大小，可以根据金属物理理论推算出来。但是这种理论计算值往往要比现实金属的实际数值大 100～1 000 倍，甚至更大。理论和实际之间的这种矛盾，可以用位错理论来解释。

单晶体在成长过程中，由于受到各种因素的影响，结晶组织的规律性就会遭到破坏。于是，有的结晶面上就有可能多出一个原子或缺少一个原子。原子的排列即不再是有规则的直线格网，产生了错移。这种错移，结晶学上称为位错。

图 1.9 和图 1.10 分别画出了简单立方晶体中存在刃型位错和螺型位错时，在位错周围原子的排列情况。从图中可以看出，在距离位错线较远地区，它发生很小的弹性畸变，原子排列接近完整晶体。但在位错线附近，则产生了严重的错排，弹性畸变也很厉害，存在很大的应力集中，因此晶体能在比较低的应力作用下开始滑移。位错在滑移时，并不像完整晶体滑移那样需要整排（代表整个晶面）的原子一起顺着外力方向移动一个原子间距，而是通过位错线或位错附近的原子逐个移动很小的距离来完成的。这样，推动一列原子比起同时推动许多列原子所需要的外力要小得多；另一方面，推动一个位错线上的原子也比推动一个处于平衡位置上的原子所需要的外力要小得多。

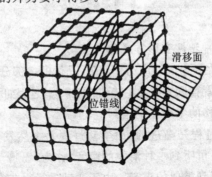

图 1.9

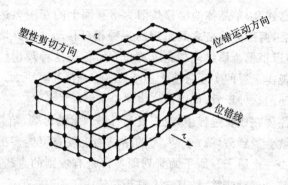

图 1.10

刃型位错和螺型位错的滑移过程如图 1.11 和图 1.12 所示。

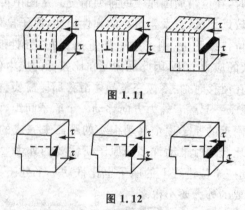

图 1.11

图 1.12

2. 孪动

晶体另一种塑性变形方式称为孪动。

孪动也是在一定的切应力作用下,晶体的一部分相对于另一部分,沿着一定的晶面和方向发生转动的结果,其过程如图 1.13 所示。

孪动与滑移的主要差别是:

(1) 滑移过程是渐进的,而孪动过程是突然发生的。例如金属锡孪动时,还可听到一种清脆的声音,称为"锡鸣"。其他的金属孪动时,也可听到类似的声音。由于孪动进行得非常迅速,因此从

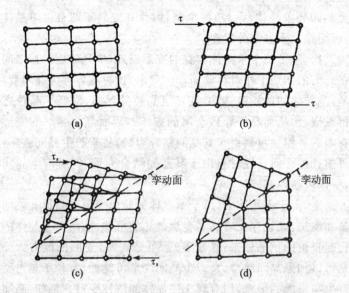

注:(a) 晶格未受外力作用时;(b) 晶格在切应力 τ 的作用下发生了弹性畸变;(c) 当 τ 增至某一临界值 τ_s 时,晶格突然沿一定晶面产生转动;(d) 外力卸去以后,原子间距离恢复,晶格产生了永久变形。

图 1.13

试验中很难了解其详细过程。目前一般认为六方与体心立方晶格易于产生孪动,在低温与冲击载荷下易于产生孪动。

(2) 孪动时原子位置不能产生较大的错动,因此晶体取得较大永久变形的方式主要是滑移作用。

(3) 孪动后,晶体内部出现空隙,易于导致金属的破坏。

四、晶间变形

以上我们讨论了晶体塑性变形的两种方式——滑移与孪动。这两种变形方式都是在每个晶体的内部进行的,称为晶内变形。现实金属的变形,情形就要复杂得多。

首先,金属是一个多晶体,多晶体中的每个单晶体(晶粒),都要受到四周单晶体(晶粒)的牵制,因此其变形不如自由单晶体单纯,可塑性也不易充分发挥。

其次,除了每个单晶体本身的变形以外,单晶体(晶粒)之间也会在外力的作用下相对移动而产生变形,这种变形称为晶间变形。但是,晶粒之间的相对移动,破坏了晶粒的界面,降低了晶粒之间的机械嵌合,从而易于导致金属的破坏。因而晶间变形的变形量是有限的。脆性材料由于其晶间结合力弱,易于产生晶间破坏,所以可塑性差。而韧性材料由于其晶间结合力强,不易产生晶间破坏,所以可塑性好。

总之,由于多晶体中,每个单晶体的晶内变形受到彼此之间的牵制和阻挠,而且存在着晶间变形破坏的可能性,所以多晶体的变形比起自由的单晶体来:性质复杂,可塑性差,变形抵抗力大。而凡是可以加强晶间结合力,减少晶间变形可能性,有利于晶内变形的产生与发展的因素,均有利于多晶体的塑性变形。例如:晶间有杂质存在时,由于降低了晶粒之间的结合力,使晶间变形容易发生,不利于晶内变形的充分发挥,因而对多晶体的塑性变形不利;当多晶体的晶粒为均匀球状时,由于晶粒界面对于晶内变形的制约作用相对较小,所以具有较好的可塑性。又如,变形时由于压应力的存在和作用,增加了晶间变位的困难,使得脆性材料的晶内变形有可能产生与发展,结果增加了脆性材料的可塑性。

§1.3 影响金属塑性变形的因素

除了应该研究金属塑性变形的内在原因之外,对于影响它的外部条件也应进行分析和研究,以便主观能动地创造条件促成事物的转化,充分调动材料的变形潜力,达到改进板料成形工艺的目的。

金属的塑性变形性质,表现为屈服、应变强化和破坏三个方面。影响金属塑性变形的因素很多,大致可以归纳为以下两类:

第一类:机械因素。通常把这类因素称为变形方式,即金属塑性变形时的应力状态与应变状态。

第二类:物理因素。通常把这类因素称为变形条件,例如金属塑性变形时的变形温度与速度等。

以下分别加以讨论。

一、变形方式对于金属塑性变形的影响

成形时,金属的受力和变形情况是非常复杂的。但是归纳起来,不外乎是在拉、压的综合作用下,产生一定的拉应变与压应变,以达到预期的成形目的。

关于应力状态与应变状态的表示与确定方法,我们将在以后的章节里,结合具体的例子进行分析和讨论。这里仅就变形方式对于金属塑性变形的影响作一大概说明。

一般说来,变形方式对金属的屈服与应变强化即金属的变形抵抗力影响不大,但是对金属的破坏则有比较显著的影响。

因为金属的塑性变形主要是依靠晶内的滑移作用,滑移阻力主要取决于金属的性质与晶格构造,取决于金属原子间的物理化学力。而金属塑性变形时的破坏,则是由于晶内滑移面上裂纹的扩展以及晶间变位时结合面的破坏造成的。压应力有利于封闭裂纹,阻止其继续扩展,有利于增加晶间结合力,抑制晶间变位,减少晶间破坏的倾向。所以金属变形时,压应力的成分愈多,金属愈不易破坏,可塑性也就增加了。与压应力相反,拉应力的成分愈多,愈不利于金属可塑性的发挥。

不难设想,在金属的应变状态中,压应变的成分愈多,拉应变的成分愈少,愈有利于金属可塑性的发挥。反之,愈不利于金属可塑性的发挥。这是因为,材料的裂纹与缺陷,在拉应变的方向易于暴露和扩展,沿着压应变的方向不易暴露和扩展的缘故。

二、变形条件对于金属塑性变形的影响

1. 变形温度的影响

在板料压制中,有时也采用加热成形的方法。加热的目的不外是:增加板料在成形中所能达到的变形程度;降低板料的变形抵抗力;提高工件的成形准确度。这都是利用金属的加热软化性质。温度增加,金属软化,是由于产生了以下现象的结果:

(1) 回复和再结晶

金属塑性变形时,由于滑移层内的晶格遭到破坏,它附近的晶格产生畸变,部分原子处于不稳定的状态。当变形金属加热至相当温度后,晶格中的原子动能增加,原子的热振荡加强。不稳定状态的原子就有可能迅速回复到稳定位置,使晶格的畸变消除,因此金属得到了一定的软化。这就是所谓的回复现象。

回复现象只能消除晶格的畸变,不能消除由于塑性变形而引起的晶内和晶间破坏以及晶粒状态的变化,因而只能产生较小的软化作用。

温度再高,原子动能急剧增加,大大增加了原子变更位置(振荡)的幅度,使原子有可能重新排列。在变形金属中开始出现新的结晶核心,形成新的球状晶粒,从而使晶内和晶间的破坏得到了彻底修补。这就是所谓再结晶现象。再结晶完全消除了冷作硬化效应,所以可以显著降低金属的变形抵抗力,提高金属的可塑性。

(2) 新滑移体系的出现

实验观察表明:变形温度增加时,由于原子间距离的改变和原子热振荡的作用,金属晶格会出现新的滑移体系。多晶体滑移体系的增加,大大提高了金属的塑性。镁、钛等合金加热成形性能的改善,滑移体系的增加是其中主要原因之一。

(3) 新的塑性变形方式——热塑性的产生

当温度增高时,原子的热振荡加剧,晶格中的原子处于一种不稳定的状态。而当晶体受有外力作用时,原子就在内力的作用下,

向着最有利的方向转移,使金属产生塑性变形,这种变形方式称为热塑性。热塑性不同于滑移与孪动,它是金属在高温下塑性变形时新增加的一种变形方式,因而降低了金属的变形抵抗力,增加了可塑性。温度愈高,热塑性愈大。但温度低于回复温度时,热塑性的作用不显著。

一般说来,温度增加,金属软化。但在成形工艺中,温度因素的应用,必须根据材料的温度—机械性能曲线以及加温可能对于材料产生的不利影响(例如晶间腐蚀、氢脆、氧化、脱碳等),合理选用,避免盲目性。

例如钛合金在 300 ℃~500 ℃ 的温度范围内,塑性指标有所降低,直到温度增至 500 ℃ 以上时,塑性指标才有显著的增加。但在 800 ℃~850 ℃ 的高温下,钛合金不仅易于氧化、吸氢,而且还会出现晶粒长大与合金组织变化等有害现象。因此钛合金的合理加热温度一般约在 600 ℃~700 ℃。

又如镁合金,加热温度超过 250 ℃ 后,塑性指标有显著的增加。超过 430 ℃~450 ℃ 后又会出现热脆现象。所以成形的合理温度应该选为 320 ℃~350 ℃。

图 1.14 为钛合金的温度—塑性指标曲线;图 1.15 为镁合金的这种曲线。

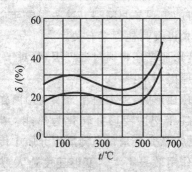

图 1.14

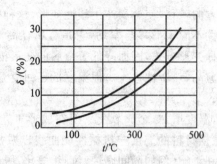

图 1.15

其次,温度因素的应用,不应单纯限于考虑加热一种方式。由于温度降低,虽然使塑性指标降低,但却能提高材料的强度指标。所以在某些情况下也可以考虑加冷成形的方法。例如不锈钢零件的加冷拉深。

2. 变形速度的影响

变形速度对于金属塑性变形的影响是多方面的。

一方面,在高速变形下,我们可以通过试验观察到:金属的孪动作用加强了,滑移层更细,滑移线分布更密集。所以变形速度本身必然会影响到塑性变形发生发展的整个进程,增加滑移和孪动的临界切应力以及晶内和晶间破坏的极限应力,使金属的变形抵抗力增加,并有可能出现晶间脆裂。这些现象与金属晶格的类型、晶粒的成分和结构以及其他因素有关。

另一方面,变形速度还将通过温度因素,对于金属的塑性变形过程产生影响。原因如下:

在室温下冷压成形时,外力对于金属变形所作的功,绝大部分(75%~90%)消耗于塑性变形并转化为热能。当变形速度很小时,变形体排出的热量完全来得及向周围介质中传播扩散,对于变形体本身的加热作用效果不大。变形速度愈大,热量散失的机会愈少,愈有利于变形体本身的加热作用,变形体的温度也将愈高,软化作用加强,从而可以减少金属的变形抵抗力,提高金属可能达到的变形程度。但是金属软化过程(回复、再结晶等)的实现需要一定的时间,因而也与变形速度的快慢密切有关。

由此可见,变形速度通过温度因素,影响金属的塑性变形性质具有两重性:一方面,速度的增加有助于金属变形温度的增加,因而有利于金属的软化;另一方面,速度又决定了一定变形程度所占用的时间,因而决定了金属软化的可能性与软化程度的大小。所以在一定的变形速度下,金属得到的实际软化效果,取决于以上两个因素的相互制约,很难得到一种适合于各种材料的统一结论。

从大量的试验资料分析,几乎所有的材料都存在着一种所谓临界变形速度。超过这一速度后,由于塑性变形来不及传播,材料塑性急剧下降。不同材料具有不同的临界变形速度,大约在 $15\sim150$ m/s 的很大范围之内变化。而在临界变形速度以内,变形速度增加,材料的变形抵抗力增加,塑性都有不同程度的提高,至少是保持不变。不同材料对于变形速度反应很不一样,但是大体上可以分为以下三种类型。

第一种:低速变形时塑性好,高速变形时塑性更好,例如奥氏体不锈钢;第二种:低速变形时塑性中等,高速变形时塑性相同或略有提高,例如铝合金、镍基合金、钴基合金等;第三种:低速变形时塑性低,高速变形时塑性相同或很少提高,例如钛合金。

因此,第一种材料最适于高速成形,第二种材料高速与常规成形方法均可,第三种材料,速度因素的作用不大,一般采用加热成形,利用温度因素以提高其塑性。

至于目前板料压制工作中所用的常规成形方法,机床运动速度较低,对金属塑性变形性质的影响不大,而速度因素的考虑,主要基于零件的尺寸与形状。对于大尺寸的复杂零件,由于毛料各部分的变形极不均匀,材料的流动情况复杂,易于产生局部拉裂与皱折的危险,所以宜用更低的速度成形,以便操作控制。

第二章 金属塑性变形的力学规律

§2.1 板条的单向拉伸试验

一、拉伸试验的加载规律——实际应力曲线

观察了解金属材料的塑性变形过程,最简单、最基本的方法是作拉伸试验。

在试件的拉伸过程中,测量每个变形瞬间的拉力 F 和相应的延伸量 Δl,经过简单的换算:将拉力 F 除以试件的原始剖面 A_0,将延伸量除以试件的原始长度 l_0,将取得的数据逐点描迹,即可画出假象应力曲线:

$$\tilde{\sigma} = f(\delta)$$

式中

$$\tilde{\sigma} = \frac{F}{A_0} \qquad \delta = \frac{\Delta l}{l_0}$$

图 2.1、图 2.2 分别为低碳钢和硬铝合金的假象应力曲线。

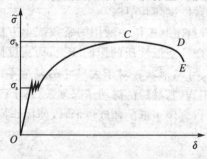

图 2.1

第二章 金属塑性变形的力学规律   17

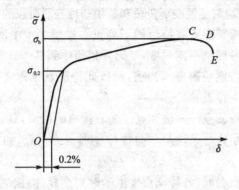

图 2.2

假象应力曲线上共有四个特征点,将整个拉伸变形过程分为四个阶段。

第一个特征点是屈服点,是弹性变形和均匀塑性变形的分界点。对于晶粒边界具有脆性相的合金,如碳钢,到达屈服点时,由于脆性相网络的破裂,引起拉伸应力曲线的跳跃式波动,在曲线上出现齿状水平段——屈服平台,开始出现这一现象时的应力,称为物理屈服应力,以 σ_s 表示。对于铝合金、镁合金、不锈钢等材料,没有屈服平台现象,拉伸曲线都呈光滑转折,这时常用产生永久变形 0.2% 的应力作为材料的屈服应力,称为条件屈服应力,以 $\sigma_{0.2}$ 表示,如图 2.2 所示。

第二个特征点是曲线的最高点。如图 2.1 中所示,C 点处拉力达到最大值 F_{max},与此对应的应力称为强度极限,以 σ_b 表示。

$$\sigma_b = \frac{F_{max}}{A_0}$$

在强度极限点以前,试件是沿长度方向均匀拉长的。过了强度极限点后,变形就集中在试件的某一局部区间内发展,使试件沿宽度方向出现颈缩,轴向应变也不再均匀分布,而试件的承载能力则开始降低。所以从承载能力角度看,强度极限点称为载荷失稳点;从变形角度看,称之为分散性失稳点或宽向失稳点,工程上称之为细颈点,它是均匀塑性变形阶段和集中塑性变形阶段的分界点。

第三个特征点为载荷急剧下降点。如图2.1中所示,D点处分散性失稳发展到一定程度,变形开始集中到某一狭窄条带内,此处板厚开始急剧减薄形成沟槽,所以此特征点也称之为集中性失稳点或厚向失稳点。

第四个特征点——破坏点。随着沟槽的加深,载荷急剧下降,试件最后拉断为二。这是单向拉伸变形的终止点,如图2.1中所示E点处。

材料性质不同,各特征点发生的时刻亦异。它表明:材料各变形阶段对于总变形量的贡献不同,成形性能亦不一样。读者试将如图2.1与图2.2所示的相应特征点作一比较。

假象应力曲线可以明显地区分变形的不同阶段,但是它所反映的应力是不真实的。由于试件的剖面积在拉伸过程中是不断缩减的,试件的拉应力,实际上应该是变形各瞬间的拉力F除以当时的实际最小剖面积A,即

$$\sigma = \frac{F}{A}$$

这样得出的应力称为实际应力。其数值当然较之忽略试件剖面面积的缩减、仍以原始剖面面积A_0为计算依据而求得的假象应力为大。在弹性范围内,由于变形很小,两者间的差别可以忽略不计。但是在塑性变形范围内,特别是当变形程度较大时,两者的差别就必须加以考虑了,所以在塑性变形范围内应该采用实际应力来代替假象应力。

以实际应力为数据作出的应力曲线,称为实际应力曲线,如图2.3所示。实际应力曲线的纵坐标值处处高出假象应力曲线的对应点,而且变形程度愈大,两者间的差别也愈大。尤其值得注意的是,强度极限点后,假象应力曲线开始下降,而实际应力曲线则继续上升。所以实际应力曲线反映了金属的结晶组织随着塑性变形的进展,由于应变强化(冷作硬化)的效应而不断强化、不断提高变

形抵抗力的实质。但是,细颈点(分散性失稳)以后,由于应变分布不匀和试件剖面畸变,实际应力曲线因形态应变强化效应而有上翘趋势,使曲线单纯反映冷作硬化性质的真实性受到一定影响。必须加以修正。

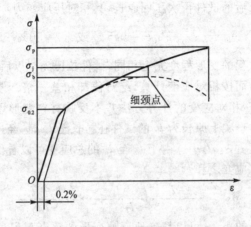

图 2.3

实际应力曲线上和假象应力 σ_b 相对应的应力称为细颈点应力,用符号 σ_j 表示;终止点的应力称为破坏应力,用 σ_p 表示(图 2.3)。

屈服点、细颈点和破坏点对于板料压制工作来说,具有重要的实际意义。屈服点是塑性变形的开始点,为了使金属材料成形,必须使它内部的应力超过屈服点。细颈点是控制材料成形极限的一个重要因素,过了细颈点后,变形集中在某一局部地区内进行,产生局部的集中变薄,严重影响工件的质量。至于一般脆性材料,集中变形阶段极小,细颈点与破坏点几乎同时发生,这时破坏点就决定了材料的成形极限。

在塑性变形范围内,应力的确切表示方法是实际应力,已如前述。以下再对应变的确切表示方法作一分析。

在大变形中,如果仍然采用相对应变$\left(即 \delta = \dfrac{\Delta l}{l_0}\right)$,不仅误差很

大,而且使计算结果产生矛盾。举一个最简单的例子:将一试件由原长 l_0 拉长一倍,所得到的相对拉应变为

$$\delta_{拉} = \frac{2l_0 - l_0}{l_0} = 1 \quad 或 \quad 100\%$$

如果将拉长后的试件再次压回原长,其相对压应变为

$$\delta_{压} = \frac{l_0 - 2l_0}{2l_0} = -0.5 \quad 或 \quad -50\%$$

以上两种过程的变形程度完全相同,试件压压完毕以后,总变形量本应为零。而按相对应变计算,绝对值却相差一倍。矛盾之所以产生,是由于相对应变的计算方法并不反映材料变形逐渐积累的这一事实。事实上原长为 l_0 的试件在拉长至 l_n 时,经过了一系列的中间长度 $l_1, l_2, l_3 \cdots$。由于 l_0 至 l_n 的总应变可以看作是各个拉伸阶段相对应变之和

$$\delta_{\Sigma} = \frac{l_1 - l_0}{l_0} + \frac{l_2 - l_1}{l_1} + \cdots + \frac{l_n - l_{n-1}}{l_{n-1}}$$

利用微积分的概念,可以精确地反映变形的逐渐积累过程。设 dl 是每一变形阶段的长度增量,则每一变形阶段应变的增量 $d\varepsilon = \frac{dl}{l}$,而由 l_0 至 l_n 的总应变量 ε 为

$$\varepsilon = \int_{l_0}^{l_n} \frac{dl}{l} = \ln \frac{l_n}{l_0}$$

ε 称为实际应变,即变形前后尺寸比值的自然对数。

再回到前面的例子。如用实际应变计算可得

$$\varepsilon_{拉} = \ln \frac{2l_0}{l_0} = 0.69$$

$$\varepsilon_{压} = \ln \frac{l_0}{2l_0} = -0.69$$

$$|\varepsilon_{拉}| = |\varepsilon_{压}|$$

实际应变与相对应变之间有下述换算关系

$$\varepsilon = \ln \frac{l_n}{l_0} = \ln\left(1 + \frac{l_n - l_0}{l_0}\right) = \ln(1 + \delta)$$

只有在小变形时,例如当变形程度小于10%时,可以近似认为
$$\varepsilon = \delta$$
塑性变形范围内,应变量一般均较大,所以应变的确切表示方法是实际应变。

由于金属塑性变形时体积不变。设试件的原始长、宽、厚为 l_0、b_0、t_0,变形后成为 l、b、t,根据体积不变条件
$$\frac{lbt}{l_0 b_0 t_0} = 1$$
等式两端取对数可得
$$\ln \frac{l}{l_0} + \ln \frac{b}{b_0} + \ln \frac{t}{t_0} = 0$$
以实际应变的形式表示,即取
$$\varepsilon_1 = \ln \frac{l}{l_0}$$
$$\varepsilon_2 = \ln \frac{b}{b_0}$$
$$\varepsilon_3 = \ln \frac{t}{t_0}$$
因此塑性变形体积不变条件可以表述为:
$$\varepsilon_1 + \varepsilon_2 + \varepsilon_3 = 0$$
这就是说试件长、宽、厚三个方向的实际应变之和等于零。

如以 A_0、A 分别表示试件变形前、后的剖面面积($A_0 = b_0 t_0$,$A = bt$),根据体积不变条件;
$$A_0 l_0 = Al$$
$$\frac{l}{l_0} = \frac{A_0}{A}$$
所以
$$\ln \frac{l}{l_0} = \ln \frac{A_0}{A}$$
因此拉伸试验时,测量试件的剖面面积,即可求得试件纵向伸长的实际应变。

为了运算方便起见,可将实际应力试验曲线近似表达为数学函数的形式,即应力与应变之间的数学关系式。这样,就可用计算的方法,直接从应变求出应力或由应力求得应变,那么如何达到这一目的呢?

如果我们把几种数学函数的几何图形与实际应力曲线进行对比,不难发现,幂次式 $y=Cx^n$ 的图形和实际应力曲线非常相似。图 2.4 所示为几种数学幂次式 $y=Cx^n$ 的图形。

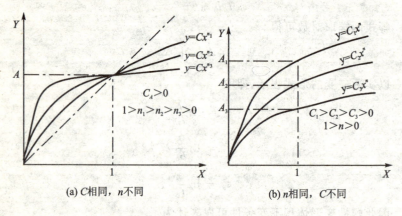

(a) C 相同,n 不同　　　　(b) n 相同,C 不同

图 2.4

分析这一类曲线的变比规律可以看出,曲线的变化趋势完全取决于系数 C 和指数 n 两个常数,即给定一个 x 值后,相应的 y 值只与 C、n 有关;曲线每一点的斜率也主要取决于 C、n 的数值。因此,如果适当选择幂次式的两个常数 C 和 n,以应力 σ 代替纵坐标 Y,以应变 ε 代替横坐标 X,采用 $\sigma=K\varepsilon^n$ 的数学关系,就可以用来近似代替实验求得的实际应力曲线了。进一步所要解决的问题是 K、n 两个常数如何确定。

确定 K、n 两个常数的具体数值为何,一般只要两个条件就够了。考虑到冷压成形工作中材料的变形程度大都是在细颈点附近,所以希望应力应变关系的幂次式 $\sigma=K\varepsilon^n$,在细颈点附近能够较好地与试验曲线相符合。为此,我们提出这样两个条件作为确

定常数 K 和 n 的根据。

1) 幂次式 $\sigma = K\varepsilon^n$ 必须通过细颈点。

如果已知细颈点的坐标值为 $(\varepsilon_j, \sigma_j)$，因为 $\sigma = K\varepsilon^n$ 曲线通过 $(\varepsilon_j, \sigma_j)$ 点，所以

$$\sigma_j = K\varepsilon_j^n \tag{2.1}$$

2) 幂次式过细颈点的切线斜率必须与试验曲线过细颈点切线的斜率相等。

如果已知细颈点的坐标值为 $(\varepsilon_j, \sigma_j)$，幂次式 $\sigma = K\varepsilon^n$ 过细颈点切线的斜率为

$$\frac{d\sigma_j}{d\varepsilon_j} = Kn\varepsilon_j^{n-1}$$

试验曲线过细颈点的斜率可从以下方法分析求得。

在拉伸试验中，拉力 F 等于实际应力 σ 与试件实际剖面面积的乘积

$$F = \sigma A$$
$$dF = \sigma dA + A d\sigma$$

根据塑性变形体积不变条件 $A_0 l_0 = A l$，所以

$$A = \frac{A_0 l_0}{l}$$

$$dA = -\frac{A_0 l_0 dl}{l^2}$$

$$dF = \sigma dA + A d\sigma = -\frac{\sigma A_0 l_0 dl}{l^2} + \frac{A_0 l_0 d\sigma}{l}$$

试件失稳开始颈缩时，拉力 F 达到了最大值 $F_{\max}$，这时 $dF = 0$。因为这时的 σ 为 σ_j，$d\sigma$ 为 $d\sigma_j$，l 为 l_j，dl 为 dl_j，于是

$$\frac{\sigma_j A_0 l_0 dl_j}{l_j^2} = \frac{A_0 l_0 d\sigma_j}{l_j}$$

$$\sigma_j \frac{dl_j}{l_j} = d\sigma_j$$

因为 $\frac{dl_j}{l_j} = d\varepsilon_j$，所以 $\sigma_j d\varepsilon_j = d\sigma_j$，细颈点切线的斜率为

$$\frac{d\sigma_j}{d\varepsilon_j} = \sigma_j$$

试验曲线过细颈点切线的斜率应与幂次式过细颈点的斜率相等,所以

$$Kn\varepsilon_j^{n-1} = \sigma_j \qquad (2.2)$$

联立求解根据以上两个条件推得的(2.1)、(2.2)两个方程,即可求得 n、K 两个常数分别为

$$n = \varepsilon_j$$

$$K = \frac{\sigma_j}{\varepsilon_j^n}$$

在更加近似的计算中,一般采用细颈点的切线方程——直线式 $\sigma = \sigma_c + D\varepsilon$,作为应力与应变之间的数学关系式。$D$ 为切线的斜率,称为应变强化模数,其值为 $D = \sigma_j$,σ_c 为切线在纵坐标轴上的截距,因为当 $\varepsilon = \varepsilon_j$ 时,$\sigma = \sigma_j$,所以 σ_c 极易求得,即 $\sigma_c = \sigma_j(1-\varepsilon_j)$。而直线式的方程为

$$\sigma = \sigma_j(1 - \varepsilon_j + \varepsilon)$$

直线式比幂次式更简单,在小变形阶段虽有较大误差,在大变形阶段还是足够近似实用的。

幂次式与直线式曲线的图形如图 2.5 所示。

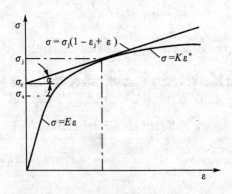

图 2.5

此外,针对具体情况,我们也可采用其他形式的数学关系式(例如利用两段或几段直线)来近似表达实际应力曲线,以简化计算又不致产生太大的误差(参见第五章图 5.18)。

图 2.6 所示为几种常用材料的单向拉伸实际应力曲线。其主要试验数据见表 2.1 所列。

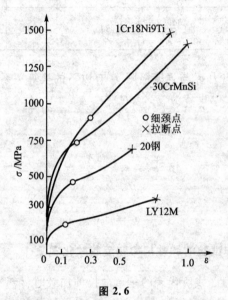

图 2.6

表 2.1

材料版号	$\dfrac{\sigma_{0.2}}{\sigma_b}$	σ_j(MPa)	$n=\varepsilon_j$	$K=\dfrac{\sigma_j}{\varepsilon_j^n}$
LF21M	$\dfrac{61.7}{103.9}$	128.4	0.21	173.5
LY12M	$\dfrac{101.9}{162.7}$	185.2	0.13	241.1

续表 2.1

20	$\dfrac{231.3}{383.2}$	458.6	0.18	624.3
30CrMnSi	$\dfrac{380.2}{596.8}$	686	0.14	905.5
1Cr18Ni9Ti	$\dfrac{349.9}{639}$	896.7	0.34	1313

细颈点应力 σ_j 与强度极限 σ_b 有以下的换算关系

$$\sigma_j = \frac{F_{\max}}{A_j} = \frac{F_{\max}}{A_0} \times \frac{A_0}{A_j} = \sigma_b \frac{A_0}{A_j}$$

其中

$$\ln \frac{A_0}{A_j} = \varepsilon_j, \quad \frac{A_0}{A_j} = e^{\varepsilon_j}$$

所以

$$\sigma_j = \sigma_b e^{\varepsilon_j}$$

二、拉伸试验的卸载规律和反载软化现象

实际应力曲线所代表的是单向拉伸加载时材料的拉应力与拉应变(即材料的变形抵抗力和变形程度)之间的关系。如果加载以后卸载,这时应力与应变之间的变化规律是否还是和加载时一样呢?

在§1.2中,我们从金属的结晶构造出发讨论了金属塑性变形的物理过程。拉伸试验中的加载、卸载规律正是这一实质的表现。

拉伸变形在弹性范围内,应力与应变是直线关系。在弹性变形范围内卸载,应力、应变仍然按照同一直线回到原点——变形完全消失了,没有残余的永久变形。如果将试件拉伸超过屈服点 A,达到某点 $B(\varepsilon,\sigma)$ 以后,再逐渐减少拉力,应力应变的关系就按另

一条直线逐渐降低,不再重复加载曲线所已经过的路线了。卸载直线正好与加载时弹性变形的直线段相平行,直至载荷为零,如图 2.7 所示。于是加载时的总应变 ε 就一分为二,一部分(ε_e)因弹性恢复而消失了,另一部分(ε_p)仍然保留下来,即 $\varepsilon = \varepsilon_e + \varepsilon_p$。而弹性恢复的应变量

$$\varepsilon_e = \frac{\sigma}{E}$$

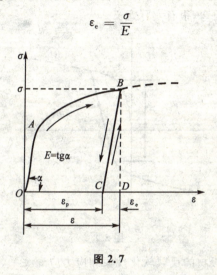

图 2.7

E 为材料的弹性系数。这一概念对我们计算考虑材料成形时的回弹很有意义。

卸载后重新加载,直到 B 点应力达到 σ 时,材料又开始屈服,应力应变关系继续沿着加载曲线变化。所以 σ 又可理解为材料在变形程度 ε 时的屈服点。推而广之,在塑性变形阶段实际应力曲线上每一点的应力值都可理解为材料在相应的变形程度下的屈服点。

如果卸载以后反向加载,即将试件由拉伸改为压缩,应力与应变之间的关系又会产生什么样的变化?

试验表明:反向加载时,材料的屈服应力较拉伸时的屈限应力有所降低,出现所谓反载软化现象。反向加载屈服应力的降低量,

视材料种类及正向加载的变形程度而异。关于反载软化现象目前还没有比较合适的理论解释。有人认为：可能是因为正向加载时材料中的残余应力引起的。

反向加载，材料屈服以后，应力应变之间基本上按照加载时的曲线规律变化，如图 2.8 所示，但方向相反。对于我们分析某些工艺过程，例如拉弯，很有实际意义。

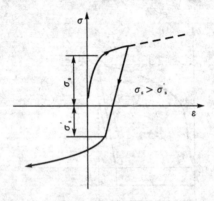

图 2.8

实践中，板材的反载软化现象和应力应变关系，可利用开槽试件和专用夹具的纯剪试验求得，如图 13.20 所示。

单向拉伸实际应力曲线，表达了试件在整个变形（包括弹性与塑性变形）过程中拉应力与拉应变之间的关系。但是板料压制工作变形方式复杂多样，单向拉伸所揭示的应力应变关系，究竟有无普遍意义？能不能推广用于其他变形方式？以及如何推广应用？下面我们从最一般的情况——立体应力应变状态出发对这些问题作一简要讨论。

§2.2 变形物体的应力应变状态分析

受外力作用的变形物体内,如图 2.9(a)所示,各点的应力是不一样的。

假设变形体内任意点 Q 处,取出一个无穷小的六面微体,微体各面素与坐标平面平行,如图 2.9(b)所示,每个面素上的应力矢量可以分解为和坐标轴平行的三个分量,三个面素共有三个正应力和六个切应力。即正应力分量:$\sigma_x, \sigma_y, \sigma_z$;切应力分量:$\tau_{xy}, \tau_{yx}, \tau_{yz}, \tau_{zy}, \tau_{zx}, \tau_{xz}$。

由于微体处于平衡状态,没有转动,因此切应力互等:$\tau_{xy} = \tau_{yx}$;$\tau_{yz} = \tau_{zy}$;$\tau_{zx} = \tau_{xz}$。

所以一般而言,为了充分确定变形物体内一点的应力状态,实际上只需知道六个应力分量就够了。但是这六个应力分量的数值却取决于坐标轴所取的方位。换句话说,一定的应力状态,由于坐标轴所处的方位不同,这六个分量的大小即不一样。可以证明,我们总可找到一组坐标,使得与各坐标轴垂直的面素上只有正应力而无切应力的作用。这样的坐标轴称为应力主轴,沿着应力主轴作用的正应力称为主应力。主应力一共有三个,用 $\sigma_1, \sigma_2, \sigma_3$ 表示,它们按代数值的大小次序排列,即 $\sigma_1 \geqslant \sigma_2 \geqslant \sigma_3$,如图 2.9(c)所示。

应力产生应变。如果任意选取坐标轴的话,微体的变形也有正应变和切应变之分,当然也可找到一组坐标轴,使微体各面素的切应变为零。这样的坐标轴称为应变主轴。沿应变主轴的正应变称为主应变,主应变也有三个:$\varepsilon_1, \varepsilon_2, \varepsilon_3$,它们也按代数值的大小次序排列:$\varepsilon_1 \geqslant \varepsilon_2 \geqslant \varepsilon_3$。

为简化分析计算,工程上都习惯用主轴作为坐标轴。

弹性变形时,应力应变之间成比例,各向同性的变形物体,其应力主轴和应变主轴重合,主应力的代数值顺序和主应变一一对应。以后将说明,塑性变形时只要对变形物体的加载历史有所限

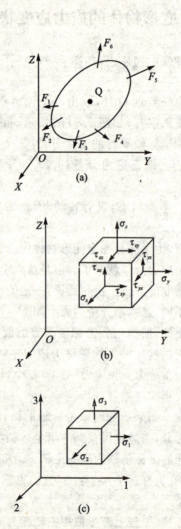

图 2.9

制,结论也是如此。

物体的总变形不外两部分组成,即体积的变化和形状的变化。表征微体变形的应变状态也可仿此来分解。容易证明,微体体积的变化为三个主应变之和,即 $\varepsilon_1+\varepsilon_2+\varepsilon_3$,由等应变成分 $\varepsilon_0=\dfrac{1}{3}(\varepsilon_1+\varepsilon_2+\varepsilon_3)$ 所构成的应变状态——球面应变状态,只有体积的变化,而其变化量正是三个主应变之和。从各个主应变分量中撇开等应变成分而剩下的应变差 $\varepsilon_1'=\varepsilon_1-\varepsilon_0, \varepsilon_2'=\varepsilon_2-\varepsilon_0, \varepsilon_3'=\varepsilon_3-\varepsilon_0$ 所构成的应变状态——应变偏量,就只代表总变形中形状的变化了。反过来看:应变偏量中 $\varepsilon_1'+\varepsilon_2'+\varepsilon_3'=0$,所以它没有体积的变化。综上所述,可见任何应变状态均可分解为表示体积变化部分的球面应变状态与表示形状变化部分的偏斜应变状态,如图 2.10 所示。塑性变形体积不变只有形状的变化,应变状态与应变偏量相同。即 $\varepsilon_0=0, \varepsilon_1'=\varepsilon_1, \varepsilon_2'=\varepsilon_2, \varepsilon_3'=\varepsilon_3$。

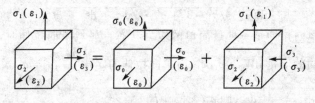

图 2.10

再来分析应力状态。任何一个应力状态同样也可分解为两部分,如图 2.10 所示。一部分是由等应力成分,即平均应力 $\sigma_0=\dfrac{\sigma_1+\sigma_2+\sigma_3}{3}$ 所构成,称为静水压状态或球面应力状态。在它的作用下,物体只会改变体积,不会产生形状的变化。在第一章中我们已经说明:物体形状的变化,实质上是由切应力产生的。然而静水压力构成的等应力状态,在任何方位的切面上切应力都为零,因而也不会产生形状变化。另一部分由应力差即应力偏量所构成,即由 $\sigma_1'=\sigma_1-\sigma_0, \sigma_2'=\sigma_2-\sigma_0, \sigma_3'=\sigma_3-\sigma_0$ 所构成,称为偏斜应力状态。

在偏斜应力状态中 $\sigma_1' + \sigma_2' + \sigma_3' = 0$，不存在等应力成分，所以应力偏量只会产生形状的变化。

塑性变形时变形物体的应力应变状态虽然多种多样，然而从能量等效的原则出发，可以找到一个衡量它们作用效果的共同尺度，这个尺度就是塑性变形功。前已述及塑性变形主要是偏斜应力引起的形状改变，由于变形有一个过程，为严格起见，我们着眼于某一变形瞬间。在此瞬间，偏斜应力 σ_1'、σ_2'、σ_3' 产生 $d\varepsilon_1$、$d\varepsilon_2$、$d\varepsilon_3$ 的应变增量，变形体单位体积所消耗的塑性变形功增量 dW_p 为

$$dW_p = \sigma_1' d\varepsilon_1 + \sigma_2' d\varepsilon_2 + \sigma_3' d\varepsilon_3 \tag{2.3}$$

这实际上等于两个向量 $(\sigma_1' i + \sigma_2' j + \sigma_3' k)$ 与 $(d\varepsilon_1 i + d\varepsilon_2 j + d\varepsilon_3 k)$ 的数乘积，或等于它们的模乘以两向量之间夹角的余弦，即

$$dW_p = |\sqrt{\sigma_1'^2 + \sigma_2'^2 + \sigma_3'^2}| \cdot |\sqrt{d\varepsilon_1^2 + d\varepsilon_2^2 + d\varepsilon_3^2}| \cos\theta \tag{2.4}$$

对于各向同性材料，应力主轴和应变增量主轴一致，$\cos\theta = 1$，所以塑性变形功的增量为

$$dW_p = \sqrt{\sigma_1'^2 + \sigma_2'^2 + \sigma_3'^2} \cdot \sqrt{d\varepsilon_1^2 + d\varepsilon_2^2 + d\varepsilon_3^2} \tag{2.5}$$

单向拉伸是一种最简单的应力状态。显然单向拉伸时，塑性变形功的增量 $dW_p = \sigma_1 d\varepsilon_1$，而单向拉伸的 $\sigma_1' = \dfrac{2\sigma_1}{3}$，$\sigma_2' = \sigma_3' = -\dfrac{\sigma_1}{3}$，$d\varepsilon_2 = d\varepsilon_3 = -\dfrac{1}{2} d\varepsilon_1$，则式(2.5)中的

$$\sqrt{\sigma_1'^2 + \sigma_2'^2 + \sigma_3'^2} = \sqrt{\dfrac{2}{3}} \sigma_1$$

$$\sqrt{d\varepsilon_1^2 + d\varepsilon_2^2 + d\varepsilon_3^2} = \sqrt{\dfrac{3}{2}} d\varepsilon_1$$

用塑性变形功来衡量，为了使复杂应力状态与单向拉伸等效，令

$$\sigma_i = \sqrt{\dfrac{3}{2}} \sqrt{\sigma_1'^2 + \sigma_2'^2 + \sigma_3'^2} =$$

$$\dfrac{1}{\sqrt{2}} \sqrt{(\sigma_1 - \sigma_2)^2 + (\sigma_2 - \sigma_3)^2 + (\sigma_3 - \sigma_1)^2} \tag{2.6}$$

$$d\varepsilon_i = \sqrt{\frac{2}{3}}\sqrt{d\varepsilon_1^2 + d\varepsilon_2^2 + d\varepsilon_3^2} \qquad (2.7)$$

塑性变形功的增量

$$dW_p = \sigma_i d\varepsilon_i \qquad (2.8)$$

σ_i 称为等效应力；$d\varepsilon_i$ 称为等效应变增量。如果应变增量成比例增长：$\frac{d\varepsilon_1}{\varepsilon_1} = \frac{d\varepsilon_2}{\varepsilon_2} = \frac{d\varepsilon_3}{\varepsilon_3} = \frac{d\varepsilon_i}{\varepsilon_i}$，我们有

$$\varepsilon_i = \sqrt{\frac{2}{3}}\sqrt{\varepsilon_1^2 + \varepsilon_2^2 + \varepsilon_3^2} \qquad (2.9)$$

ε_i 称为等效应变。

§2.3 任意应力状态下的切应力和屈服准则

在材料力学中我们已经熟知，弹性状态下，应力应变之间的关系是线性的、可逆的，这就意味着，在弹性范围内，各应力之间的组合可不受限制。但在单向拉伸时，当轴向应力 σ_1 等于屈服应力 σ_s 或 $\sigma_{0.2}$，材料就开始屈服，由弹性状态转为塑性状态。那么在任意应力状态下，各应力成分究竟应如何组合，才能达到这种转变呢？

塑性变形的实质是切应力引起的，因此，有必要讨论一下任意应力状态下切应力的作用。

前已述及，一般而言，受力变形物体内的任意切面上都有正应力和切应力的作用，如果以主轴作为坐标轴，且 $\sigma_1 \geqslant \sigma_2 \geqslant \sigma_3$，可以证明，除主面外切应力在以下三组互相垂直的切面上达到了极值：

第一组切面：平行于 1 轴，与 2、3 轴相交 45°。此面上的切应力 τ_{23} 与正应力 σ_{23} 为

$$\tau_{23} = \pm \frac{\sigma_2 - \sigma_3}{2}$$

$$\sigma_{23} = \frac{\sigma_2 + \sigma_3}{2}$$

第二组切面：平行于 2 轴，与 1、3 轴相交在 45°。此面上的切

应力 τ_{31} 与正应力 σ_{31} 为

$$\tau_{31} = \pm \frac{\sigma_1 - \sigma_3}{2}$$

$$\sigma_{31} = \frac{\sigma_1 + \sigma_3}{2}$$

第三组切面：平行于 3 轴，与 1、2 轴相交出 45°，此面上的切应力 τ_{12} 与正应力 σ_{12} 为

$$\tau_{12} = \pm \frac{\sigma_1 - \sigma_2}{2}$$

$$\sigma_{12} = \frac{\sigma_1 + \sigma_2}{2}$$

以上三个切应力称为主切应力。它们的关系可以用三维应力莫尔圆清楚地加以表达，如图 2.11 所示。

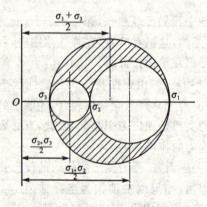

图 2.11

而变形物体中任意切面上的正应力和切应力，则处于大圆（半径为 $|\tau_{31}|$）与两个小圆（半径为 $|\tau_{23}|$ 与 $|\tau_{12}|$）之间的影线处。值得注意的是圆的几何图形由圆心位置与半径大小所决定。整个三维莫尔圆在 σ 坐标轴上的位置取决于静水压力（平均应力或球面应力），而三个圆的相互配置（几何关系）则取决于偏斜应力，由此也可以想象物体的变形性质完全取决于偏斜应力。

三个圆的配置可以用两个小圆直径之差与大圆的直径之比 ν_σ 来表示。ν_σ 称为罗德(Lode)参数

$$\nu_\sigma = \frac{(\sigma_2 - \sigma_3) - (\sigma_1 - \sigma_2)}{\sigma_1 - \sigma_3} \tag{2.10}$$

如果 $\sigma_1 \geqslant \sigma_2 \geqslant \sigma_3$，则 ν_σ 在 $-1 \leqslant \nu_\sigma \leqslant 1$ 的范围内变化。

1864年屈雷斯加(Tresca)在挤压试验时发现材料流动的痕迹与最大切应力的方向一致，提出："任意应力状态下只要最大切应力达到某一临界值后材料就开始屈服"。这就是所谓最大切应力理论。

如果 $\sigma_1 \geqslant \sigma_2 \geqslant \sigma_3$，这个条件可以表为

$$\tau_{\max} = \frac{\sigma_1 - \sigma_3}{2} = k \tag{2.11}$$

式中 k 是取决于材料性能和变形条件的常数，与应力应变状态无关，其数值由试验确定。既然 k 值与应力应变状态无关，最简便的方法是由单向拉伸试验定出。单向拉伸到达屈服时，$\sigma_1 = \sigma_s$，$\sigma_2 = \sigma_3 = 0$，$\tau_{\max} = \frac{\sigma_s}{2} = k$，所以最大切应力理论又可表为

$$\sigma_1 - \sigma_3 = \sigma_s \tag{2.12}$$

当主应力的大小次序未知时，最大切应力理论的普遍表达式应为

$$\left.\begin{array}{l} |\sigma_1 - \sigma_2| = \sigma_s \\ |\sigma_2 - \sigma_3| = \sigma_s \\ |\sigma_3 - \sigma_1| = \sigma_s \end{array}\right\} \tag{2.13}$$

以上三式只要其中之一得到满足，材料就开始屈服。但因 $\tau_{12} + \tau_{23} + \tau_{31} = 0$ 所以三式中至多只能同时满足二式。

最大切应力理论虽然形式简单与试验结果相符，用于分析求解板料成形问题也有足够的精度。但在三个主切应力中只考虑了其中最大一个切应力的作用(也即在三向主应力中忽略了中间主应力的作用)理论上未免有些欠缺。

1913年密塞斯(Von Mises)提出另一种屈服准则对此加以修正。他提出在任意应力状态下,只要三个主切应力的均方根值达到某一临界值,材料就开始塑性变形。这一准则的数学表达式为

$$\sqrt{\frac{\tau_{12}^2 + \tau_{23}^2 + \tau_{31}^2}{3}} = C \quad (2.14)$$

式中常数 C 也可利用单向拉伸试验确定。单向拉伸下,材料屈服时 $\sigma_1 = \sigma_s$,$\sigma_2 = \sigma_3 = 0$,所以,$\tau_{12} = \frac{\sigma_s}{2}$,$\tau_{13} = \frac{\sigma_s}{2}$,$\tau_{23} = 0$,常数 $C = \frac{\sigma_s}{6}$。

将任意应力状态下,τ_{12}、τ_{23}、τ_{31} 及 C 值代入式(2.14),可得密塞斯屈服准则的另一形式为

$$\frac{1}{\sqrt{2}}\sqrt{(\sigma_1 - \sigma_2)^2 + (\sigma_2 - \sigma_3)^2 + (\sigma_3 - \sigma_1)^2} = \sigma_s \quad (2.15)$$

式(2.15)的左端与任意应力状态下八面体面上的切应力 τ_8 或与弹性形状变化的能量 U_ϕ 的表达式形式相似,只差一比例常数。所以密塞斯准则又称为 $\tau_8 =$ 常数或 $U_\phi =$ 常数理论。

实际上,密塞斯准则与屈雷斯加准则之间差别很小。如果将中间应力 σ_2 利用式(2.10)表示,则

$$\sigma_2 = \frac{\sigma_1 - \sigma_3}{2}\nu_\sigma + \frac{\sigma_1 + \sigma_3}{2}$$

代入式(2.15)可得

$$\left(\sigma_1 - \frac{\sigma_1 - \sigma_3}{2}\nu_\sigma - \frac{\sigma_1 + \sigma_3}{2}\right)^2 + \left(\frac{\sigma_1 - \sigma_3}{2}\nu_\sigma + \frac{\sigma_1 + \sigma_3}{2} - \sigma_3\right)^2 + (\sigma_3 - \sigma_1)^2 = 2\sigma_s^2$$

化简后得

$$\sigma_1 - \sigma_3 = \frac{2}{\sqrt{3 + \nu_\sigma^2}}\sigma_s$$

令

$$\beta = \frac{2}{\sqrt{3+\nu_\sigma^2}} \tag{2.16}$$

所以

$$\sigma_1 - \sigma_3 = \beta\sigma_s \tag{2.17}$$

式中 β 表示中间主应力 σ_2 对于屈服条件的影响也即考虑三个主切应力时与只考虑其中绝对值最大的切应力时,屈服条件之间的差异。

当 $\nu_\sigma = \pm 1$ 时,$\beta = 1$;当 $\nu_\sigma = 0$ 时,$\beta = 1.155$。β 值的变化范围为 $1 \leq \beta \leq 1.155$。由此可见,两种准则最大差别仅有 15.5%。对于某些特定的应力状态,β 值极易准确确定。例如,单向拉伸($\sigma_1 > 0, \sigma_2 = \sigma_3 = 0$)、单向压缩($\sigma_1 = \sigma_2 = 0, \sigma_3 < 0$)、双向等拉($\sigma_1 = \sigma_2 > 0, \sigma_3 = 0$)、双向等压($\sigma_1 = 0, \sigma_2 = \sigma_3 < 0$)时,$\beta = 1$。又如纯剪($\sigma_1 = -\sigma_3, \sigma_2 = 0$)、平面应变 $\left(\sigma_1, \sigma_2 = \frac{\sigma_1 + \sigma_3}{2}, \sigma_3\right)$ 时,$\beta = 1.155$。在应力分量未知的情况下,β 值可取平均值 1.1。但也应指出:密塞斯准则不仅理论上比较完善,而且从大多数韧性材料的试验结果来看,比屈雷斯加准则更加接近实际情况。

在分析复杂应力状态下的塑性变形时,我们曾从能量等效的原则出发,利用塑性变形功引入了等效应力(应力强度)和等效应变(应变强度)的概念。任意应力状态下,各应力成分虽然各不相同,但都可用它们的这种组合——等效应力,参见式(2.6)——来衡量它们共同作用的效果。如果把密塞斯屈服准则中的 σ_s 理解为材料在相应的变形程度下继续屈服的屈服点 σ_i,实际上等效应力的表达式(2.6)和密塞斯准则的表达式(2.15)完全一致。这就意味着塑性变形与弹性变形截然不同。弹性变形时,应力成分可任意组合,取得弹性平衡状态;塑性变形时,应力成分之间的组合必须满足一定的条件,才能取得塑性平衡,这个限制条件就是屈服准则。

屈服准则的数学表达式,可以用几何图形形象地描述。在

($\sigma_1\sim\sigma_2\sim\sigma_3$)的三维应力空间中,屈雷斯加准则,即式(2.13)代表三对互相平行的平面构成的六方柱面,称为屈雷斯加屈服表面。正六方柱面的对称轴,通过坐标原点,并与三坐标轴成等倾角。密塞斯准则即式(2.15)代表的屈服表面为一外接于该六方柱的圆柱面如图 2.12 所示。圆柱面的半径为 $\sqrt{\dfrac{2}{3}}\sigma_s$。弹性变形时,应力成分可在柱的空间内任意组合,塑性变形时应力的组合必须位于屈服表面上。

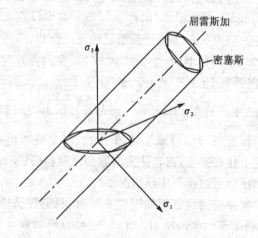

图 2.12

平面应力状态下,设 $\sigma_3=0$,$\sigma_1-\sigma_2$ 坐标平面与屈服表面的截迹称为屈服轨迹,如图 2.13 所示。注意:此时应力的顺序。

此时,屈雷斯加准则即式(2.13)可以写作

$$\left.\begin{array}{l}|\sigma_1|=\sigma_s\\|\sigma_2|=\sigma_s\\|\sigma_1-\sigma_2|=\sigma_s\end{array}\right\} \quad (2.18)$$

式(2.18)图形为一六边形。

密塞斯准则即式(2.15)可以写作

$$\sigma_1^2-\sigma_1\sigma_2+\sigma_2^2=\sigma_s^2 \quad (2.19)$$

第二章 金属塑性变形的力学规律

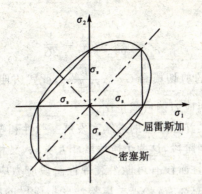

图 2.13

其图形为一外接于六边形的椭圆。此椭圆也可用参数(ω)方程表为

$$\left.\begin{aligned}\sigma_1 &= \frac{2}{\sqrt{3}}\sigma_s \cos\left(\omega - \frac{\pi}{6}\right) \\ \sigma_2 &= \frac{2}{\sqrt{3}}\sigma_s \cos\left(\omega + \frac{\pi}{6}\right)\end{aligned}\right\} \quad (2.20)$$

§2.4 流动规则——塑性应力应变关系

材料力学中,我们已经熟知,物体弹性变形时应力与应变之间的关系是线性的,可逆的,与变形的加载历史无关。应力与应变均可简单叠加,一般应力状态下,从广义虎克定律出发,利用简单叠加,可以推得表征弹性变形应力应变关系的两个基本规律,即

体积变化定律:

$$\varepsilon_0 = \frac{1-2\mu}{E}\sigma_0 \quad (2.21)$$

式中 E 为杨氏弹性系数,μ 为泊松比。此式表明:弹性变形时物体体积的变化与平均应力成正比。

形状变化定律:

$$\frac{\varepsilon_1'}{\sigma_1'} = \frac{\varepsilon_2'}{\sigma_2'} = \frac{\varepsilon_3'}{\sigma_3'} = \frac{1}{2G} \tag{2.22}$$

式中 G 为材料的剪切模量 $G = \dfrac{E}{2(1+\mu)}$,此式表明,弹性变形时,物体形状变化与应力偏量成正比。

　　塑性变形是弹性变形的继续和发展。弹性和塑性是整个变形过程的不同发展阶段,这两个阶段既相互关联,又相互区别。相互关联意味着,塑性阶段有可能沿袭弹性阶段应力应变关系的某些形式;相互区别意味着,必须考虑塑性变形阶段的特点,不能简单搬用。而塑性变形时应力应变关系是非线性的,不可逆的,应力应变不能简单叠加。在单向拉伸试验中我们已经看到:材料屈服以后,应力应变关系失去了线性,变形过程不可逆了。加载、卸载应力与应变的关系沿着不同的路线变化如图 2.7 所示、反向加载出现软化现象如图 2.8 所示。应力和应变与加载历史密切有关。如果我们对加载历史不加限制,那么在某一变形瞬间,虽然当时外加载荷所产生的应力完全一样,但却有很多的变形程度与之相适应。例如图 2.14 中在同一个应力 σ 下,因为加载历史不同,与之相适应的变形程度可能为 $\varepsilon, \varepsilon', \varepsilon''\cdots$。反之亦然。此外,塑性变形没有体积的变化,如果把加载时的弹性变形忽略不计,那么代表形状变化的应变偏量就是塑性应变了。由此看来,弹性变形体积变化定律,在塑性变形时已失去作用,而弹性变形形状变化定律,在塑性变形时由于必须考虑加载历史,而必须加以修正。修正只有着眼于加载的每一瞬间,从应变增量出发,才能撇开加载历史。列维和密塞斯先后提出一种类似弹性变形形状变化规律的塑性流动规则,它可表述如下:"在每一加载瞬间,应变增量主轴与应力主轴重合,应变增量与应力偏量成比例。"称为列维-密塞斯增量理论。其数学表达式为

$$\frac{\mathrm{d}\varepsilon_1}{\sigma_1'} = \frac{\mathrm{d}\varepsilon_2}{\sigma_2'} = \frac{\mathrm{d}\varepsilon_3}{\sigma_3'} = \mathrm{d}\lambda \tag{2.23}$$

式中 $d\lambda$ 与弹性变形不同,不是常数,而是与某变形瞬间变形程度有关的比例系数。以下我们讨论一下 $d\lambda$ 的意义及其确定方法。

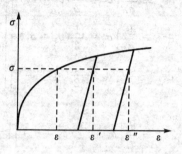

图 2.14

利用比例关系 $\dfrac{a}{b}=\dfrac{c}{d}=\dfrac{e}{f}=\dfrac{\sqrt{a^2+c^2+e^2}}{\sqrt{b^2+d^2+f^2}}$ 以及式(2.6)、式(2.7)可得

$$d\lambda = \frac{d\varepsilon_1}{\sigma'_1}=\frac{d\varepsilon_2}{\sigma'_2}=\frac{d\varepsilon_3}{\sigma'_3}=\frac{3}{2}\frac{d\varepsilon_i}{\sigma_i} \qquad (2.24)$$

如果物体变形过程中只有加载没有卸载,应力、应变主轴没有转动,它们代数值的大小次序没有变化,主应变分量从零开始比例增大,即

$$\frac{d\varepsilon_1}{\varepsilon_1}=\frac{d\varepsilon_2}{\varepsilon_2}=\frac{d\varepsilon_3}{\varepsilon_3}=\frac{d\varepsilon_i}{\varepsilon_i} \qquad (2.25)$$

在这样的加载历史下,式(2.24)即可写成全量的形式,即与材料变形程度有关的系数

$$\lambda = \frac{\varepsilon_1}{\sigma'_1}=\frac{\varepsilon_2}{\sigma'_2}=\frac{\varepsilon_3}{\sigma'_3}=\frac{3}{2}\frac{\varepsilon_i}{\sigma_i} \qquad (2.26)$$

这样严格的加载条件称为简单加载。显然塑性加工包括板料成形中,要求严格满足简单加载条件是不现实的。实践证明:工程问题的分析计算,只要近似满足简单加载条件,沿用式(2.26)是容许的。

展开式(2.25)、式(2.26),即可将应力分量与应变分量之间的

关系明确表达如下

$$\left.\begin{array}{l} d\varepsilon_1 = \dfrac{d\varepsilon_i}{\sigma_i}\left[\sigma_1 - \dfrac{1}{2}(\sigma_2 + \sigma_3)\right] \\ d\varepsilon_2 = \dfrac{d\varepsilon_i}{\sigma_i}\left[\sigma_2 - \dfrac{1}{2}(\sigma_3 + \sigma_1)\right] \\ d\varepsilon_3 = \dfrac{d\varepsilon_i}{\sigma_i}\left[\sigma_3 - \dfrac{1}{2}(\sigma_1 + \sigma_2)\right] \end{array}\right\} \quad (2.27)$$

简单加载时有：

$$\left.\begin{array}{l} \varepsilon_1 = \dfrac{\varepsilon_i}{\sigma_i}\left[\sigma_1 - \dfrac{1}{2}(\sigma_2 + \sigma_3)\right] \\ \varepsilon_2 = \dfrac{\varepsilon_i}{\sigma_i}\left[\sigma_2 - \dfrac{1}{2}(\sigma_3 + \sigma_1)\right] \\ \varepsilon_3 = \dfrac{\varepsilon_i}{\sigma_i}\left[\sigma_3 - \dfrac{1}{2}(\sigma_1 + \sigma_2)\right] \end{array}\right\} \quad (2.28)$$

要利用式(2.27)、式(2.28)，确定塑性变形时的应力分量或应变分量，必须首先知道在一定变形程度下，材料的变形抗力有多大，即材料的 σ_i 与 ε_i 的函数关系如何？这种函数关系只有试验取得，最常用的试验方法就是单向拉伸。单向拉伸所取得的实际应力曲线，即为 σ_i 与 ε_i 的函数关系，例如 $\sigma = K\varepsilon^n$ 即 $\sigma_i = K\varepsilon_i^n$，这种关系适用于任何应力状态，具有普遍意义，所以也称之为一般性实际应力曲线。除初始屈服外，实际应力曲线上的每一点都可理解为材料继续屈服的屈服点。如果把屈服条件中的 σ_s 换成实际应力曲线中的 σ_i，则式(2.13)、式(2.15)、式(2.17)成为

$$\left.\begin{array}{l} |\sigma_1 - \sigma_2| = \sigma_i \\ |\sigma_2 - \sigma_3| = \sigma_i \\ |\sigma_3 - \sigma_1| = \sigma_i \end{array}\right\} \quad (2.29)$$

$$\dfrac{1}{2}\sqrt{(\sigma_1 - \sigma_2)^2 + (\sigma_2 - \sigma_3)^2 + (\sigma_3 - \sigma_1)^2} = \sigma_i \quad (2.30)$$

或 $\qquad \sigma_1 - \sigma_3 = \beta\sigma_i, \quad (\sigma_1 \geqslant \sigma_2 \geqslant \sigma_3 \text{ 时}) \quad (2.31)$

称为塑性方程式。

§2.5 塑性流动与屈服表面的相关性——法向性原则

塑性变形过程的产生、发展，实际上是材料由开始屈服进而继续屈服的结果。一般应力状态下，在应力空间表示弹性极限的界面就是初始屈服表面，加载突破了这一界面，使材料继续屈服。由于应变强化效应，材料的变形抵抗力增加，初始屈服表面逐渐膨胀，在应力空间可用一层层等间距的继续屈服表面表示。塑性流动可以理解为这一系列屈服表面的连续突破，而每一变形瞬间相邻两层表面的间距取决于塑性应变增量。

上述这种模型可用塑性流动的法向性原则加以概括，即塑性变形时屈服表面上某点（其坐标值取决于应力状态）的塑性应变增量的合成向量沿着屈服表面的法向，如图 2.15 所示。假定屈服表面为 $f(\sigma_1、\sigma_2、\sigma_3)=C$，应力状态点$(\sigma_1、\sigma_2、\sigma_3)$法向的方向余弦之比为 $\frac{\partial f}{\partial \sigma_1} : \frac{\partial f}{\partial \sigma_2} : \frac{\partial f}{\partial \sigma_3}$，此应力状态点塑性应变增量的向量对应为 $d\varepsilon_1$、$d\varepsilon_2$、$d\varepsilon_3$，其合成向量沿着此点的法向，所以有

$$d\varepsilon_1 : d\varepsilon_2 : d\varepsilon_3 = \frac{\partial f}{\partial \sigma_1} : \frac{\partial f}{\partial \sigma_2} : \frac{\partial f}{\partial \sigma_3} \tag{2.32}$$

或

$$\left.\begin{aligned} d\varepsilon_1 &= \frac{\partial f}{\partial \sigma_1}d\lambda \\ d\varepsilon_2 &= \frac{\partial f}{\partial \sigma_2}d\lambda \\ d\varepsilon_3 &= \frac{\partial f}{\partial \sigma_3}d\lambda \end{aligned}\right\} \tag{2.33}$$

式中 $d\lambda$ 为一比例系数，而式(2.33)表示塑性流动法向性原则。

兹以密塞斯准则为例，说明以上原则的应用。

设

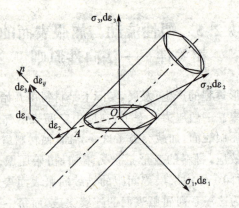

图 2.15

$$f = \frac{\tau_{12}^2 + \tau_{23}^2 + \tau_{31}^2}{3} = \frac{1}{6}[(\sigma_1 - \sigma_2)^2 + (\sigma_2 - \sigma_3)^2 + (\sigma_3 - \sigma_1)^2]$$

$$\frac{\partial f}{\partial \sigma_1} = \frac{1}{6}[4\sigma_1 - 2\sigma_2 - 2\sigma_3] = \sigma_1 - \sigma_0$$

同理有

$$\frac{\partial f}{\partial \sigma_2} = \sigma_2 - \sigma_0$$

$$\frac{\partial f}{\partial \sigma_3} = \sigma_3 - \sigma_0$$

利用式(2.33)可得

$$\frac{d\varepsilon_1}{\sigma_1 - \sigma_0} = \frac{d\varepsilon_2}{\sigma_2 - \sigma_0} = \frac{d\varepsilon_3}{\sigma_3 - \sigma_0} = d\lambda$$

上式和式(2.23)结果完全一样。

§2.6　最小阻力定律

材料的变形总是优先沿着阻力最小的方向发展。这就是最小阻力定律。

用方形板料拉深圆筒件，是最小阻力的最好说明。当凸模将板料引入凹模时,距离凸模中心愈远的地方,材料愈多,愈不易向凹模洞口流动。于是毛料的突缘,变为弧状凹四边形,如图 2.16 所示。

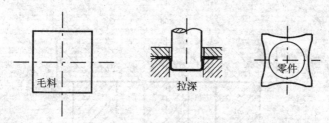

图 2.16

最小阻力定律在压力加工中的灵活运用是很有现实意义的,举例如下。

(1) 辊辗壁板毛坯,如图 2.17 所示。用平板辗压,虽经多次,也难以获得肋条的必要高度。如果经第一次辗压后,在肋条下面预先贮存一定的材料,再将壁板面辗平,这样肋条下面预先贮存的材料向辊槽流动的阻力最小,可以保证肋条高度的增加。

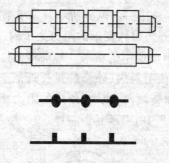

图 2.17

(2) 压制环形气瓶,如图 2.18 所示。如果采用单纯按零件尺寸展开的环形平板毛料,成形时由于外圈附近的材料拉入凹模的阻力要比内圈附近的材料拉入凹模的阻力大。因此内圈材料容易流入模腔,造成内圈边高不够的现象。设计工艺过程与毛料时必须计及这一因素。

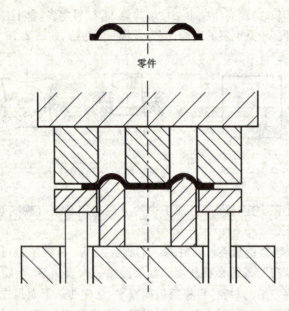

图 2.18

(3) 压制轮义,如图 2.19(a)所示。如果采用图 2.19(b)实线所示的毛料,则因外边材料变形的阻力大于内边,成形时毛料发生偏转,形成图 2.19(c)所示的结果。如果将毛料作成图 2.19(b)虚线所示的形式,并使毛料内、外缘的弧长近似于零件内、外缘的弧长。迎合材料的偏转倾向,使内、外边的阻力相当,就可得到边高相同的零件,如图 2.19(a)所示。

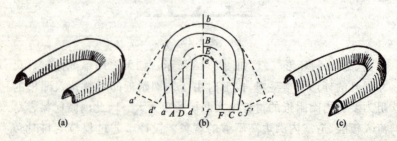

图 2.19

最小阻力定律虽然不像塑性流动规则那样可以对应力应变的各个分量作出确切的定量计算,但是对于压力加工变形过程的定性分析,还是大有裨益的。

习　题

1. 单向拉伸试件试验段长度由 l_0 伸长为 l 时,实际应变 ε 与相对应变 δ 哪个值大? 试证明之。

2. 证明在单向拉伸试验中存在以下换算关系:
$$\delta = \frac{\psi}{1-\psi}, \quad \psi = \frac{\delta}{1+\delta},$$
$$\varepsilon = \ln(1+\delta), \quad \sigma = \bar{\sigma}(1+\delta).$$

3. 已知某板料的实际应力曲线为 $\sigma = K\varepsilon^n$,试确定 $\sigma-\delta$,与 $\sigma-\psi$ 幂次式的 K,n 值。

4. 当材料的实际应力曲线在弹性变形区 $\varepsilon \leqslant \varepsilon_s$ 时,用 $\sigma = E\varepsilon$;塑性变形区 $\varepsilon > \varepsilon_s$ 时,用 $\sigma = K\varepsilon + B$ 表示。试确定常数值 K 和 B。

5. 某材料作单向拉伸试验,拉断后试件尺寸如图 2.20 所示。已测得试件原始剖面的宽度 $B_0 = 15$ mm,厚度 $t_0 = 2$ mm,加载过程中的最大拉力 $P_{max} = 6\,566$ N,求此材料实际应力曲线的近似解析式 $\sigma = K\varepsilon^n$。

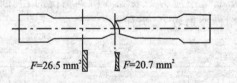

图 2.20

6. 设某材料的一般性实际应力曲线为:$\sigma_i = K(\varepsilon_0 + \varepsilon_i)^n$,试确定此材料单向拉伸时的细颈点应变。

7. 已知某材料的 $\sigma_b = 383.44$ MPa,与之相对应的相对应变 $\delta_j = 0.197$,求此材料的近似理论实际应力曲线 $\sigma = K\varepsilon^n$,式中 ε 为对数应变。

8. 某杆件,其材料的实际应力曲线为 $\sigma_i = 536\varepsilon_i^{0.23}$ MPa,先单向拉伸,其拉伸量以相对应变计,为 0.15。如仍以相对应变计,问:

(1) 还需要拉伸多少才能使此杆件产生细颈?

(2) 还需要压缩多少才能使此杆件恢复到原长?

9. 某板材作单向拉伸试验,试件的原始剖面积为 20 mm²,试验时测得相对伸长 10% 时拉力 $F_{10\%} = 7938$N,最大拉力 $F_{max} = 8330$N,假定此材料的实际应力曲线符合幂次式,试确定其表达式。

10. 从 LY12M 材料的假象应力曲线上查得 $\sigma_b = 162.8$ MPa,$\delta_j = 0.139$,求此材料的实际应力曲线的近似解析式 $\sigma = K\varepsilon^n$ 和 $\sigma = \sigma_c + D\varepsilon$。

11. 一矩形平板,长度和宽度方向的应变分别为 $\varepsilon_1 = 0.21$,$\varepsilon_2 = -0.11$,板料的原始厚度为 1 mm,求平板的变薄量。

12. 某杆件,其材料的简化实际应力曲线为 $\sigma_i = 181 + 139\varepsilon_i$ MPa,ε_i 为实际应变,如将杆件拉伸,使其长度伸长 18%,再进行压缩,使长度比伸长后的长度减少 18%,求压缩终了时材料内的实际应力。

13. 已知三个主应力如表 2.2 所列情况时,判断哪几种情况具有相同的塑性变形效果,为什么?

表 2.2

主应力	情况1	情况2	情况3	情况4	情况5	情况6	情况7
σ_1	2σ	σ	0	σ	0	0	σ
σ_2	σ	σ	$-\sigma$	0	$-\sigma$	0	0
σ_3	0	0	-2σ	0	$-\sigma$	$-\sigma$	0

14. 画出 (1) $\sigma_1 = \sigma, \sigma_2 = \sigma_3 = 0$,(2) $\sigma_1 = \sigma_2 = \sigma, \sigma_3 = 0$,

(3) $\sigma_1=\sigma, \sigma_2=0, \sigma_3=-\sigma$，(4) $\sigma_1=2\sigma, \sigma_2=\sigma, \sigma_3=0$ 四种应力状态下的应力莫尔圆和应变莫尔圆，并计算应变分量之间的比值。

15. 设变形体某点的主应变为 $-0.085, +0.035, +0.050$。区分 $\varepsilon_1, \varepsilon_2$ 和 ε_3，并计算应变强度 ε_i。在近似计算中一般可取 $\varepsilon_i \approx \varepsilon_{\max}$，在本题中由此引起的误差等于多少？

16. 假设变形过程符合简单加载条件，当主应力各为 $(5,3,1)$；$(0,-1,-5)$ 和 $(5,1,0)$ 时，试定性确定相应的主应变状态图。

17. 如果板平面内的主应力和主应变分别用 σ_θ, σ_r 和 $\varepsilon_\theta, \varepsilon_r$ 表示，试在以 σ_θ 和 σ_r，以及 ε_θ 和 ε_r 为直角坐标轴的主应力和主应变屈服轨迹上分别标出单向拉伸、双向等拉、纯剪和平面应变的位置线（注上位置角）。

18. 一半径为 20 mm，壁厚为 1 mm 两端封闭的薄壁圆管，受内压 $P=7.84$ MPa 和轴向拉力 $F=9.8$ kN 的作用。已知材料的拉伸屈服点 $\sigma_s=156.8$ MPa，试分别用最大切应力理论和常数形变能量理论（屈雷斯加和密塞斯屈服条件）判断材料是否处于塑性状态。

19. 两端封闭的薄壁管，如图 2.21 所示。在内压 p 的作用下产生塑性变形，假定管子原厚为 t_0，其平均半径原为 R_0，变形后为 R，材料的单向拉伸实际应力曲线为：

$$\sigma_i = K\varepsilon_i^n$$

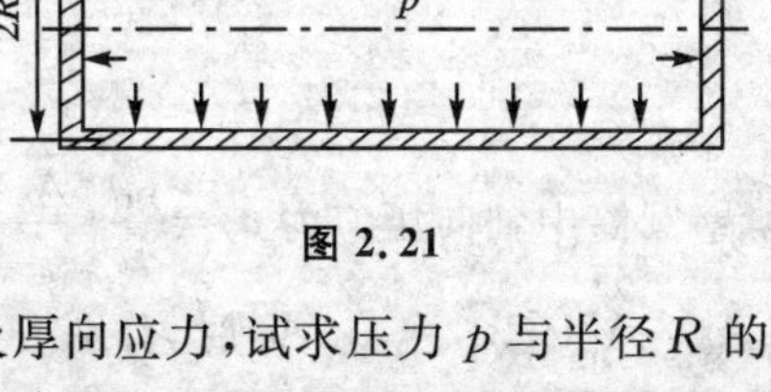

图 2.21

忽略端头效应及厚向应力，试求压力 p 与半径 R 的函数关系。

20. 一个两端封闭的薄壁圆管，平均半径为 R，壁厚为 t。在以下两种受载情况下：(1) 承受内压力 p_1 的作用；(2) 内部作用

有压力 p_1,外部作用有压力 p_2(p_2 对轴向力无影响),内外压力保持比值 $\dfrac{p_2}{p_1}=x$ 不变。试按密塞斯屈服条件,求这两种情况下,当内压力 p_1 多大时,管子开始屈服。材料单向拉伸时的屈服应力为 σ_s。

21. 材料的拉伸屈服极限为 σ_s,当分别用屈雷斯加和密塞斯屈服条件由 σ_s 估算剪切屈服极限 τ_s 时,两种结果相差多少?

22. 一直径为 d,厚度为 t 的薄壁圆筒在如图 2.22 所示的装置下加压(装置内充满液体)。当冲头下行时,薄壁圆筒同时受到液压 p 和轴向力的作用。设圆板的面积为 A_0,薄壁圆筒内的面积为 A_1;圆筒用理想塑性材料制成,屈服应力为 σ_s,如果不考虑端头效应。

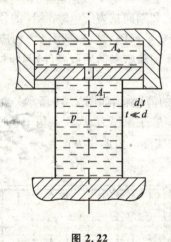

图 2.22

(1) 求证薄壁圆筒中轴向压应力 $\sigma_z = \dfrac{pd}{4t}\left[\dfrac{A_0-A_1}{A_1}\right]$

(2) 当(a) $A_0=A_1$,(b) $A_0=2A_1$ 时,分别按屈雷斯加和密塞斯屈服条件求出圆筒屈服时的液压 p 值。

23. 如图 2.23 所示的薄壁圆管,受拉力 p 和扭矩 M 的作用,求三个主应力值,并写出此情况下的密塞斯和屈雷斯加屈服条件式。

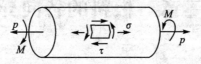

图 2.23

24. 设屈服表面为函数 $F(\sigma_1, \sigma_2, \sigma_3) = c$,若屈服与平均应力无关,试证明:$\dfrac{\partial F}{\partial \sigma_1} + \dfrac{\partial F}{\partial \sigma_2} + \dfrac{\partial F}{\partial \sigma_3} = 0$。(提示:若与平均应力无关,则有 $\sigma_1 + \sigma_2 + \sigma_3 = 0$,此为一与三坐标轴有等倾角之斜平面。)

25. 双切应力屈服条件认为:当两个(绝对值)较大的主切应力之和达到某一临界值时材料开始屈服。试将此屈服条件用数学式表达,并画出其在平面应力状态下之屈服轨迹。(提示:注意区分不同应力状态下,两个较大的主切应力为何。)

26. 设厚向异性板,板面屈服应力为 σ_s,厚向屈服应力为 σ_t,如何判断板面在双向等拉($\sigma_s = \sigma_t$)时,板料是否屈服?(提示:屈服与球面张量无关。)

第三章 板料的各向异性

以上的讨论都是针对各向同性材料。

冷压成形所用的板料,是经过多次辊轧和热处理所取得的,由于轧制时出现纤维性组织和结晶的优择取向形成织构,具有明显的各向异性。在板料成形的分析计算中,必须计及这一因素。

§3.1 屈服条件和应力应变关系

假定变形物体各向异性,具有三个互相垂直的对称平面,这些平面的交线称为各向异性主轴。例如,板料的各向异性主轴为沿着轧向、垂直于轧向和沿着板厚方向。当变形物体的应力状态主轴与各向异性主轴恰好一致时,仿照密塞斯准则,希尔(R. Hill)提出正交各向异性体的屈服条件为

$$2f = F(\sigma_2 - \sigma_3)^2 + G(\sigma_3 - \sigma_1)^2 + H(\sigma_1 - \sigma_2)^2 = 1 \quad (3.1)$$

式中 F、G、H 为材料的各向异性特征参数。当 $F=G=H$ 时,即为各向同性材料的屈服条件——密塞斯准则。如果 σ_{s1}、σ_{s2}、σ_{s3} 分别为材料沿 1、2、3 主轴的单向拉伸屈服应力,则 F、G、H 之间有以下关系

$$G + H = \frac{1}{\sigma_{s1}^2}, \quad F + H = \frac{1}{\sigma_{s2}^2}, \quad F + G = \frac{1}{\sigma_{s3}^2}$$

如果变形物体为一板料,而板料变形时大都处于平面应力状态(假定其中 $\sigma_3 = 0$)。但是板面内各点的应力主轴与材料的各向异性主轴一致的情况是较为罕见的,很难直接应用希尔的正交各向异性准则。一般进一步假定板料在板面内各向同性,只有厚向异性,这时如果板面内的屈服应力 $\sigma_{s1} = \sigma_{s2} = \sigma_s$,厚向的屈服应力

为 $\sigma_{s3}=\sigma_{t_0}$,于是 $G+H=F+H=\dfrac{1}{\sigma_s^2}$,$F+G=\dfrac{1}{\sigma_{t_0}^2}$,$F=G$,希尔准则可表示为

$$\sigma_1^2-\frac{2H}{G+H}\sigma_1\sigma_2+\sigma_2^2=\sigma_s^2 \tag{3.2}$$

令 $\tilde{r}=\dfrac{H}{G}=\dfrac{H}{F}=2\left(\dfrac{\sigma_{t_0}}{\sigma_s}\right)^2-1$,$\tilde{r}$ 称为厚向异性指数,式(3.2)又可写作

$$\sigma_1^2-\frac{2\tilde{r}}{1+\tilde{r}}\sigma_1\sigma_2+\sigma_2^2=\sigma_s^2 \tag{3.3}$$

假定继续屈服时板面内的屈服应力为 σ_i,板面内仍为各向同性,板厚方向的应力为 σ_t,于是塑性方程可以写作

$$\sigma_1^2-\frac{2H}{G+H}\sigma_1\sigma_2+\sigma_2^2=\sigma_i^2 \tag{3.4}$$

以及

$$\sigma_1^2-\frac{2r}{1+r}\sigma_1\sigma_2+\sigma_2^2=\sigma_i^2 \tag{3.5}$$

式中 $r=2\left(\dfrac{\sigma_t}{\sigma_i}\right)^2-1$,通常假定变形过程中 $\dfrac{\sigma_t}{\sigma_i}$ 的比值不变,即 $r=\tilde{r}$,所以式(3.5)具有普遍意义。σ_i 称为厚向异性板板面内的等效应力(应力强度)。$r=1$ 时为各向同性板,此时,式(3.5)即与密塞斯准则式(2.19)相同。r 值愈大,$\dfrac{\sigma_t}{\sigma_i}$ 比值愈大,板料抵抗变薄的能力愈强。

利用塑性流动规律的法向性原则式(2.33)可得

$$\frac{(1+r)\mathrm{d}\varepsilon_1}{(1+r)\sigma_1-r\sigma_2}=\frac{(1+r)\mathrm{d}\varepsilon_2}{(1+r)\sigma_2-r\sigma_1}=\frac{-(1+r)\mathrm{d}\varepsilon_3\times\sqrt{r}}{(\sigma_1+\sigma_2)\times\sqrt{r}} \tag{3.6}$$

由比例运算法则可知,

$$\frac{a}{b}=\frac{c}{d}=\frac{e}{f}=\frac{\sqrt{a^2+c^2+e^2}}{\sqrt{b^2+d^2+f^2}},\text{同时 }\mathrm{d}\varepsilon_3=-(\mathrm{d}\varepsilon_1+\mathrm{d}\varepsilon_2)$$

以上比例关系可写作为

$$\frac{d\varepsilon_1}{\sigma_1 - \dfrac{r}{1+r}\sigma_2} = \frac{d\varepsilon_2}{\sigma_2 - \dfrac{r}{1+r}\sigma_1} = \frac{-d\varepsilon_3}{\dfrac{\sigma_1+\sigma_2}{1+r}} =$$

$$\frac{\dfrac{1+r}{\sqrt{1+2r}}\sqrt{d\varepsilon_1^2 + \dfrac{2r}{1+r}d\varepsilon_1 d\varepsilon_2 + d\varepsilon_2^2}}{\sqrt{\sigma_1^2 - \dfrac{2r}{1+r}\sigma_1\sigma_2 + \sigma_2^2}} = \frac{d\varepsilon_i}{\sigma_i} \quad (3.7)$$

式中 $d\varepsilon_i = \dfrac{1+r}{\sqrt{1+2r}}\sqrt{d\varepsilon_1^2 + \dfrac{2r}{1+r}d\varepsilon_1 d\varepsilon_2 + d\varepsilon_2^2}$,称为厚向异性板板面内等效应变(应变强度)增量。

式(3.7)可以分别表示为

$$\left.\begin{aligned} d\varepsilon_1 &= \frac{d\varepsilon_i}{\sigma_i}\left(\sigma_1 - \frac{r}{1+r}\sigma_2\right) \\ d\varepsilon_2 &= \frac{d\varepsilon_i}{\sigma_i}\left(\sigma_2 - \frac{r}{1+r}\sigma_1\right) \\ d\varepsilon_3 &= -\frac{d\varepsilon_i}{\sigma_i} \cdot \frac{\sigma_1+\sigma_2}{1+r} \end{aligned}\right\} \quad (3.8)$$

在简单加载条件下,厚向异性板板面内等效应变(应变强度)为

$$\varepsilon_i = \frac{1+r}{\sqrt{1+2r}}\sqrt{\varepsilon_1^2 + \frac{2r}{1+r}\varepsilon_1\varepsilon_2 + \varepsilon_2^2} \quad (3.9)$$

而应力应变分量之间的关系为

$$\left.\begin{aligned} \varepsilon_1 &= \frac{\varepsilon_i}{\sigma_i}\left(\sigma_1 - \frac{r}{1+r}\sigma_2\right) \\ \varepsilon_2 &= \frac{\varepsilon_i}{\sigma_i}\left(\sigma_2 - \frac{r}{1+r}\sigma_1\right) \\ \varepsilon_3 &= -\frac{\varepsilon_i}{\sigma_i}\frac{\sigma_1+\sigma_2}{1+r} \end{aligned}\right\} \quad (3.10)$$

当板料各向同性时,$r=1$,$\sigma_3=0$,式(3.8)、式(3.10)即为式

(2.27)与式(2.28)。

反映厚向异性板性质的一个主要参数是厚向异性指数 r,假定

$$r = 2\left(\frac{\sigma_t}{\sigma_i}\right)^2 - 1 = 2\left(\frac{\sigma_{t_0}}{\sigma_s}\right)^2 - 1$$

其中厚向屈服应力 σ_{t_0} 或 σ_t 实际上是难以试验确定的。如果板料符合式(3.10)的流动规则,我们可以利用单向拉伸试验通过测量宽度方向与厚度方向的应变,来求出 r 值。这是因为在单向拉伸下 $\sigma_1 = \sigma_l$, $\sigma_2 = \sigma_3 = 0$,假定轴向应变为 $\varepsilon_l = \varepsilon_1$、宽向应变 $\varepsilon_w = \varepsilon_2$,厚向应变 $\varepsilon_t = \varepsilon_3$,则由式(3.10)中的后二式,极易求得

$$r = \frac{\varepsilon_w}{\varepsilon_t} \qquad (3.11)$$

实际上,一般板料在板面内是存在各向异性的,所以在板料上沿不同方位切取单向拉伸试件,其厚向异性的试验值大多是不同的,假定试件轴向与轧向成 θ 角,在这种角度下的厚向异性指数为 r_θ,成 45°时记作 r_{45},横向时记作 r_{90}。已知 r_0、r_{45}、r_{90} 以后,如果板料符合希尔正交各向异性屈服准则与相应的流动规则,不难推出板料任意方位的厚向异性指数 r_θ 为

$$r_\theta = \frac{r_0 r_{90} \cos^2 2\theta + \frac{r_0 r_{90}}{2} r_{45} \sin^2 2\theta}{r_{90} \cos^2 \theta + r_0 \sin^2 \theta} \qquad (3.12)$$

工程应用中常取 r_0、r_{45}、r_{90} 的平均值 $\bar{r}$ 作为整个板料的厚向异性指数

$$\bar{r} = \frac{r_0 + 2r_{45} + r_{90}}{4} \qquad (3.13)$$

而 Δr 作为衡量板面内各向异性的指数

$$\Delta r = \frac{r_0 + r_{90}}{2} - r_{45} \qquad (3.14)$$

试件板面的变形抵抗力也按 $\bar{r}$ 的确定方法取为 0°、45°、90°试件变形抵抗力的平均值 $\bar{\sigma}$:

$$\bar{\sigma} = \frac{\sigma_0 + 2\sigma_{45} + \sigma_{90}}{4} \tag{3.15}$$

这样取得的 $\bar{\sigma}-\varepsilon$ 曲线才是板料在板面上的实际应力曲线。

§3.2 厚向异性板的屈服轨迹

如以 $\dfrac{\sigma_1}{\sigma_s} \sim \dfrac{\sigma_2}{\sigma_s}$（或 $\dfrac{\sigma_1}{\sigma_i} \sim \dfrac{\sigma_2}{\sigma_i}$）为坐标轴，式(3.3)或式(3.5)的轨迹为一椭圆，椭圆的长轴 a 与短轴 b 分别为

$$a = \sqrt{1+r} \tag{3.16}$$

$$b = \sqrt{\frac{1+r}{1+2r}} \tag{3.17}$$

椭圆上任一点切线的斜率 T 为：

$$T = \frac{(m-1)r - 1}{(m-1)r + m} \tag{3.18}$$

式中 m 为应力比，$m = \dfrac{\sigma_2}{\sigma_1}$，利用式(3.8)可见 T 值恰为应变比 ρ 的负倒数。

$$T = -\frac{1}{\rho} \tag{3.19}$$

$\rho = \dfrac{\mathrm{d}\varepsilon_2}{\mathrm{d}\varepsilon_1}$，即屈服轨迹的法向正切，$T\rho = -1$。简单加载时，$\rho = \dfrac{\mathrm{d}\varepsilon_2}{\mathrm{d}\varepsilon_1} = \dfrac{\varepsilon_2}{\varepsilon_1}$，即应变比。

厚向异性指数 r 不同时，我们即可得到一系列的椭圆族。r 愈大，长轴愈长，短轴愈短。$r=0$ 时，椭圆恰成一圆。$r=1$ 时，即为密塞斯椭圆，如图 3.1 所示。图中 P_1、P_2、P_3 … 点，斜率 $T=-\infty$，应变比 $\rho=0$，均为平面应变状态。

由图 3.1 可以看出：板料成形时板料变形抵抗力不仅与板料所处的应力状态有关，而且与厚向异性指数有关。由于图中 σ_1、σ_2

的代数值顺序并不确定,应力状态的作用完全对称于椭圆长轴,第 Ⅰ 象限为拉-拉区,在长轴的上方 σ_2 为代数值最大的主应力 σ_{max},下方 σ_1 为 σ_{max};第 Ⅱ、Ⅳ 象限为拉-压区;第 Ⅲ 象限为压-压区。薄板成形时,压-压应力状态事实上是极为罕见的。在同样的变形程度下,Ⅰ、Ⅲ 象限内同号应力状态的变形抵抗力大于 Ⅱ、Ⅳ 象限内异号应力状态的变形抵抗力。而且 r 值愈大,椭圆长轴愈长短轴愈短、差别也愈大。在拉-拉区,最大拉应力 σ_{max} 与 σ_i 的比值也是随着 r 值与应力状态而变化的。从式(3.5)可知

$$\frac{\sigma_{max}}{\sigma_i} = \frac{1}{\sqrt{1 - \frac{2r}{1+r}m + m^2}} \qquad (3.20)$$

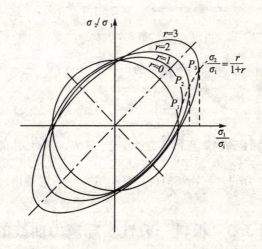

图 3.1

式(3.20)的几何图形如图 3.2 所示。在同一应力状态下,$\frac{\sigma_{max}}{\sigma_i}$ 起先随着 m 增大而增大,在平面应变状态 $m = \frac{r}{1+r}$ 的情况下,达到了最大值。

$$\left(\frac{\sigma_{\max}}{\sigma_i}\right)_{m=\frac{r}{1+r}} = \frac{1+r}{\sqrt{1+2r}} \tag{3.21}$$

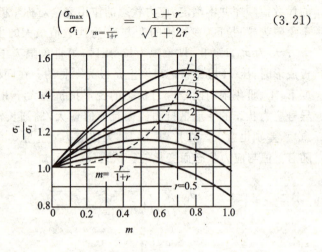

图 3.2

然后又逐渐减小至双向等拉时的 $\left(\frac{\sigma_{\max}}{\sigma_i}\right)_{m=1}$。

$$\left(\frac{\sigma_{\max}}{\sigma_i}\right)_{m=1} = \sqrt{\frac{1+r}{2}} \tag{3.22}$$

在相同应力状态下 r 愈大，$\frac{\sigma_{\max}}{\sigma_i}$ 愈大。对于各向同性板，$\left(\frac{\sigma_{\max}}{\sigma_i}\right)_{\max}$ 恰为 $\frac{2}{\sqrt{3}}(=1.155)$（由式(3.21)，$r=1$ 时推出）。

§3.3 板料一般性实际应力曲线的另一试验方法——液压胀形

板条的单向拉伸，是试验确定板料一般性应力应变关系的传统方法。但是板料成形大多是在板面内进行的，板条单向拉伸易于失稳。一方面限制了板料所能达到的总变形量，另一方面造成了试件的颈缩与剖面畸变，诱发了横向应力，轴向应力 σ_1 与应力强度 σ_i 不再一致，$\sigma_1 > \sigma_i$。此外，σ_1 沿着试件剖面分布不均，若仍以

$\sigma_1 = \dfrac{P}{A}$ 作为轴向应力,必然误差较大。板条拉伸失稳以后,试验所取得的 $\sigma_i = f(\varepsilon_i)$ 曲线,因形态应变刚(参看§2.1 相关内容及图 2.6)而上翘,偏离了材料的 $\sigma_i = f(\varepsilon_i)$ 曲线。

针对以上问题,利用圆板液压胀形试验取得板料的一般性实际应力曲线,已日益受到重视并被广泛采用。因为:(1)胀形是在板面内进行的,与一般板料成形状态基本一致;(2)变形过程稳定;(3)总变形量大大超过板条单向拉伸。图 3.3 所示为液压胀形一般性应力应变曲线试验法的原理图。

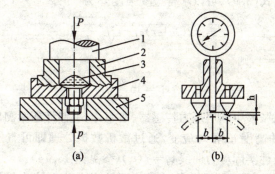

注:1—液压机冲头;2—凹模;3—试件;4—压板;5—液压机台面。

图 3.3

液压胀形时,顶点处于双向等拉应力状态($\sigma_1 = \sigma_2$),顶点附近近似为一球形,假定球的曲率半径为 R,则

$$R = \frac{b^2 + h^2}{2h} \tag{3.23}$$

式中 b——曲率计间距的一半;

h——$2b$ 内拱顶高度。

假定液压压力为 p,则顶点应力 $\sigma_1 = \sigma_2$,利用平衡条件极易求得:

$$\sigma_1 = \sigma_2 = \frac{Rp}{2t} \tag{3.24}$$

如板料的厚向异性指数为 r,则由式(3.22)可得应力强度为

$$\sigma_i = \sqrt{\frac{2}{1+r}}\sigma_1 = \sqrt{\frac{2}{1+r}}\frac{Rp}{2t} \quad (3.25)$$

如不考虑厚向异性,$r=1$,则 $\sigma_i = \sigma_1$。

顶点的板面内应变 $\varepsilon_1 = \varepsilon_2$,厚向应变 ε_t。如胀形前板厚为 t_0,胀形时为 t,则 $\varepsilon_t = \ln\frac{t}{t_0}$,于是

$$\varepsilon_1 = \varepsilon_2 = -\frac{1}{2}\varepsilon_t = \frac{1}{2}\ln\frac{t_0}{t}$$

而由式(3.9),可以求得应变强度 ε_i 为

$$\varepsilon_i = \sqrt{2(1+r)}\varepsilon_1 = \sqrt{\frac{1+r}{2}}\ln\frac{t_0}{t} \quad (3.26)$$

如 $r=1$,则

$$\varepsilon_i = \ln\frac{t_0}{t}。$$

液压胀形中利用压力传感器、曲率计、引伸计连续测出液压压力 p、拱曲高度 h、相对应变,通过微机数据处理即可直接取得板料的一般性实际应力曲线 $\sigma_i = f(\varepsilon_i)$(参见图 13.14)。

图 3.4 所示为 0°、45°、90°方位单向拉伸实际应力平均值 $\bar{\sigma}_i \sim \varepsilon_i$ 曲线、液压胀形试验曲线 $\sigma_1 - \ln\frac{t_0}{t}$、以及按式(3.25)、式(3.26)由单拉预估的计算曲线 $\sigma_i - \varepsilon_i$。

由图示曲线可见:对于 $\bar{r} \geqslant 1$ 的材料(图 3.4a),胀形结果与由单拉预估结果比较接近。但对 $\bar{r} \leqslant 1$ 的材料(图 3.4b),则不太符合。希尔称之为"不规则行为"(Anomalous behavior),并且提出了一个新的屈服准则:

$$(1+2r)|\sigma_1 - \sigma_2|^m + (\sigma_1 + \sigma_2)^m = 2(1+r)\sigma_s^m \quad (3.27)$$

式中 m 为一待定的材料常数。当 $m=2$ 时,即为希尔原来提出的厚向异性板屈服准则:

$$\sigma_1^2 - \frac{2r}{1+r}\sigma_1\sigma_2 + \sigma_2^2 = \sigma_s^2$$

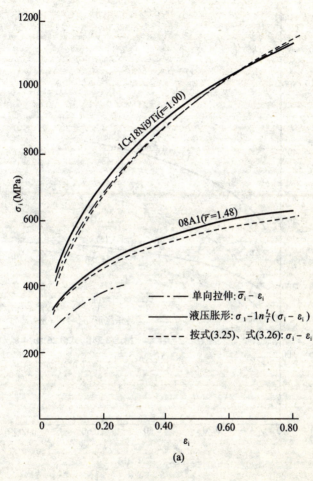

图 3.4

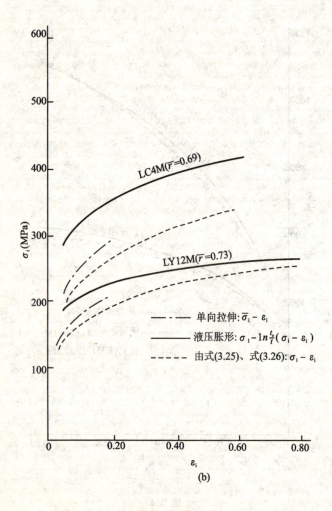

图 3.4(续)

如图 3.5 所示，$r=0.5$，m 为不同值时的屈服轨迹。

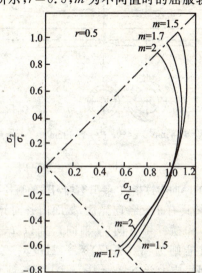

图 3.5

习 题

1. 已知某材料厚向异性指数 $r=1.2$，单向拉伸实际应力曲线为 $\sigma=536\varepsilon^{0.23}$，假定单拉试件的原始宽度 $B_0=20$ mm，试件原始厚度 $t_0=1.2$ mm。试确定：

(1) 试验时的最大拉力。

(2) 最大拉力下的试件宽度与厚度。

2. 用初始外径 $D_0=20$ mm，壁厚 $t_0=2$ mm 的圆管作某材料的拉伸试验，设应力状态为单向拉伸，试件拉断后的尺寸如图 3.6 所示，加载过程中最大拉力 $F_{max}=34\ 320$ N。

(1) 求此材料的实际应力应变曲线的近似幂次式。

(2) 若材料各向同性，近似估算拉断后试件上均匀段的直径与壁厚。

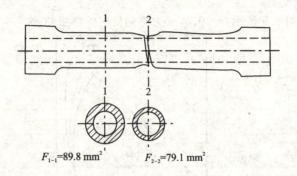

图 3.6

(3) 若材料的厚向异性指数 $r=1.3$,均匀段的直径与壁厚为多少?

3. 假设板料具有正交各向异性,板面内各向异性主轴为顺纤维方向(x 轴向)和横纤维方向(y 轴向),如以 $x-y$ 为参考坐标系,板料的屈服准则为:$(G+H)\sigma_x^2 - 2H\sigma_x\sigma_y + (F+H)\sigma_y^2 + 2N\tau_{xy}^2 = 1$。如用主应力状态 σ_1、σ_2、$\sigma_3 = 0$ 表示,且 σ_1 与 X 轴的夹角为 θ,试写出其屈服条件。已知各向异性常数 $H=\dfrac{1}{2\sigma_s^2}$,$F=0.45H$,$G=0.55H$,$N=2H$ 时,试判断板料在下列应力状态下是否屈服?

(1) $\sigma_1 = \sigma_s, \sigma_2 = \sigma_3 = 0, \sigma_1$ 与 X 轴交角为 $45°$。

(2) $\sigma_1 = \sigma_s, \sigma_2 = \dfrac{\sigma_s}{2}, \sigma_3 = 0, \sigma_2$ 与 X 轴交角为 $45°$。

(3) $\sigma_1 = \dfrac{\sigma_s}{\sqrt{2}}, \sigma_2 = -\dfrac{\sigma_s}{\sqrt{2}}, \sigma_3 = 0, \sigma_1$ 与 X 轴交角为 $45°$。

4. 如用上题的板材弯曲并焊接成一圆筒,筒的两端封闭,直径为 120 mm,壁厚为 1 mm,$\sigma_s = 313.6$ MPa,轴线与板的纤维方向一致。问:

(1) 筒内充以液体压力 p,当 p 为何值时,圆筒开始屈服?

(2) 受内压塑性变形时,圆筒长度是增长、缩短或不变?试计算轴向和周向的应变比。

(3) 假定圆筒轴向受拉伸长,筒内体积有何变化?

5. 各向异性板应力主轴与应变主轴是否一致?厚向异性板呢?

第四章 板料成形问题的求解方法

以上我们从最一般的概念出发,讨论了金属塑性变形的力学规律,在此基础上我们对板料成形问题的求解方法作一讨论。

金属塑性加工包括块体成形(Bulk forming)与板料成形(Sheet forming)两种基本不同的类型,从成形力学角度分析,与块体成形相比较,板料成形的特点可以概括如下:

(1)板料成形大多是在平面应力状态下进行的,垂直于板面方向(厚向)的应力为零或较小,可以忽略不计。换句话说,一般只须考虑板面内应力的作用。

(2)板料成形大多数是在室温下进行的,必须计及材料的冷作硬化(应变强化)效应。

(3)板料成形时,总的说材料位移大而变形小,但在变形区局部应变梯度很大。在处理某些具体的工程问题时(如展开毛料、计算力等),采用厚度不变的假定往往是可取的。

(4)板料成形时,由于板料所处的部位不同,应力应变状态极不一致。求解时大多可以分区处理。板料毛料在成形过程中基本上可以分为变形区和传力区,而变形所需的外载一般都是通过传力区传递至变形区的。

(5)必须考虑板料各向异性的作用。

文献中报导介绍求解塑性变形问题的方法很多,比较成熟的解法如:切取微体法(或称主应力法),滑移线法,近似能量法(包括均匀能量法与上限法),半实验解析法(如视塑性法与塑性材料力学法)等。但是广泛采用而行之有效的方法主要有以下两种。现分别加以介绍。

§4.1 主应力法(Slab method)

这是一种以某一板料变形区为研究对象,按应力求解的方法。

这种方法以求解变形区主应力的分布规律为目标,然后根据问题的需要,求解应变分布和所需要的成形力,其处理线索大体如下(参阅本书第二部分有关章节):

(1) 分析变形区的应力应变状态,求解时以主应力作为未知数。

在板料压制工作中,板料大多只有一面接触模具,而另一面是自由表面。垂直于自由表面的法向应力一定为零,因此板厚方向的平均应力不可能很大,与其余两个主应力相比,往往可以忽略不计。因此,板料压制工作大多可以认为是在平面应力状态下进行的。这时,未知主应力只有两个,求解这两个主应力,只要建立两个独立的方程式就够了。

(2) 建立变形区任一微体的平衡方程式,将两个未知主应力表为点的坐标的函数。

(3) 列出变形区任一微体的塑性方程式,通过变形时最大主应变 $\varepsilon_{\max}$ 的几何特点,将两个未知主应力表示为点的坐标的另一函数。

$$\left.\begin{array}{l}\sigma_1 - \sigma_3 = (1 \sim 1.155)\sigma_i \\ \sigma_i = K\varepsilon_i^n \approx K\varepsilon_{\max}^{n_v}\end{array}\right\} \quad (4.1)$$

在分析计算时为了简化起见,有时假设材料为理想塑性体,这时应力强度为一与变形程度无关的常数,塑性方程式为

$$\sigma_1 - \sigma_3 = (1 \sim 1.155)\sigma_s$$

最后可根据实际情况,对计算结果加以修正。

(4) 联立求解以上两方程,即可解出所有的主应力分量。

(5) 应力分量求出后,即可根据式(2.28)、式(3.10)求解应变分量,或进行其他的运算。

建议读者在学习本书第二部分各章之后,重读此节,以加深理解。

§4.2 塑性材料力学法(СМПД)

塑性材料力学法是苏联力学家斯米尔洛夫-阿辽也夫(Г. А. Смирнов - Аляев)及其同事在五十年代提出来的一种试验-解析法。这种方法与主应力法不同,不是以板料的整个变形区作为研究对象,而仅着眼于变形区中的某一特定点。通过解析或试验求得此点的应变,再由应变确定应力。所以这种方法可以避免繁复甚至不可解决的数学运算,在生产实践中便于推广应用。兹将这种方法的简要步骤介绍如下。

(1) 根据问题的需要,确定研究点所在部位,用解析计算法或试验测定法,求出该点的三个主应变分量。

解析计算法。

分析变形过程中研究点所在部位的应力应变状态,确定其变形主轴,再由板料变形前后的几何关系与体积不变条件,分析计算三个主应变分量:ε_1、ε_2、ε_t。

试验测定法。

在毛料表面作出小圆。变形以后,小圆即变为椭圆,椭圆的长短轴即为两个主应变的方向。根据长、短轴的长度 $2r_{ma}$、$2r_{mi}$ 与小圆的原始直径 $2r_0$ 以及体积不变条件,即可确定毛料在小圆处的三个主应变:

$$\varepsilon_1 = \ln \frac{r_{ma}}{r_0} \tag{4.2}$$

$$\varepsilon_2 = \ln \frac{r_{mi}}{r_0} \tag{4.3}$$

$$\varepsilon_t = -(\varepsilon_1 + \varepsilon_2) \tag{4.4}$$

(2) 根据三个主应变确定其应变强度 ε_i,参见式(2.9)、式

(3.9)。

(3) 根据材料的一般性应力应变关系：$\sigma_i = f(\varepsilon_i)$ 确定此点的应力强度 σ_i。

(4) 利用板厚方向应力为零的条件，根据以下各式，计算板面内的主应力。

对于厚向异性材料：

$$\sigma_1 = \frac{1+r}{1+2r} \frac{\sigma_i}{\varepsilon_i} [(1+r)\varepsilon_1 + r\varepsilon_2] =$$

$$\frac{1+r}{1+2r} \frac{\sigma_i}{\varepsilon_i} [\varepsilon_1 - r\varepsilon_t] \quad (4.5)$$

$$\sigma_2 = \frac{1+r}{1+2r} \frac{\sigma_i}{\varepsilon_i} [(1+r)\varepsilon_2 + r\varepsilon_1] =$$

$$\frac{1+r}{1+2r} \frac{\sigma_i}{\varepsilon_i} [\varepsilon_2 - r\varepsilon_t] \quad (4.6)$$

以上二式由式(3.10)推出。

对于各向同性材料（$r=1$）：

$$\sigma_1 = \frac{2}{3} \frac{\sigma_i}{\varepsilon_i} (2\varepsilon_1 + \varepsilon_2) = \frac{2}{3} \frac{\sigma_i}{\varepsilon_i} (\varepsilon_1 - \varepsilon_t) \quad (4.7)$$

$$\sigma_2 = \frac{2}{3} \frac{\sigma_i}{\varepsilon_i} (2\varepsilon_2 + \varepsilon_1) = \frac{2}{3} \frac{\sigma_i}{\varepsilon_i} (\varepsilon_2 - \varepsilon_t) \quad (4.8)$$

(5) 利用静力平衡条件，根据主应力计算变形力。

举例如下：

例一 用直径 $D_0 = 95$ mm 的圆板拉深一直径 $d = 50$ mm 的筒形件。拉深前在毛料表面直径 80 mm 处作一小圆，小圆直径 $2r_0 = 2.50$ mm，在拉深某一阶段，小圆变为椭圆，测得其长轴（沿毛料径向）为 2.81 mm，短轴（沿毛料周向）为 2.12 mm。假定板料的一般性应力应变关系为：$\sigma_i = 536 \varepsilon_i^{0.23}$ MPa，厚向异性指数 $\bar{r} = 1.30$。试确定小圆处的主应变和主应力分量。

[解]

(1) 小圆处的三个主应变

周向　　　$\varepsilon_\theta = \ln \dfrac{2.12}{2.50} = -0.166$

径向　　　$\varepsilon_r = \ln \dfrac{2.81}{2.50} = 0.117$

厚向　　　$\varepsilon_t = -(\varepsilon_\theta + \varepsilon_r) = 0.049$

(2) 小圆应变强度，由式(3.9)得：

$$\varepsilon_i = \dfrac{1+1.3}{\sqrt{1+2\times 1.3}} \sqrt{0.166^2 - \dfrac{2\times 1.3}{1+1.3}\times 0.166\times 0.117 + 0.117^2} = 0.168$$

(3) 因为 $\sigma_i = 536\varepsilon_i^{0.23}$，当 $\varepsilon_i = 0.168$ 时，应力强度

$$\sigma_i = 536 \times 0.168^{0.23} = 355.6 \text{ MPa}$$

(4) 利用 $\sigma_t = 0$ 及式(4.5)、式(4.6)，可以求得小圆处的径向应力 σ_r 及切向应力 σ_θ 为：

$$\sigma_r = \dfrac{1+1.3}{1+2\times 1.3} \times \dfrac{355.6}{0.168}(0.117 - 1.3\times 0.049) =$$
72.1 MPa

$$\sigma_\theta = \dfrac{1+1.3}{1+2\times 1.3} \times \dfrac{355.6}{0.168}(-0.166 - 1.3\times 0.049) =$$
-310.6 MPa

如果在平板毛料上，预先作出一系列小圆即可仿此求出应力应变分布。

例二 在薄板上利用橡皮压制成形如图 4.1 所示的环状埂。假定板料厚度为 t，材料一般性应力应变曲线为 $\sigma_i = K\varepsilon_i^n$，埂的宽度为 b，埂的弧长为 l，忽略板料的厚向异性及埂边沿圆角的影响，估算：

(1) 埂的三个主应变；
(2) 埂的三个主应力；
(3) 成形所需之单位压力。

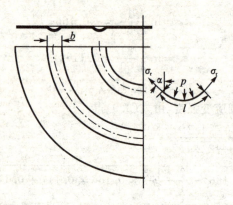

图 4.1

[解]

(1) 埯的三个主应变

径向 $\quad \varepsilon_r = \ln \dfrac{l}{b}$

周向 $\quad \varepsilon_\theta = 0$

厚向 $\quad \varepsilon_t = -\varepsilon_r = \ln \dfrac{b}{l}$

其代数值的顺序,显然为 $\varepsilon_r > \varepsilon_\theta > \varepsilon_t$。

所以埯的应变强度 ε_i(式(2.9))及应力强度 σ_i 为

$$\varepsilon_i = \frac{2}{\sqrt{3}} \varepsilon_r = \frac{2}{\sqrt{3}} \ln \frac{l}{b}$$

$$\sigma_i = K \varepsilon_i^n = K \left(\frac{2}{\sqrt{3}} \ln \frac{l}{b} \right)^n$$

(2) 三个主应力:

厚向 $\sigma_t = 0$

周向与径向主应力,如分别以 σ_θ, σ_r 表示则因 $\sigma_r > \sigma_\theta > \sigma_t$,分别由式(4.7)与式(4.8)可得:

径向主应力

$$\sigma_r = \frac{2}{\sqrt{3}} K \left(\frac{2}{\sqrt{3}} \ln \frac{l}{b} \right)^n$$

周向主应力

$$\sigma_\theta = \frac{1}{\sqrt{3}} K \left(\frac{2}{\sqrt{3}} \ln \frac{l}{b} \right)^n$$

(3) 所需单位压力 p：

静力平衡条件 $pb = 2\sigma_r t \cos \alpha$

所需压力

$$p = \frac{2\sigma_r t \cos \alpha}{b} = \frac{4t}{\sqrt{3}b} K \left(\frac{2}{\sqrt{3}} \ln \frac{l}{b} \right)^n \cos \alpha$$

板料塑性成形实际上是一个非常复杂的大变形过程，包含物理和几何两方面的非线性以及复杂的加载历史与边界条件。所以以上介绍的两种解题方法虽然得到了广泛的应用并且有一定的成效，但只是一种简化了的近似解法，而且由于数学上的繁难，求解对象往往局限为轴对称问题。随着计算技术和计算机应用的发展，近年来利用计算机对板料成形过程进行模拟和分析取得了长足的进展，板料冷压成形的计算机分析技术有两条途径：一条是基于非线性有限元力学理论的数值模拟，另一条是基于实践经验（包括实验）、以计算机为思维载体的智能分析技术。数值模拟从网络单元的应力应变入手，由局部到整体，探究板料成形的规律，利用这种方法可以取得板料成形从加载到卸载整个过程的数值解，计算出整个过程中质点的流动规律，应力和应变的分布，卸载后的残余应力和残余变形的分布，智能分析技术将板料成形专家的经验知识，整理、归纳为计算机所能处理的形式，建立相应的专家系统，以解决板料成形中的某些问题，或者以有限的实测数据为样本，建立多参数输入、输出的神经网络映射模型，求得问题的解答。将两条途径有机地结合起来，可以对整个成形过程进行自适应模拟。显然，完善地实现这种前景，不仅需要大容量，高速度的计算机，而且需要建立各式各样的数学模型、专家系统，编制大量成套的软件。但是近似解析法不仅是求解工程问题的一种有效工具,而且也是深入理解板料成形过程,培养这方面专家的重要环节,不可忽视。归根到底,计算机不能取代板料成形专家,只能作为专家的有力助手。

习 题

1. 一厚 1 mm 的冲压件的毛料上,事先印制直径为 2.5 mm 的坐标网圆圈,零件变形后测得某一处的圆圈变成长轴为 3 mm,短轴为 2.8 mm 的椭圆。已知材料的实际应力曲线为 $\sigma = 294\varepsilon^{0.12}$ MPa,求该处材料的变薄量以及板平面内二主应力的数值。

2. 圆形凹模液压胀形(图 4.2),在一厚 1 mm 的毛料上,事先印制直径为 ϕ2.5 mm 的圆形网格。胀形后测得 $r=50$ mm 处(图上 A 点)斜角 45°,其上印制的圆变为长轴为 3 mm,短轴为2.8 mm的椭圆。已知材料的实际应力曲线为 $\sigma = 300\varepsilon^{0.12}$ MPa,求该处材料的变薄量,并估算此时的胀形液压 p。

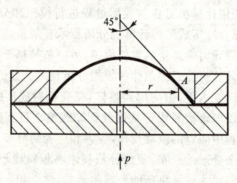

图 4.2

第二部分
典型冷压成形工序分析

第五章 弯曲

§5.1 基本原理

一、金属板料的弯曲过程

塑性弯曲乃是压制成形工序中最为普遍的成形方法之一。弯曲成形的效果,表现为弯曲变形区曲率半径 R 和角度 α 的变化,如图 5.1 所示。

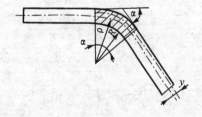

图 5.1

塑性弯曲必须首先经过弹性弯曲的阶段。在"材料力学"中我们已经熟知:弹性弯曲时,梁的外区纤维受拉,内区纤维变压。拉、压两区以中性层为界,中性层恰好通过剖面的重心,其应力应变为零。假定中性层的曲率半径为 ρ,弯曲角度为 α(参看图 5.1),则距

中性层为 y 处的纤维，其切向应变 ε_θ 为

$$\varepsilon_\theta = \ln \frac{(\rho+y)\alpha}{\rho\alpha} = \ln\left(1+\frac{y}{\rho}\right) \approx \frac{y}{\rho}$$

弹性弯曲时，切向应力 σ_θ 为

$$\sigma_\theta = E\varepsilon_\theta = E\frac{y}{\rho}$$

所以材料的变形程度与应力大小，完全取决于纤维至中性层的距离与中性层半径的比值 $\frac{y}{\rho}$，而与弯曲角度 α 的大小无关。在弯曲变形区的内、外边缘，应力应变最大。

对于厚度为 t 的板料，当其弯曲半径为 R 时，板料边缘的应力 $(\sigma_\theta)_{max}$ 与应变 $(\varepsilon_\theta)_{max}$ 为

$$(\varepsilon_\theta)_{max} = \pm \frac{\frac{t}{2}}{R+\frac{t}{2}} = \pm \frac{1}{1+2\frac{R}{t}}$$

$$(\sigma_\theta)_{max} = \pm E(\varepsilon_\theta)_{max} = \pm \frac{E}{1+2\frac{R}{t}}$$

假定材料的屈服应力为 σ_s，则弹性弯曲的条件是

$$|(\sigma_\theta)_{max}| \leqslant \sigma_s$$

$$\frac{E}{1+2\frac{R}{t}} \leqslant \sigma_s$$

亦即

$$\frac{R}{t} \geqslant \frac{1}{2}\left(\frac{E}{\sigma_s}-1\right)$$

例如：LY12C, $E = 70\,000$ MPa, $\sigma_{0.2} = 290$ MPa，其弹性弯曲的条件是 $\frac{R}{t} \geqslant \frac{1}{2}\left(\frac{70\,000}{290}-1\right) \geqslant 120$。

LY12M, $E = 70\,000$ MPa, $\sigma_{0.2} = 102$ MPa，其弹性弯曲的条件为 $\frac{R}{t} \geqslant \frac{1}{2}\left(\frac{70\,000}{102}-1\right) \geqslant 342$。

$\dfrac{R}{t}$ 称为板料的相对弯曲半径,是表示板料弯曲变形程度的重要指数:$\dfrac{R}{t}$ 愈小,变形程度愈大。当 $\dfrac{R}{t}$ 减小至一定数值:$\dfrac{1}{2}\left(\dfrac{E}{\sigma_s}-1\right)$ 时,板料的内、外边缘就首先屈服,开始塑性变形。对比上面举的两个例子可见,软料比硬料易于产生塑性弯曲。如果 $\dfrac{R}{t}$ 继续减小,板料中屈服的纤维乃由表及里逐渐加多,在板料的变形区中,塑性变形部分愈益扩大,弹性变形部分则愈益缩小,其影响甚至可以忽略不计。例如 LY12M,当 $\dfrac{R}{t}=34$ 时,可以近似推得,弹性变形部分仅在中性层附近 $\dfrac{t}{10}$ 的范围以内。一般当 $\dfrac{R}{t}\leqslant 3\sim 5$ 时,弹性区很小,可以近似认为:板料的弯曲变形区已经全部进入塑性变形。

二、塑性弯曲的应力应变状态

当板料的相对弯曲半径 $\dfrac{R}{t}$ 逐渐减小时,弯曲的变形性质由弹性变为塑性。这时,变形区的应力应变状态也逐渐产生了变化——立体的应力应变状态逐渐显著起来。

假定弯曲时,板料纤维之间没有相对错动,变形区主应力和主应变所取的方向为切向、径向(厚度方向)与板料的宽度方向(即折弯线方向)。塑性弯曲时,随着变形程度的增加,除了切向应力应变之外,宽向和厚向的应力应变也有了显著的发展。但是,因为板料的相对宽度 $\dfrac{B}{t}$(其中 B 为板料的宽度)不同,立体应力应变状态的性质也有所不同。详细分析如下:

1. 应变状态

弯曲时,主要是依靠中性层内外纤维的缩短与伸长,所以切向主应变 ε_θ 即为绝对值最大的主应变 ε_{max}。根据塑性变形体积不变条件可知,沿着板料的宽度和厚度方向,必然产生与 ε_θ 符号相反的应变。在板料的外区,切向主应变 ε_θ 为拉应变,所以厚度方向的应变 ε_r、宽度方向的应变 ε_B 均为压应变。而在板料的内区,ε_θ 为压应变,所以 ε_r 与 ε_B 均为拉应变。

对于 $\dfrac{B}{t} \leqslant 8$ 的窄板,由于宽向和厚向材料可以自由变形,其应变状态如上所述。

对于 $\dfrac{B}{t} > 8$ 的宽板,由于宽度方向受到材料彼此之间的制约作用,不能自由变形,可以近似认为宽度方向的应变 $\varepsilon_B = 0$。

所以弯曲时,窄板的应变状态是立体的,而宽板的应变状态是平面的。

2. 应力状态

切向:外区受拉,内区受压。

径向:塑性弯曲时,由于变形区曲度增大,纤维之间相互压缩,因而产生了显著的径向应力 σ_r。在板料表面 $\sigma_r = 0$,由表及里逐渐递增,至中性层处达到了最大值。

宽度方向:对于窄板,宽度方向可以自由变形,所以 $\sigma_B = 0$。对于宽板,因为宽度方向受到材料的制约作用,$\sigma_B \neq 0$。具体言之,外区由于宽度方向的收缩受到牵制,所以 σ_B 为拉应力;内区由于宽度方向的伸长受到抵制,所以 σ_B 为压应力。

从应力状态看,宽板弯曲时的应力状态是立体的,而窄板则是平面的。

兹将上述内容归纳整理如表 5.1 所列。

表 5.1

相对宽度	变形区域	应力应变状态分析	
		应力状态	应变状态
窄板 $\dfrac{B}{t}\leqslant 8$	外区(拉区)	σ_r, σ_θ	ε_r, ε_θ, ε_B
	内区(压区)	σ_r, σ_θ	ε_r, ε_θ, ε_B
宽板 $\dfrac{B}{t}>8$	外区(拉区)	σ_r, σ_θ, σ_B	ε_r, ε_θ
	内区(压区)	σ_r, σ_θ, σ_B	ε_r, ε_θ

三、宽板塑性弯曲时三个主应力的分布性质

一般冷压弯曲所用的板料大多属于宽板。为了深入理解宽板弯曲时的各种现象,还必须进一步分析弯曲变形区三个主应力的分布性质。为此,我们只需在一种理想的情况下求出三个未知主应力 σ_θ、σ_B、σ_r 的解就行了。因此我们假定变形区已全部进入塑性,而且不考虑板料的应变强化效应(即认为材料的屈服应力与变形程度无关)。

根据上面的分析,可以看出:σ_θ、σ_B、σ_r 三个未知主应力,就其代数值的大小次序而言,在拉区是 $\sigma_\theta>\sigma_B>\sigma_r$,在压区是 $\sigma_r>\sigma_B>\sigma_\theta$。为了求解上述三个未知主应力,必须建立三个独立的方程式,然后联立求解这一组方程式,才能找出三个未知数的答案。

根据宽板塑性弯曲时应力应变状态的特点,我们可以从以下三个条件:塑性条件、平面应变条件和微分平衡条件出发,建立三个独立的方程式。详细分析如下:

1) 塑性条件

假定材料为理想塑性体,平面应变状态下,$\beta=1.155$,按式(2.17)塑性方程为

$$\sigma_1 - \sigma_3 = 1.155\sigma_s$$

2) 对于外区,$\sigma_\theta > \sigma_B > \sigma_r$,而且 σ_r 与 σ_θ 符号相反,所以其塑性条件为

$$\sigma_\theta + \sigma_r = 1.155\sigma_s \tag{5.1a}$$

3) 对于内区,$\sigma_r > \sigma_B > \sigma_\theta$,而且 σ_r 与 σ_θ 符号相同,所以其塑性条件为

$$\sigma_\theta - \sigma_r = 1.155\sigma_s \tag{5.1b}$$

4) 平面应变条件

根据主应力差与主应变差成比例和体积不变条件,在平面应变($\varepsilon_2=0$)时,可以求得中间主应力 σ_2 等于其余两个主应力的平均值——$\sigma_2 = \dfrac{\sigma_1 + \sigma_3}{2}$。

对于外区,$\sigma_\theta > \sigma_B > \sigma_r$,且 σ_θ 与 σ_r 符号相反,所以此处平面应变条件可以写成

$$\sigma_B = \frac{\sigma_\theta - \sigma_r}{2} \tag{5.2a}$$

对于内区,$\sigma_r > \sigma_B > \sigma_\theta$,且 σ_r 与 σ_θ 符号相同,所以内区的平面应变条件可以写成

$$\sigma_B = \frac{\sigma_\theta + \sigma_r}{2} \tag{5.2b}$$

5) 微分平衡条件

(1) 外 区

如果我们沿着主轴在外区切取任意微体 $ABCD$,微体在宽度方向取为单位长度,如图 5.2 所示。图中符号说明如下:

R——板料的内缘半径;

R'——板料的外缘半径;

ρ——中性层的半径;

r——微体的位置半径；

dr——微体的径向厚度；

$d\alpha$——微体的张角。

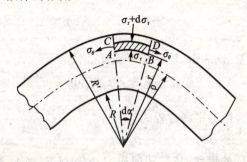

图 5.2

在弯曲变形的任一瞬间，微体都应处于受力平衡状态。

在 $(r\sim\alpha)$ 平面（即板料的剖面）内，微体上只有 σ_r、σ_θ 两个未知主应力的作用。宽度方向的应力 σ_B 对于微体在此平面内的平衡没有影响。此外由于微体具有对称性，为了保持其切向平衡，所以微体两侧所受的切向应力 σ_θ 应该相等。从径向来看，如果半径为 r 处的径向应力为 σ_r，在 $r+dr$ 处的径向应力则为 $\sigma_r+d\sigma_r$。因为微体必须满足力的平衡条件，所以微体在径向所受的力的代数和必须为零。这些力是：

$\widehat{AB}$ 弧面上的径向力——应力 σ_r 乘以 $\widehat{AB}$ 弧面的面积 $rd\alpha\times1$，等于 $\sigma_r \cdot r \cdot d\alpha$；

$\widehat{CD}$ 弧面上的径向力——应力 $(\sigma_r+d\sigma_r)$ 乘以 $\widehat{CD}$ 弧面的面积 $(r+dr)d\alpha\times1$，等于 $(\sigma_r+d\sigma_r)(r+dr)d\alpha$；

AC 和 BD 面上的力在径向的分力——两倍的应力 σ_θ 乘以面积 $dr\times1$ 再乘以 $\sin\dfrac{d\alpha}{2}$，即 $2\sigma_\theta \cdot dr \cdot \sin\dfrac{d\alpha}{2}$。因为 $d\alpha$ 很小，$\sin\dfrac{d\alpha}{2}\approx\dfrac{d\alpha}{2}$。所以此力为 $\sigma_\theta \cdot dr \cdot d\alpha$。

这些力的代数和为零。所以

$$\sigma_r \cdot r\mathrm{d}\alpha - (\sigma_r + \mathrm{d}\sigma_r)(r + \mathrm{d}r)\mathrm{d}\alpha - \sigma_\theta \cdot \mathrm{d}r \cdot \mathrm{d}\alpha = 0$$

消去 $\mathrm{d}\alpha$ 可得:

$$\sigma_r \cdot r - (\sigma_r + \mathrm{d}\sigma_r)(r + \mathrm{d}r) - \sigma_\theta \cdot \mathrm{d}r = 0$$

将此式展开

$$\sigma_r \cdot r - \sigma_r \cdot r - \sigma_r \cdot \mathrm{d}r - r \cdot \mathrm{d}\sigma_r - \mathrm{d}\sigma_r \cdot \mathrm{d}r - \sigma_\theta \cdot \mathrm{d}r = 0$$

略去二次微量 $\mathrm{d}\sigma_r \cdot \mathrm{d}r$,稍加整理后可得

$$\mathrm{d}\sigma_r = -(\sigma_r + \sigma_\theta)\frac{\mathrm{d}r}{r} \tag{5.3a}$$

式(5.3a)称为微分平衡方程式

(2) 内 区

按照同样的道理,注意切向应力 σ_θ 的改变,也可列出内区的微分平衡方程式

$$\mathrm{d}\sigma_r = (\sigma_\theta - \sigma_r)\frac{\mathrm{d}r}{r} \tag{5.3b}$$

综上所述,为了求解三个未知主应力,我们根据塑性条件、平面应变条件、微分平衡条件列出了三个独立的方程式。

对于外区:

$$\begin{cases} \sigma_r + \sigma_\theta = \sigma_s & (5.1a) \\ \sigma_B = \dfrac{\sigma_\theta - \sigma_r}{2} & (5.2a) \\ \mathrm{d}\sigma_r = -(\sigma_r + \sigma_\theta)\dfrac{\mathrm{d}r}{r} & (5.3a) \end{cases}$$

对于内区:

$$\begin{cases} \sigma_\theta - \sigma_r = \sigma_s & (5.1b) \\ \sigma_B = \dfrac{\sigma_\theta + \sigma_r}{2} & (5.2b) \\ \mathrm{d}\sigma_r = (\sigma_\theta - \sigma_r)\dfrac{\mathrm{d}r}{r} & (5.3b) \end{cases}$$

将以上方程组联立求解,即可求得三个未知主应力 σ_r、σ_θ、σ_B 在板料剖面上的变化规律。

兹以外区为例。

将式(5.1a)代入式(5.3a)得

$$d\sigma_r = -1.155\sigma_s \frac{dr}{r}$$

积分(积分时,因为不考虑应变强化的效应,所以 σ_s 为一常数):

$$\sigma_r = -1.155\sigma_s \ln r + c$$

式中 c 为积分常数,可以利用下列边界条件求得:在板料的外缘 $r=R'$ 处,由于此处为板料的自由表面,$\sigma_r=0$,所以积分常数 $c=1.155\sigma_s \ln R'$。

将 c 值代入上式,即可求得外区的径向应力 σ_r:

$$\sigma_r = -1.155\sigma_s \ln r + 1.155\sigma_s \ln R'$$

$$\sigma_r = 1.155\sigma_s \ln \frac{R'}{r} \tag{5.4a}$$

将 σ_r 值代入式(5.1a),即可求得 σ_θ:

$$\sigma_\theta = 1.155\sigma_s \left(1 - \ln \frac{R'}{r}\right) \tag{5.5a}$$

将 σ_r、σ_θ 值代入式(5.2a),即可求得 σ_B:

$$\sigma_B = 1.155 \frac{\sigma_s}{2} \left(1 - 2\ln \frac{R'}{r}\right) \tag{5.6a}$$

同样,我们可以求得内区的三个主应力分量:

$$\sigma_r = 1.155\sigma_s \ln \frac{r}{R} \tag{5.4b}$$

$$\sigma_\theta = 1.155\sigma_s \left(1 + \ln \frac{r}{R}\right) \tag{5.54b}$$

$$\sigma_B = 1.155 \frac{\sigma_s}{2} \left(1 + 2\ln \frac{r}{R}\right) \tag{5.6b}$$

根据中性层上内外区径向应力 σ_r 相平衡的条件:$r=\rho$ 时,式(5.4a)与式(5.4b)相等

$$\ln \frac{R'}{\rho} = \ln \frac{\rho}{R}$$

所以中性层的位置半径 ρ 为

$$\rho = \sqrt{RR'}$$

如果板料弯曲后的厚度为 $t, R' = R + t$,所以

$$\rho = \sqrt{R(R+t)}$$

此值小于 $R + \dfrac{t}{2}$。所以中性层的位置并不通过剖面的重心,产生了内移。

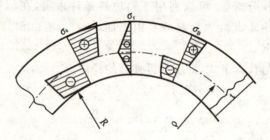

图 5.3

图 5.3 所示为按式(5.4a)、式(5.5a)、式(5.6a)及式(5.4b)、式(5.5b)、式(5.6b)求得的板料剖面上三个主应力的分布规律。

四、各向异性板料的弯曲

各向异性宽板塑性弯曲时,求解三个主应力分布性质所用的条件中,除了微分平衡条件外,其他两个条件必须作相应的修正。

以下分别对折弯线垂直板料辗压方向,如图 5.4(a)所示,和平行板料辗压方向,如图 5.4(b)所示,两种情况加以讨论。

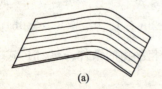 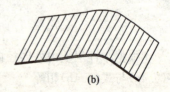

图 5.4

正交各向异性板的屈服条件为

第五章 弯曲

$$2f = F(\sigma_2 - \sigma_3)^2 + G(\sigma_3 - \sigma_1)^2 + H(\sigma_1 - \sigma_2)^2 = 1 \quad (5.7)$$

设各向异性板顺辗压方向为 1 轴,垂直辗压方向为 2 轴,板厚方向为 3 轴。

由第三章推证的关系可知 $G+H=\dfrac{1}{\sigma_{s1}^2}$,$F+H=\dfrac{1}{\sigma_{s2}^2}$,$r_0=\dfrac{H}{G}$,$r_{90}=\dfrac{H}{F}$。

当折弯线垂直板料辗压方向时,$\sigma_\theta = \sigma_1$,$\sigma_B = \sigma_2$,$\sigma_r = \sigma_3$,$d\varepsilon_B = d\varepsilon_2 = 0$。

由塑性流动的法向性原则(式(2.33))可得

$$\sigma_2 = \frac{H\sigma_1 + F\sigma_3}{F+H} \text{ 或 } \sigma_B = \frac{H\sigma_\theta + F\sigma_r}{F+H} \quad (5.8a)$$

代入式(5.7)经过化简,得

$$\frac{FG + GH + HF}{F+H}(\sigma_1 - \sigma_3)^2 = 1$$

或

$$\frac{FG + GH + HF}{F+H}(\sigma_\theta - \sigma_r)^2 = 1$$

所以

$$\sigma_\theta - \sigma_r = \pm \sigma_{s2} \frac{\dfrac{1}{r_{90}}+1}{\sqrt{\dfrac{1}{r_0 r_{90}} + \dfrac{1}{r_0} + \dfrac{1}{r_{90}}}}$$

当折弯线平行板料辗压方向时,$\sigma_\theta = \sigma_2$,$\sigma_B = \sigma_1$,$\sigma_r = \sigma_3$,$d\varepsilon_B = d\varepsilon_1 = 0$。

同理可得

$$\sigma_1 = \frac{H\sigma_2 + G\sigma_3}{G+H} \quad \text{即 } \sigma_B = \frac{H\sigma_\theta + G\sigma_r}{G+H} \quad (5.8b)$$

$$\sigma_\theta - \sigma_r = \pm \sigma_s \frac{\dfrac{1}{r_0}+1}{\sqrt{\dfrac{1}{r_0 r_{90}} + \dfrac{1}{r_0} + \dfrac{1}{r_{90}}}}$$

假若板面内各向同性，$r=r_0=r_{90}$。

$$\sigma_B = \frac{r\sigma_\theta + \sigma_r}{1+r} \tag{5.9}$$

$$\sigma_\theta - \sigma_r = \pm \frac{1+r}{\sqrt{1+2r}}\sigma_s \tag{5.10}$$

仿照上节方法，事先考虑了应力的拉压性质，可对内外区分别列出求解主应力数值的三个独立的方程。

对于外区

$$\begin{cases} \sigma_r + \sigma_\theta = \dfrac{1+r}{\sqrt{1+2r}} = \sigma_s & (5.11\mathrm{a}) \\[2mm] \sigma_B = \dfrac{r\sigma_\theta - \sigma_r}{1+r} & (5.12\mathrm{a}) \\[2mm] \mathrm{d}\sigma_r = -(\sigma_r + \sigma_\theta)\dfrac{\mathrm{d}r}{r} & (5.13\mathrm{a}) \end{cases}$$

对于内区

$$\begin{cases} \sigma_\theta - \sigma_r = \dfrac{1+r}{\sqrt{1+2r}}\sigma_s & (5.11\mathrm{b}) \\[2mm] \sigma_B = \dfrac{r\sigma_\theta + \sigma_r}{1+r} & (5.12\mathrm{b}) \\[2mm] \mathrm{d}\sigma_r = (\sigma_\theta - \sigma_r)\dfrac{\mathrm{d}r}{r} & (5.13\mathrm{b}) \end{cases}$$

将以上方程组联立求解，即可求得三个主应力在板料剖面上的变化规律。

对于外区

$$\sigma_r = \frac{1+r}{\sqrt{1+2r}}\sigma_s \ln\frac{R'}{r} \tag{5.14a}$$

$$\sigma_\theta = \frac{1+r}{\sqrt{1+2r}}\sigma_s\left(1 - \ln\frac{R'}{r}\right) \tag{5.15a}$$

$$\sigma_B = \frac{1}{\sqrt{1+2r}}\sigma_s\left[r - (1+r)\ln\frac{R'}{r}\right] \tag{5.16a}$$

对于内区

$$\sigma_\mathrm{r} = \frac{1+r}{\sqrt{1+2r}}\sigma_\mathrm{s}\ln\frac{r}{R} \qquad (5.14\mathrm{b})$$

$$\sigma_\theta = \frac{1+r}{\sqrt{1+2r}}\sigma_\mathrm{s}\left(1+\ln\frac{r}{R}\right) \qquad (5.15\mathrm{b})$$

$$\sigma_\mathrm{B} = \frac{1}{\sqrt{1+2r}}\sigma_\mathrm{s}\left[r+(1+r)\ln\frac{r}{R}\right] \qquad (5.16\mathrm{b})$$

五、塑性弯曲中现象的复杂性

1. 中性层的内移

塑性弯曲时,由于径向压应力 σ_r 的作用,使板料拉、压两区切向应力 σ_θ 的分布性质,发生了显著的变化,外区拉应力的数值小于内区的压应力(图 5.3)。因此拉、压两区的分界线(中性层)必将位于剖面重心之下,使拉区扩大,压区减小。只有在这种条件下,才能满足弯曲时的静力平衡条件——作用在板料剖面上力的总和等于零。

板料的相对弯曲半径 $\dfrac{R}{t}$ 愈小,径向压应力 σ_r 的作用愈显著,拉、压两区切向应力 σ_θ 的数值相差也愈悬殊,因此中性层的位置必将愈益靠近弯曲的曲率中心,造成愈益显著的中性层的内移现象。假设中性层的位置半径为

$$\rho = R + at$$

式中 a 即为反映中性层内移量的系数,其值取决于板料的相对弯曲半径 $\dfrac{R}{t}$,可以理论计算,也可实验测定。

不同相对弯曲半径 $\dfrac{R}{t}$ 下系数 a 的数值如表 5.2 所列。

表 5.2

$\dfrac{R}{t}$	5.0	3.0	2.0	1.0	0.5	0.25	0.10
a	0.488	0.48	0.47	0.44	0.40	0.36	0.30

从表中所列数据来看：$\dfrac{R}{t}$ 愈小，a 的数值愈小，中性层的内移量愈大。当 $\dfrac{R}{t} \geqslant 5$ 以后，a 的数值趋近于 0.5，中性层与板料剖面的重心乃渐相重合。

利用弯曲前后中性层长度不变的原则计算弯曲件的展开长度时，在相对弯曲半径 $\dfrac{R}{t} \leqslant 3$ 而板料较厚的情况下，为了取得比较精确的结果，应该考虑中性层内移的因素。

如图 5.5 所示的弯曲件，直边长度为 l_1、l_2，弯曲角度为 α，弯曲半径为 R，板料厚度为 t，则其展开长度 L 为

$$L = l_1 + l_2 - 2(R+t)\,\text{tg}\,\dfrac{\alpha}{2} + (R+at)\dfrac{\pi\alpha}{180}$$

如果弯曲角度 $\alpha = 90°$，则展开长度为

$$L = l_1 + l_2 - 2(R+t) + \dfrac{\pi}{2}(R+at)$$

a 的数值可以根据 $\dfrac{R}{t}$ 的比值查表 5.2 确定。

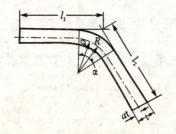

图 5.5

2. 变形区板料厚度的减薄

板料弯曲时,拉区使板料减薄,压区使板料加厚。由于中性层向内移动,拉区扩大,压区减小,板料的减薄必将大于板的加厚,整个板料乃出现变薄现象。$\frac{R}{t}$愈小,变薄现象也愈严重。

如果板料弯曲后的厚度与原来厚度的比值 η 表示变薄的程度,不同相对弯曲半径$\frac{R}{t}$下的 η 值可用理论计算或试验测定,其数据列于表 5.3。

表 5.3

$\frac{R}{t}$	5	3	2	1	0.5	0.25	0.1
η	0.998	0.995	0.99	0.97	0.94	0.89	0.80

由表中所列数据可见,$\frac{R}{t}$愈小,η 的数值愈小,板料变薄愈严重。当$\frac{R}{t} \geq 5$ 以后,η 的数值渐渐趋近于 1,表示板料变形前后厚度不变。

3. 变形区板料长度的增加

拉区的扩大和压区的减小,使宽板变形区的平均长度增加。

如果板料变形区的原始长度为 l_0,原始厚度为 t_0,宽度为 b_0,弯曲以后相应地变为 l、t、b(其中 l 为板料弯曲以后变形区的平均弧长),由于宽板弯曲时,宽度方向没有变形($b_0 = b$),根据塑性变形体积不变条件:

$$lt = l_0 t_0$$

所以

$$l = \frac{t_0}{t} l_0$$

即

$$l = \frac{1}{\eta}l_0$$

此式说明,变形区长度的增加恰与厚度的减小成反比。所以相对弯曲半径 $\frac{R}{t}$ 愈小,板料变形区的增长量愈大。

厚度的减薄和变形区长度的增加对于薄板的弯曲而言影响不大。

4. 垂直于折弯线产生拉裂

弯曲时外区受拉,所以板料的外边层有可能首先拉裂。一般而言,拉裂是因为切向应力 σ_θ 的作用结果,所以裂纹基本上是沿着折弯线的方向,如图 5.6(a)所示。但是宽板弯曲时,由于外区在板宽方向也有拉应力 σ_B 的作用,所以也可能使板料垂直于折弯线产生拉裂,如图 5.6(b)所示。但是外边层宽度方向的拉应力 σ_B 要比切向拉应力 σ_θ 小,只有它的一半,如图 5.3 所示。所以垂直于折弯线产生的拉裂,大都发生在一些具有明显各向异性的板料或者具有某种缺陷(例如杂质的存在、垂直于折弯线有显微裂纹或严重划伤等)的板料上。这时,板料垂直于折弯线方向的抗拉强度显著小于沿着折弯线方向的抗拉强度,板料外边层就有可能在宽向拉应力 σ_B 的作用下,垂直于折弯线方向产生拉裂。

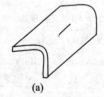
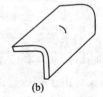

注:(a) 裂纹沿着折弯线;(b) 裂纹垂直于折弯线。

图 5.6

5. 翘曲与剖面畸变

板料塑性弯曲时,外区切向伸长,引起宽向与厚向的收缩;内区切向缩短,引起宽向与厚向的延伸。当板弯件短而粗时,沿着折弯线方向零件的刚度大,宽向应变被抑制,零件的翘曲不明显。反之,当板弯件细而长时,沿着折弯线方向零件的刚度小,宽向应变将得到发展——外区收缩、内区延伸,结果使折弯线凹曲,造成了零件的纵向翘曲,如图5.7所示。

剖面的畸变现象,在型材、管料的塑性弯曲中表现得最为明显,如图5.8所示。这种现象,实际上是因为径向压应力所引起的,因此弯曲型材与管料必须在剖面中间加以填料和垫块。

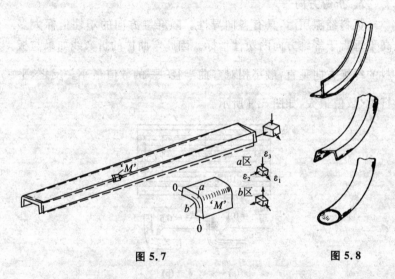

图5.7　　　　　　　　　　图5.8

剖面畸变现象,也可用最小阻力定律加以解释。弯曲时,距离中性层愈远的材料变形阻力愈大,为了减小变形阻力,材料有向中性层靠近的趋向,于是造成了剖面的畸变。

§5.2　最小相对弯曲半径

板料弯曲时,最外层纤维沿着切向受到最大的拉伸变形。相对弯曲半径愈小,变形程度愈大。当相对弯曲半径减小到使最外层纤维濒于拉裂时,这种极限状态下的相对弯曲半径,称为最小相对弯曲半径,以$\frac{R_{\min}}{t}$表示。$\frac{R_{\min}}{t}$的数值愈小,板料弯曲的压制性能也愈好。

影响最小相对弯曲半径的因素如下:

1. 材料的机械性能

材料的塑性指标(如δ_5、δ_{10}、ε_j、ψ等)愈高,$\frac{R_{\min}}{t}$的数值愈小。

2. 折弯方向

板料经辗压后,具有各向异性。顺纤维方向的塑性指标大多高于垂直于纤维方向的塑性指标。因此弯曲件的折弯线如果与板料的纤维方向垂直,最小相对弯曲半径$\frac{R_{\min}}{t}$的数值最小。反之,平行时,数值最大,如图 5.9 所示。

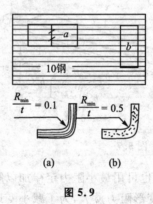

图 5.9

因此,在弯制$\frac{R}{t}$较小的弯曲件时,必须注意正确选择毛料,使折弯线尽可能垂直于板料的纤维方向。

3. 板料的边缘及表面状态

下料时板料的边缘冷作硬化,带有毛刺,板料表面带有划伤等缺陷,弯曲时易于受拉破裂。这些因素都会使板料的最小相对弯曲半径增大。

4. 弯曲角度

理论上，弯曲变形区恰好限于圆角部分，因此变形程度与弯曲角度的大小无关。但在实际弯曲中，板料的变形区，并非截然局限于圆角部分，由于纤维的制约作用，其影响必然波及圆角附近的直边，使之参与弯曲变形，实际上扩大了弯曲变形区的范围。

圆角附近的材料参与变形以后，分散了集中在圆角部分的弯曲应变，对于圆角外边层濒于拉裂的极限状态有缓解作用，因而有利于降低最小相对弯曲半径的数值。弯曲角度愈小，变形分散效应愈显著，所以最小相对弯曲半径的数值也愈小。

从如图 5.10 所示的曲线可以看出：弯曲角度对于变形分散效应的影响。图中实线表示不同弯曲角度下变形区切向应变的实际分布；应变量为 20% 的水平虚线表示不考虑应变分散效应时，切向应变的理论分布。当弯曲角度大于 60°以后，应变分散效应仅仅限于直边附近的局部区域，而在圆角中段已经失去直边参与变形以后的有利影响，此处切向应变的数值与理论值完全相同。所以当弯曲角度大于 60°～90°以后，最小相对弯曲半径的数值与弯曲角度的大小无关。

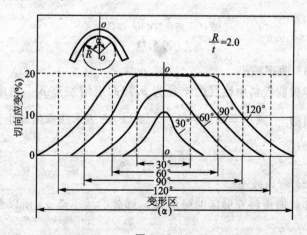

图 5.10

各种材料的最小相对弯曲半径的数值,可查冷压手册。

§5.3 弯曲回弹

一、弯曲回弹的表现形式

塑性弯曲和任何一种塑性变形过程一样,都伴随有弹性变形。外加弯矩卸去以后,板料产生弹性恢复,消除一部分弯曲变形的效果。

弯曲回弹的表现形式有二,如图 5.11 所示:

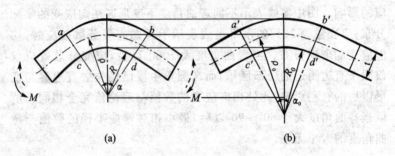

注:(a) 卸载前;(b) 卸载后。

图 5.11

(1) 曲率减小

卸载前板料中性层的半径为 ρ,卸载后增加至 ρ_0。曲率则由卸载前的 $\frac{1}{\rho}$,减小至卸载后的 $\frac{1}{\rho_0}$。如以 Δk 表示曲率的减小量,则

$$\Delta k = \frac{1}{\rho} - \frac{1}{\rho_0}$$

(2) 弯角减小

卸载前板料变形区的张角为 α,卸载后减小至 α_0,所以角度的减小 $\Delta \alpha$ 为

$$\Delta \alpha = \alpha - \alpha_0$$

第五章 弯曲

Δk 与 $\Delta \alpha$ 即为弯曲板料的回弹量。

二、回弹量和残余应力

在第二章§2.1中我们已经讨论过：金属在塑性变形过程中的卸载回弹量等于加载时同一载荷所产生的弹性变形。所以塑性弯曲的回弹量即为加载弯矩所产生的弹性曲率的变化。

假定板料在塑性弯曲中的加载弯矩为 M，板料剖面的惯性矩为 J，利用"材料力学"中的有关弹性弯曲的公式可知，此弯矩卸去以后，板料的回弹量 Δk 为

$$\Delta k = \frac{M}{EJ} \tag{5.17}$$

为了确定 Δk 的大小，必须首先确定加载弯矩的大小。

假定塑性弯曲的应力状态是线性的，即只有应力 σ_θ 的作用，忽略其他两个方向的主应力分量。这样，可以大大简化计算工作而不致产生太大的误差。如果板料的宽度为 B，厚度为 t，中性层位于剖面的重心，半径为 ρ，则外加弯矩可以很容易地按下式确定。

$$M = 2\int_0^{\frac{t}{2}} B\sigma_\theta y \mathrm{d}y \tag{5.18}$$

其中距中性层 y 处的切向应力 σ_θ 可以根据实际应力曲线由相应的切向应变 δ 确定。

如果将实际应力曲线取为近似直线式（即 $\sigma = \sigma_c + D\delta$），切向应变 δ_θ 取为相对应变，则因 y 处的切向应变 $\delta_\theta = \frac{y}{\rho}$，所以相对应的切向应力 σ_θ 为

$$\sigma_\theta = \sigma_c + D\frac{y}{\rho} \tag{5.19}$$

将 σ_θ 代入式(5.18)，可以求得弯矩 M 为

$$M = 2\int_0^{\frac{t}{2}} \left(\sigma_c + D\frac{y}{\rho}\right)By\mathrm{d}y = \sigma_c \frac{Bt^2}{4} + \frac{D}{\rho}\frac{Bt^3}{12} \tag{5.20}$$

因为 $\Delta k = \dfrac{1}{\rho} - \dfrac{1}{\rho_0} = \dfrac{M}{EJ}$，而板料的 $J = \dfrac{Bt^3}{12}$，所以

$$\Delta k = \frac{1}{\rho} - \frac{1}{\rho_0} = \frac{\sigma_c \dfrac{Bt^2}{4} + \dfrac{D}{\rho} \dfrac{Bt^3}{12}}{E \dfrac{Bt^3}{12}} = \frac{3\sigma_c}{Et} + \frac{D}{\rho E} \quad (5.21)$$

因此回弹后的曲率半径

$$\rho_0 = \frac{\rho}{1 - \dfrac{D}{E} - \dfrac{3\sigma_c}{E} \cdot \dfrac{\rho}{t}} \quad (5.22)$$

因为卸载前后中性层的长度不变：$\widehat{\rho_0 \alpha_0} = \widehat{\rho \alpha}$，所以回弹后的角度

$$\alpha_0 = \frac{\rho \alpha}{\rho_0} = \left(1 - \frac{D}{E} - \frac{3\sigma_c}{E} \cdot \frac{\rho}{t}\right)\alpha \quad (5.23)$$

而角度回弹量

$$\Delta\alpha = \alpha - \alpha_0 = \left(\frac{3\sigma_c}{E} \cdot \frac{\rho}{t} + \frac{D}{E}\right)\alpha \quad (5.24)$$

比较式(5.21)与式(5.24)，可见 $\Delta\alpha$ 与 Δk 有以下关系

$$\Delta\alpha = \Delta k \cdot \rho\alpha \quad (5.25)$$

加载时，由式(5.19)得出板料剖面上的应力分布如图 5.12(a)所示。卸载时内弯矩随之消失。由于卸载是弹性变形，板料剖面内会引起如图 5.12(b)所示的回复应力变化。上述两种应力的代数和即为如图 5.12(c)所示的残余应力。残余应力的内弯矩相互平衡。

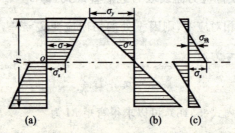

注：(a) 最终弯曲应力；(b) 假想卸载应力；(c) 残余应力。

图 5.12

设板料外层的回复应力为 σ_y,则

$$\left(\frac{1}{2}\sigma_y \cdot B \cdot \frac{t}{2}\right) \cdot \frac{2}{3}t = -M$$

即
$$\sigma_y = -\left(\frac{3}{2}\sigma_c + \frac{D}{2}\frac{t}{\rho}\right) \tag{5.26}$$

y 处的回复应力为

$$\sigma' = \frac{y}{\frac{t}{2}}\sigma_y = -\left(3\sigma_c \frac{y}{t} + D\frac{y}{\rho}\right) \tag{5.27}$$

y 处的残余应力为

$$\sigma_{残} = \sigma_0 + \sigma' = \sigma_c\left(1 - \frac{3y}{t}\right) \tag{5.28}$$

三、影响回弹的因素

以上式(5.21)~式(5.25)定量地反映了影响回弹的各种因素的作用。归纳讨论如下:

(1) 材料的机械性能

材料的变形抵抗力愈大(σ_c、D 愈大),在一定变形程度下所需的加载弯矩愈大,所以卸载后回弹量 Δk 与 $\Delta \alpha$ 也愈大。

材料弹性模数 E 愈大,板料抵抗弹性弯曲的能力愈大,所以卸载后回弹量 Δk 与 $\Delta \alpha$ 愈小。

(2) 相对弯曲半径 $\frac{\rho}{t}$(或 $\frac{R}{t}$)

相对弯曲半径 $\frac{\rho}{t}$(或 $\frac{R}{t}$)对于曲率的回弹量 Δk 和角度回弹量 $\Delta \alpha$ 有不同的影响:$\frac{\rho}{t}$ 愈大,Δk 愈小,而 $\Delta \alpha$ 则愈大。

(3) 弯曲角度 α

曲率的回弹量与弯曲角度的大小无关,参见式(5.21);角度的回弹量随弯曲角度的增加而增加,参见式(5.24)。

(4) 弯曲条件

板料弯曲时的回弹量与弯曲条件密切有关。这些重要的实际因素,虽然难以通过分析计算用数学公式明确表达,但对弯曲回弹量的大小有着显著的影响,在生产实践中必须予以考虑。兹将这些因素列举说明如下。

1. 弯曲方式对于回弹量的影响

板料压弯的方式不外以下两种形式：

无底凹模的自由弯曲,如图 5.13(a)所示；

有底凹模的限制弯曲,如图 5.13(b)所示。

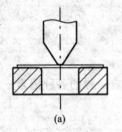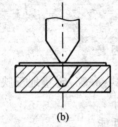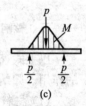

注：(a) 无底凹模的自由弯曲；(b) 有底凹模的限制弯曲；(c) 弯矩图。

图 5.13

板料压弯时,其加载方式与简支梁在集中载荷下的横向弯曲相似。凸模压力在板料上产生的弯曲力矩,分布于整个凹模洞口支点以内的板料上,如图 5.13(c)所示。因此板料的弯曲变形,实际上并非局限于与凸模圆角相接触的折弯线附近,在凹模洞口支点以内的板料,都要产生不同程度的弯曲变形。如图 5.14 所示即为板料在有底凹模中弯曲时的变形过程。

不难设想,板料在无底凹模中自由弯曲时,即使是最大限度地减小凹模洞口宽度,使加载弯矩的分布区间尽可能集中,一般也难以使板料的弯曲曲率与凸模取得一致。板料的弯曲角度与凸模进入凹模的深度有关。而角度的回弹量也要比纯弯曲时大得多,参见式 5.24。

有底凹模弯曲时,由于凹模底部对于板料的限制作用,弯曲终了时,可以使产生了一定曲度的直边重新压平并与凸模完全贴合。同时,由于直边压平后的反向回弹,可以减少和抵销圆角弯曲变形区的角度回弹,甚至可使整个弯曲件的角度回弹量变为负值。

2. 模具几何参数对于回弹量的影响

模具的几何参数,例如凸凹模之间的间隙、凹模圆角半径、凹模宽度与深度等,都对板料的实际弯曲变形过程具有不同程度的影响。根据冷压手册和试验数据,正确地选择这些参数,都可以取得减少弯曲回弹量,提高产品质量的效果。

3. 弯曲件的几何形状对于回弹量的影响

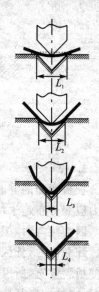

图 5.14

一般而言,弯曲件愈复杂,一次弯曲成形的回弹量愈小。这是因为形状愈复杂,限制弯曲中加拉的作用愈大,使弯曲的变形性质,发生了有利变化的缘故。例如⎕形件的回弹量较⎕形件小,⎕形件又较V形件为小。

四、减少回弹的措施

1. 补偿法

根据弯曲件的回弹趋势与回弹量大小,控制模具工作部分的几何形状与尺寸,使弯曲以后,工件的回弹量恰好得到补偿。

例如,弯制V形件时,可以根据工件可能产生的回弹量,将凸模的圆角半径与角度预先作小,以补偿回弹作用。

在弯制⎕形件时,可将凸模两侧分别作出等于回弹角的斜度,如图 5.15(a)所示。或者将模具底部作成弧状,如图 5.15(b)所示,利用底部向下的回弹作用,补偿两直边的张开。

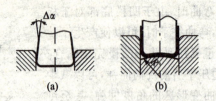

注:(a) 凸模侧壁带斜度;(b) 凸模底部内凹。

图 5.15

2. 拉弯法

板料弯曲的同时施以拉力,可以使得剖面上的压区转为拉区,应力应变分布趋于均匀一致,从而可以显著减少回弹量。

因为纯弯时,板料在外载的作用下剖面的外区拉长、内区缩短。卸载以后,外区要缩短、内区要伸长。内外两区的回弹趋势都要使板料复直,所以回弹量大,如图 5.16(a)所示。弯曲时加以拉力后,内外两区都被拉长,卸载以后都要缩短。内外两区的回弹趋势有互相抵销的作用,所以回弹量减少,如图 5.16(b)所示。

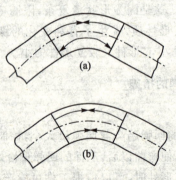

注:(a) 弯曲时;(b) 弯曲加拉时。

图 5.16

对于大尺寸的型材零件与蒙皮零件,可以利用专用机床——拉弯机与拉形机,进行拉弯。

在弯制一般冲压件时,如⊓形件,⊔形件,减少凸凹模之间的间隙,或者利用压边装置,如图 5.17 所示,牵制毛料的自由流动,也可取得一定的拉弯效果。

关于拉弯的原理,将在§5.4 中详细讨论。

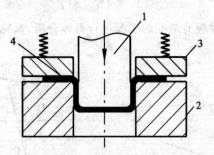

注:1—凸模;2—凹模;3—压边装置;4—毛料。
图 5.17

3. 加压校正法

在有底凹模中限制弯曲时,当板料与模具贴合以后,以附加压力校正弯曲变形区。使压区沿着切向产生拉伸应变,卸载以后,拉压两区纤维的回弹趋势互相抵制,于是可以得到减少回弹量的效果。

§5.4 拉 弯

拉弯的基本原理是在毛料弯曲的同时加以切向拉力,改变毛料剖面内的应力分布情况,使之趋于均匀一致,以达到减少回弹,提高零件成形准确度的目的。

由于弯曲时,毛料分为内外两区,内区受压,外区受拉。在这一基础上加以切向拉力,其结果,对于原来受拉的外区而言,无疑是要继续加载;对于原来受压的内区而言,由受压变为受拉,则要经历一个卸载和反向加载的过程。为了合理地反映这种加载情况下的应力应变关系,显然不能忽略弹性变形的影响。因此,我们采用了如图 5.18 所示的实际应力曲线,作为我们考察拉弯时应力应变关系的依据。如图 5.18 所示的实际应力曲线为一折线形式,在弹性范围内应力与应变之间的关系为 $\sigma = E\delta$,在塑性范围内则为

$$\sigma = \sigma_s + \left(\delta - \frac{\sigma_s}{E}\right)D \tag{5.29}$$

下面,对拉弯时应力应变的情况进行具体分析,参见图 5.19。

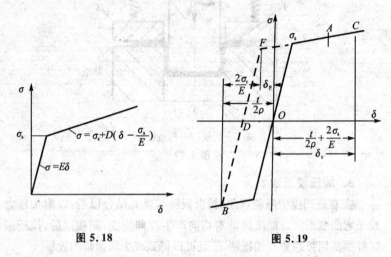

图 5.18　　　　　　　　图 5.19

假设先将毛料弯曲,使外边层纤维应力达到 A 点,内边层纤维应力达到 B 点。然后施加拉力,A 点继续加载,沿实际应力曲线移至 C 点,B 点则发生卸载,到 D 点时压应力完全消失,然后受拉,反向加载,由于反载软化现象(见§2.1节),至 F 点受拉屈服,压区完全进入拉伸塑性变形。此后,继续增加拉力,内外两区的应力应变关系沿着同一直线上升。

拉弯时,为了使整个毛料的剖面内应力尽量均匀一致,最内层纤维的应力至少应达到由压转为拉的屈服点,即 F 点。如果 B 点的应力以 σ_B 表示。F 点的应力以 σ_F 表示,因此,最小的必要拉伸量 δ_P 为

$$\delta_P = \frac{\sigma_B}{E} + \frac{\sigma_F}{E} = \frac{2\sigma_s}{E}$$

δ_P 即为中性层的拉伸应变量。

如果弯曲时中性层的半径为 ρ,距离中性层 y 处由于弯曲产生的切向应变为 y/ρ,加上最小必要拉伸量 δ_P 后,此处的切向总应变 δ_y 为

$$\delta_y = \delta_B + \frac{y}{\rho} = \frac{2\sigma_s}{E} + \frac{y}{\rho}$$

代入式(5.29),即可求得距中性层 y 处的切向应力 σ_y 为

$$\sigma_y = \sigma_s + \left(\frac{\sigma_s}{E} + \frac{y}{\rho}\right)D \tag{5.30}$$

先弯后拉沿剖面切向应力与应变的分布如图 5.20 所示。

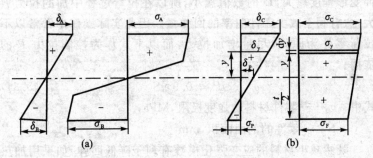

注:(a) 弯曲后;(b) 弯曲加拉后。

图 5.20

如果拉弯毛料为板料,板料宽 B,厚 t,则弯加拉以后,外加弯矩 M 变为

$$M = \int_{-\frac{t}{2}}^{\frac{t}{2}} y\sigma_y B\,dy = \int_{-\frac{t}{2}}^{\frac{t}{2}} B\left[\sigma_s + \left(\frac{\sigma_s}{E} + \frac{y}{\rho}\right)D\right]y\,dy =$$

$$\frac{D}{\rho} \cdot \frac{Bt^3}{12} = \frac{DJ}{\rho} \tag{5.31}$$

此弯矩卸去以后,产生的曲率回弹量 Δk 为

$$\Delta k = \frac{1}{\rho} - \frac{1}{\rho_0} = \frac{M}{EJ} = \frac{D}{\rho E} \tag{5.32}$$

回弹后的半径 ρ_0 为

$$\rho_0 = \frac{\rho}{1-\dfrac{D}{E}} \tag{5.33}$$

与纯弯时曲率的回弹量对比,参见式(5.21)、式(5.22),由于拉弯卸载中只有 $\dfrac{D}{E}$ 的作用,所以拉弯的回弹量可以显著减少。加以材料的 $D \ll E$(例如 LY12M, $E = 70\,000$ MPa, $D \approx 186$ MPa, $\dfrac{D}{E} \approx 0.002\,7$),因而实际上,拉弯时曲率的回弹量是很小的。同时,从实际应力曲线还可看出,材料的应变刚模数 D 并非定值,拉伸变形程度愈大, D 的数值愈小,所以在拉弯过程中加的拉力愈大,愈有利于减少零件曲率的回弹量。因此实际操作中常常以不拉断零件为原则,尽量增加拉力,而以下式作为控制拉力 P 的依据。

$$P = 0.9\sigma_b S \tag{5.34}$$

式中　σ_b——零件材料的强度极限,MPa;

　　　S——零件的剖面面积,mm^2。

既然减小材料的应变强化模数有利于降低回弹,如果用加热拉弯,当变形温度高于再结晶温度时,应变强化效应被再结晶所消除, $D \to 0$,曲率回弹也就趋近于零了。

此外,从式(5.32)、式(5.33)还可看出,曲率半径愈大,拉弯效果愈好,所以在生产中拉弯主要用于成形曲度不大、外形准确度要求较高的零件。

拉弯时角度的回弹量 $\Delta\alpha$ 包括两部分:弯矩卸去以后所产生的回弹 $\Delta\alpha_M$ 和拉力卸去后产生的回弹 $\Delta\alpha_P$,即

$$\Delta\alpha = \Delta\alpha_M + \Delta\alpha_P$$

其中 $\Delta\alpha_M$ 由式(5.25)、式(5.32)可以推得为

$$\Delta\alpha_M = \Delta k \cdot \rho\alpha = \frac{D}{E}\alpha$$

假设 α_p 为板料剖面内的平均拉应力, σ_t 卸去以后,板料各层

纤维,绕曲率中心成比例地缩短。所以拉力产生的角度回弹量 $\Delta\alpha_P$ 为

$$\Delta\alpha_P = \frac{\frac{\sigma_p}{E} \cdot \rho\alpha}{\rho} = \frac{\sigma_p}{E}\alpha$$

由式(5.30)可知,平均应力 σ_p,即为 $y=0$ 处(中间层)的拉应力。所以

$$\sigma_p = \sigma_s\left(1 + \frac{D}{E}\right)$$

将 σ_p 代入 $\Delta\alpha_P = \frac{\sigma_p}{E}\alpha$ 中,即可求得

$$\Delta\alpha_P = \frac{\sigma_s}{E}\left(1 + \frac{D}{E}\right)\alpha$$

所以拉弯时角度的回弹量 $\Delta\alpha$ 为

$$\Delta\alpha = \Delta\alpha_M + \Delta\alpha_P = \frac{D}{E}\alpha + \frac{\sigma_s}{E}\left(1 + \frac{D}{E}\right)\alpha =$$

$$\left[\frac{\sigma_s}{E} + \frac{D}{E}\left(1 + \frac{\sigma_s}{E}\right)\right]\alpha \tag{5.35}$$

与纯弯时角度的回弹量作一比较,参见式(5.24),可见拉弯时角度的回弹量与零件的相对弯曲半径 $\frac{\rho}{t}$ 无关,而且数值比纯弯时也要显著减少。

以上分析是从先弯后拉的角度出发考虑的。如果将工艺过程改为先拉伸,然后在预加拉力的作用下进行弯曲,则所得效果将有显著不同。如图 5.21(a)所示,假设先将毛料均匀拉伸至实际应力曲线上的 A 点,然后进行弯曲。

弯曲时外区受拉,内区受压。最外层纤维则因继续加载,由 A 点上升到 B 点,最内层纤维则因卸载而反向加载,由 A 点最后到达 F 点。这时毛料剖面内的应力分布由原来的图 5.21(b)变为图 5.21(c),仍有异号应力存在。应力分布显然不如先弯后拉均匀,所以卸载后的回弹量也比先弯后拉为大。总之,先弯后拉,只要很

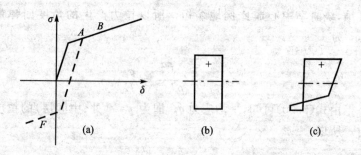

图 5.21

小的最小必要拉伸量 $\dfrac{2\sigma_s}{E}$（因为一般材料的 $\sigma_s \ll E$，$\dfrac{2\sigma_s}{E} < 1\% \sim 2\%$）就可取得应力分布均匀一致的效果。而先拉后弯，即令拉伸值很大，预拉效果也会因弯曲时压区的卸载作用很快消失。所以从减少回弹量来看，先拉后弯不如先弯后拉有利。但是事物总是一分为二的。先弯后拉，当毛料与模具完全贴紧后，由于模具对于毛料的摩擦作用，后加的拉力很难均匀传递到毛料的所有剖面，因此也会影响后加拉力的效果。所以生产实践中往往采用先拉后弯最后补拉的复合方案。即首先在平直状态拉伸毛料超过屈服点，拉伸量约为 $0.8\% \sim 1\%$，然后弯曲。毛料完全贴合后，再加大拉力进行补拉，以便工件更好保持弯曲中所获得的曲度。此外，弯曲前预先加一拉力，对于薄壁型材还可减少其内壁弯曲时受压失稳的可能性，便于工艺过程的顺利进行。

习 题

1. 当弹性区占 10% 时为线性纯塑性弯曲，占 1% 时为立体纯塑性弯曲。求 LY12M 材料，$E = 70\,000$ MPa，$\sigma_{0.2} = 102$ MPa，在这两种弯曲情况下：(1) 相对弯曲半径 $\dfrac{R}{t}$ 的界限值；(2) 最外层纤维的 $\delta_{\max}$（忽略中性层内移）。

2. 某材料的窄板条和宽板条各一块，板条厚度为 t，其应力应变关系为：

$$\sigma_i = \begin{cases} E\varepsilon_i, & \varepsilon_i \leqslant \varepsilon_s \\ A(\varepsilon_i + \varepsilon_0)^n, & \varepsilon_i > \varepsilon_s \end{cases}$$

(ε_s 为此材料的屈服点应变)，试求：

(1) 当窄板条弯曲至 $\dfrac{R}{t} = 200\varepsilon_s$ 时（R 为弯曲件的内半径），剖面上弹性区的范围是多大？

(2) 宽板条纯塑性弯曲的，试确定中性层的位置及切向应力 σ_θ 的分布规律。

3. 弯曲一剖面高度 $h = 50$ mm 的矩形板，已知材料的屈服点应力 $\sigma_s = 137.3$ MPa，$E = 68\ 650$ MPa。材料的近似应力应变曲线为一折线式，弹性区 $\sigma = 68\ 650\ \delta$ MPa，塑性区为 $\sigma = 133.17 + 2\ 050\ \delta$ MPa，δ 为相对应变。当弯曲内半径为 225 mm 时，如果不考虑中性层的内移，求

(1) 最内层纤维的压应力大小；

(2) 半径与角度的回弹量；

(3) 卸载后的残余应力分布。

4. 弯曲一剖面高度 $h = 20$ mm 的矩形板，已知材料的屈服应力 $\sigma_s = 137.3$ MPa，弹性模数为 $E = 68\ 650$ MPa，如果弯曲内半径为 100 mm，问加载时，弹、塑性区所占比例各为若干？画出卸载后的残余应力图。

5. 求以下情况的弯曲力矩表达式（忽略厚向应力的作用）。

(1) 理想塑性材料的纯塑性弯曲，$\sigma = \sigma_s$；

(2) 线性强化材料 ($\sigma = \sigma_c + D\delta$) 的纯塑性弯曲；

(3) 线性强化材料的弹塑性弯曲，弹性区：$\sigma = \delta E$，塑性区：$\sigma = \sigma_c + D\delta$。

6. 弯曲一剖面高度为 20 mm 的宽矩形板，已知材料的屈服应力为 $\sigma_{0.2} = 137.2$ MPa，弹性模数为 $E = 68\ 600$ MPa，材料的近似实际应力曲线为：弹性区：$\sigma = 68\ 600\ \delta$ MPa，塑性区：$\sigma =$

$133.3+2\,048\,\delta$ MPa,当弯曲内半径为 $R=490$ mm 时,求

(1) 单位宽度所需的弯曲力矩 M;

(2) 卸载后的残余应力分布图。

7. 试证明当弯曲(内)半径为 R 时,如考虑中性层内移及板厚变薄效应时,弯曲件最外层纤维的相对延伸率为 $\delta = \dfrac{\eta - a}{\dfrac{R}{t_0} + a}$,式中 $\eta = \dfrac{t}{t_0}$ 为板厚变薄率;t_0、t 分别为弯曲前后的板厚;$a = \dfrac{\rho - R}{t}$ 为中性层的相对位移量;ρ 为中性层曲率半径。

8. 两等厚钢板板条,两侧点焊叠在一起,进行弯曲,如图 5.22 所示。假定弯曲半径为 R,弯曲角度为 φ,板条厚度为 t,弯曲为纯塑性,材料的实际应力曲线为一直线式,材料的弹性模数为 E。试求板条拆开卸载后,内板条的内半径 R_0。假设去除焊点,对板条变形没有影响。

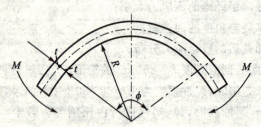

图 5.22

$$\sigma = \sigma_c + D\delta$$

9. 如图 5.23 所示的两种型材,如果材料的剖面积、宽度、高度以及弯曲半径都相同,分析哪一种型材的弯曲回弹更大。

10. 某理想塑性材料,做成宽度为 B、厚度为 t 的板条,其弹性模数为 E,屈服应力为 σ_s,弯曲成内半径为 R 的圆弧,如变形性质为线性纯塑性弯曲,求

(1) 回弹后的半径 R_0;

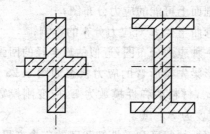

图 5.23

(2) 残余应力的分布图形和大小。

11. 用先弯后拉方案成形如图 5.24 所示的挤压型材,已知材料的屈服应力 $\sigma_{0.2}=137.2$ MPa。其实际应力曲线为一折线式(式中 δ 为相对应变)。弹性区:$\sigma=68\,600$ MPa,塑性区:$\sigma=133.3+2\,048\,\delta$ MPa。如果忽略摩擦效应,试确定:

(1) 型材的最小必要拉伸量;
(2) 拉弯机的最小拉力;
(3) 型材的最大变薄量。

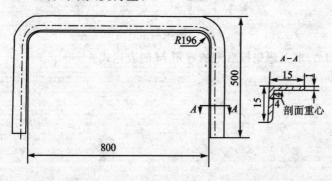

图 5.24

12. 将一宽 b、厚 t 的板条先拉(拉应力为 σ_p)后弯(弯曲半径为 R)。假定材料的屈服应力为 σ_s,弹性模数为 E,塑性变形时的应力应变关系近似为 $\sigma=\sigma_s+D\delta$。当 $\sigma_p=1.2\sigma_s$ 时,

(1) 画出剖面上可能的应力分布图;
(2) 讨论弯曲半径 R 对应力分布的影响;
(3) 任选一种应力分布图,近似估算半径的回弹量。

13. 一矩形梁先拉后弯的应力状态如图 5.25 所示。如先拉的拉应力 $\sigma_p \geqslant \sigma_s$,材料的弹性模数为 E,应变刚模数为 D,屈服应力为 σ_s,梁的宽度为 B。试

(1) 列出塑性加载区和弹性卸载区的应力方程 $\sigma = f(\delta)$;

(2) 求证弯曲时应变中性层的相对位置 $\dfrac{c}{t} = \dfrac{1}{1+\sqrt{\dfrac{D}{E}}}$;

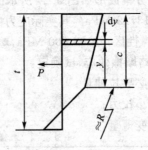

图 5.25

14. 求上题先拉后弯的弯矩 M 的表达式。

第六章 拉 深

§6.1 基本原理

一、过程特点

一块平板毛料在凸模压力作用下通过凹模形成一个开口空心零件的压制过程称为拉深。拉深件的形状很多,圆筒形件是其中最简单最典型的代表。拉深时,一块圆形平板毛料究竟是怎样逐步变成筒形零件的?

图 6.1 所示为模具和毛料的运动过程的剖视。

在平板毛料上,沿着直径的方向画出一个局部的扇形区域 oab。凸模下降,强使毛料拉入凹模,扇形 oab 演变为以下三个部分:

筒底部分——oef;

筒壁部分——$cdef$;

突缘部分——$a'b'cd$。

凸模继续下降,筒底基本不动,突缘部分的材料继续变为筒壁,于是筒壁逐渐加高,突缘逐渐缩小。由此可见,毛料的变形主要集中在凹模表面的突缘上,拉深过程就是使突缘逐渐收缩,转化为筒壁的过程。

如果圆板毛料的直径为 D_0,拉深后筒形件的平均直径为 d,通常以筒形件直径与毛料直径的比值 m 表示拉深变形程度的大小。

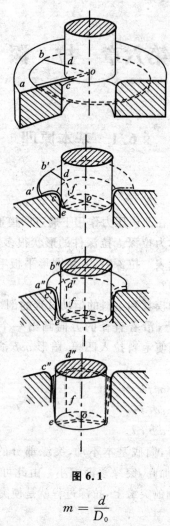

图 6.1

$$m = \frac{d}{D_0}$$

m 称为拉深系数。显然，m 的数值愈小，拉深时，板料的变形程度愈大。

● 如果取同一种低碳钢板料，在同一套模具上用逐渐加大毛料直径的办法，改变拉深系数，进行拉深试验，试验结果如图 6.2 所示。当毛料直径很小、拉深系数很大时,毛料的变形程度很小,突缘能够顺利地转化为筒壁。但是当毛料直径加大,拉深系数减小到一定数值(例如 $m=0.75$)以后,毛料突缘出现皱折,产生了废品。如果增加压边装置,压住毛料突缘,防止起皱现象以后,拉深过程又可以顺利进行。此时又可再进一步加大毛料直径,减少拉深系数。直到当毛料直径加大、拉深系数减小到一定数值(例如 $m=0.50$)后时,才出现了筒壁拉断现象,拉深过程被迫中断。由此可见,突缘起皱和筒壁拉断乃是拉深过程顺利进行的两种主要障碍。

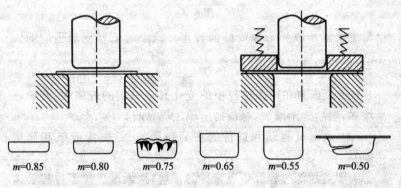

图 6.2

如果在上述试验中,同时还测出在不同拉深系数下拉深力的变化,于是可以得到图 6.3 所示的一系列曲线。分析这些曲线可以看到:拉深过程正常进行时,拉深力的变化规律基本一致,开始时逐渐增大,然后又逐渐减小,峰值的出现比较靠前。例外的情况有二:当 $m=0.75$ 时,由于没有压边,突缘起皱,凸模强使带皱的材料拉入凸、凹模间隙之中,因此造成了拉深力的第二个峰值;当 $m=0.50$ 时,拉深力没有达到最高点,筒壁就拉断了,拉深过程被迫中断。

根据以上初步分析,我们把几点主要结论归纳如下:

(1) 拉深时毛料的变形主要集中在突缘上。拉深过程就是使

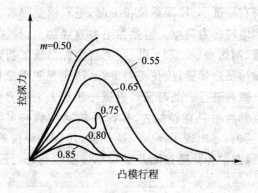

图 6.3

毛料突缘逐步收缩形成筒壁的过程。拉深时毛料变形程度的大小,可以用拉深系数 $m=\dfrac{d}{D_0}$ 表示。

(2) 拉深力在拉深过程中的变化具有一定的规律性,开始逐渐增加,然后逐渐减少,峰值的出现比较靠前。

(3) 拉深过程顺利进行的主要障碍有二:突缘起皱和筒壁拉断。

为了对拉深过程取得规律性的了解,探索改进拉深过程的途径,有必要对于拉深时毛料的主要变形区域——突缘的应力应变分布、变化以及筒壁传力区的受力情况进行系统的分析。

二、突缘变形区的应力应变分析

突缘变形区的材料处于切向受压、径向受拉的应力状态。突缘起皱与切向压应力有关,筒壁拉裂也主要取决于突缘所受的径向拉应力。因此,进一步分析突缘变形区拉、压应力的分布与变化规律很有必要。

1. 突缘变形区的应变分布

在分析突缘变形区的应力分布之前,先详细分析一下它的应变分布规律。

应变分布可以通过试验直接观察测量到。如果事先在平板毛料上画出一系列小的圆形格网,测量小圆变形前后的尺寸变化和小圆处板料厚度的变化,即可求得某一拉深阶段,当毛料半径由 R_0 变为 R_t 时,小圆的径向、切向和厚向的三个主应变分量 ε_r、ε_θ、ε_t。如图 6.4 中的实线所示即为试验求得的上述三个主应变分量在突缘上的分布规律。由图示曲线可以看出:突缘变形区各处的应变并不相等,切向和径向主应变由外向内逐渐递增,厚度方向的增厚由外向内逐渐减少。切向主应变 ε_θ 大体上可以看作是绝对值最大的主应变 ε_{max},因此突缘上某处切向应变 ε_θ 的大小可以作为衡量该处材料变形程度的近似指标。

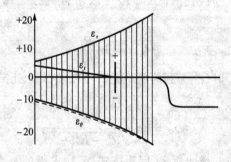

图 6.4

某一拉深阶段,当毛料半径由 R_0 变为 R_t 时,突缘上任一处的切向主应变 ε_θ 还可根据体积不变条件近似求得。

假定毛料半径由 R_0 变为 R_t 时,平板毛料上半径为 R' 的点转移到突缘上半径为 R 的地方,如图 6.5 所示。根据体积不变条件,忽略板厚的变化,圆环 $R'-R_0$ 的面积应与圆环 $R-R_t$ 的面积相等,即

$$\pi(R_0^2 - R'^2) = \pi(R_t^2 - R^2)$$

由此可以求得

$$R' = \sqrt{R_0^2 - R_t^2 + R^2}$$

突缘上 R 处的切向应变为

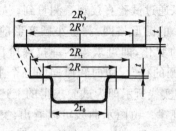

图 6.5

$$\varepsilon_\theta = \ln \frac{2\pi R}{2\pi R'} = \ln \frac{R}{R'} = \ln \frac{R}{\sqrt{R_0^2 - R_t^2 + R^2}} \quad (6.1)$$

当 $R = R_t$ 时,代入式(6.1)可以求得突缘边缘的切向应变 $(\varepsilon_\theta)_t$ 为

$$(\varepsilon_\theta)_t = \ln \frac{R_t}{R_0} \quad (6.2)$$

当 $R = r_0$ 时(r_0 为圆筒的半径),可以求得 r_0 处突缘的切向应变 $(\varepsilon_\theta)_0$ 为

$$(\varepsilon_\theta)_0 = \ln \frac{r_0}{\sqrt{R_0^2 - R_t^2 + R^2}} \quad (6.3)$$

图 6.4 中的虚线所示,即为按式(6.1)求得的 ε_θ 的分布规律。比较虚实两曲线可以看出,计算结果与试验结果十分相近。

2. 突缘变形区的应力分布

和应变相反,应力是无法直接观察的,要想确定拉深时突缘变形区的应力分布,只有通过间接的理论推导。

拉深时突缘变形区处于切向受压、径向受拉的应力状态。板厚方向虽然受到压应力的作用(由压边圈产生),但是数值很小,可以忽略不计。因此共有两个未知数 σ_r、σ_θ,求解时需要两个方程式。一个方程可以用力学的基本关系——平衡条件取得,称为微分平衡方程式。但是这一方程,并不反映变形过程材料的内在特性。不论是钢件还是铝件,拉深变形程度大还是小,平衡方程总是一样的。因此第二个方程必须反映变形过程内部的特点——揭示应力大小与变形程度、材料性质之间的关系,这个方程就是所谓塑性方程。下面就来着手建立这两个方程式。

3. 微分平衡方程式

假设某一拉深阶段,毛料边缘半径由 R_0 变为 R_1。沿着直径在突缘变形区切取张角为 φ 的一个小扇形区域。再在小扇形区域的 R 处切取宽为 dR 的扇形体,如图 6.6 所示。如果板厚为 t,R 处的切向应力为 σ_θ,径向应力为 σ_r,则微体四周的外力如图所示。

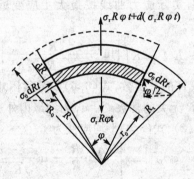

图 6.6

因为微体处于平衡状态,其径向合力为零,即

$$[\sigma_r R\varphi t + d(\sigma_r R\varphi t)] - \sigma_r R\varphi t + 2\sigma_\theta dRt \sin\frac{\varphi}{2} = 0$$

当 φ 角很小时,$\sin\frac{\varphi}{2} \approx \frac{\varphi}{2}$。忽略微体两边厚度的变化,取 $dt = 0$,上式可以简化为

$$d\sigma_r = -(\sigma_r + \sigma_\theta)\frac{dR}{R} \tag{6.4}$$

式(6.4)即为微分平衡方程式。

4. 塑性方程式

突缘变形区代数值最大的主应力为径向应力 σ_r,代数值最小的主应力为切向应力 σ_θ。根据式(2.17),并将 β 值近似取为 1.1,塑性方程式为

$$\sigma_r + \sigma_\theta = 1.1\sigma_i \tag{6.5}$$

联立求解式(6.4)、式(6.5):将式(6.5)代入式(6.4)即可求得径向应力 σ_r 为

$$\sigma_r = -1.1\int \sigma_i \frac{dR}{R} \tag{6.6}$$

再将式(6.6)代入式(6.5),即可求得切向应力 σ_θ 为

$$\sigma_\theta = 1.1\sigma_i - \sigma_r \tag{6.7}$$

σ_i 可以根据实际应力曲线按最大主应变近似确定。接式(6.1)可知

$$\sigma_i \approx K\varepsilon_\theta^n = K\left(\left|\ln\frac{R}{\sqrt{R_0^2 - R_t^2 + R^2}}\right|\right)^n$$

所以 σ_i 为一 R 的幂函数,式(6.6)积分很困难。为了简化计算,将 σ_i 取为与 R 无关的常数 $\bar{\sigma}_i$。$\bar{\sigma}_i$ 由突缘内外边沿的平均应变确定。根据式(6.2)、式(6.3)平均应变为

$$\bar{\varepsilon}_\theta = \left|\frac{1}{2}[(\varepsilon_\theta)_t + (\varepsilon_\theta)_0]\right| = \left|\frac{1}{2}\left(\ln\frac{R_t}{R_0} + \ln\frac{r_0}{\sqrt{R_0^2 - R_t^2 + r_0^2}}\right)\right| =$$

$$\left|\frac{1}{2}\ln\frac{R_t r_0}{R_0\sqrt{R_0^2 - R_t^2 + r_0^2}}\right| \tag{6.8a}$$

所以平均应力为

$$\bar{\sigma}_i = K\left[\left|\frac{1}{2}\ln\frac{R_t r_0}{R_0\sqrt{R_0^2 - R_t^2 + r^2}}\right|\right]^n \tag{6.8b}$$

将 $\bar{\sigma}_i$ 代入式(6.6),即可解得径向应力为

$$\sigma_r = -1.1\bar{\sigma}_i \ln R + C$$

式中 C 为积分常数。利用边界条件:当 $R=R_t$ 时,$\sigma_r=0$,所以 $C=1.1\bar{\sigma}_i \ln R_t$。最后可得

$$\sigma_r = -1.1\bar{\sigma}_i \ln R + 1.1\bar{\sigma}_i \ln R_t = 1.1\bar{\sigma}_i \ln\frac{R_t}{R} \tag{6.9}$$

代入式(6.7)可以求得切向应力为

$$\sigma_\theta = 1.1\bar{\sigma}_i\left(1 - \ln\frac{R_t}{R}\right) \tag{6.10}$$

如果给定拉深系数 $m = \dfrac{r_0}{R_0}$,给定材料牌号(即材料拉伸实际应力曲线幂次式中常数 K 和 n),给定拉深时刻(即突缘半径 R_t),以不同的 R 值代入式(6.9)、式(6.10)两式,便可得到突缘变形区拉、压应力的分布。如图 6.7 所示即为 σ_r 和 σ_θ 的分布曲线。

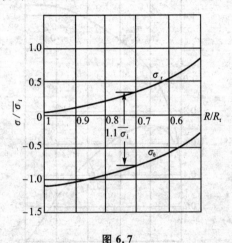

图 6.7

分析一下图 6.7 所示曲线可以看出:突缘上径向拉应力 σ_r 和切向压应力 σ_θ 的分布是两条等距离的对数曲线,其间隔距离等于 $1.1\bar{\sigma}_i$。径向拉应力 σ_r 在凹模洞口($R = r_0$ 时)最大,其值为

$$\sigma_{r\max} = 1.1\bar{\sigma}_i \ln \frac{R_t}{r_0} = 1.1\bar{\sigma}_i \ln \frac{R_0 R_t}{r_0 R_0} =$$

$$1.1\bar{\sigma}_i \left(\ln \frac{R_t}{R_0} - \ln m \right) \qquad (6.11)$$

切向压应力 σ_θ 在突缘边缘($R = R_t$ 时)最大,其值为

$$\sigma_{\theta\max} = 1.1\bar{\sigma}_i \qquad (6.12)$$

对于分析筒壁拉断与突缘起皱而言,研究最大径向拉应力 $\sigma_{r\max}$ 与最大切向压应力 $\sigma_{\theta\max}$ 在整个拉深过程中的变化规律有着重要的实际意义。以下分别作一分析。

5. 整个拉深过程中 $\sigma_{\theta max}$ 与 σ_{rmax} 的变化规律

图 6.8 所示的曲线,显示了按式(6.11)及式(6.12)求出的这种变化规律。

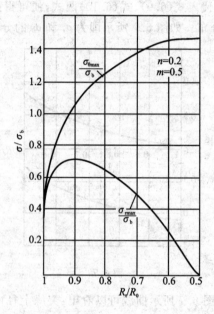

图 6.8

随着拉深过程的不断进行,突缘变形区材料的变形程度与变形抵抗力逐渐增加,所以 $\sigma_{\theta max} \sim \dfrac{R_t}{R_0}$ 曲线也始终上升,其变化规律与材料实际应力曲线相似,在拉深的初始阶段 $\sigma_{\theta max}$ 的增加比较迅速,以后逐渐趋于平缓。

由式(6.11)可见,σ_{rmax} 的数值乃是 $\bar{\sigma}_i$ 与 $\ln \dfrac{R_t}{r_0}$ 的乘积,$\bar{\sigma}_i$ 表示材料的变形抵抗力,随着拉深过程的进行,其值逐渐加大。$\ln \dfrac{R_t}{r_0}$ 反映了突缘变形区的大小,随着拉深过程的进行,突缘变形区逐渐缩小，$\ln\dfrac{R_t}{r_0}$ 的数值也逐渐减小。由于以上两个相反因素互相消长的结果，凹模洞口的拉应力 σ_{rmax} 在某一拉深阶段达到了最大值 $(\sigma_r)_{max}^{max}$，然后又渐渐下降，如图 6.8 所示。同时，由于拉深初始阶段材料变形抵抗力的增长较快而突缘变形区的缩减较慢，以后，材料变形抵抗力增长较慢而突缘变形区的缩减逐渐加快，所以 $(\sigma_r)_{max}^{max}$ 一般均发生在拉深的起始阶段，即当 $R_t = 0.80 \sim 0.90 R_0$ 左右时。

由式(6.11)可知，$(\sigma_r)_{max}^{max}$ 的具体数值完全取决于板料的机械性能与拉深系数 m。给定一种材料和拉深系数即可算出相应的 $(\sigma_r)_{max}^{max}$，经过大量的计算结果，可将确定 $(\sigma_r)_{max}^{max}$ 的计算公式整理归纳成以下的形式：

$$(\sigma_r)_{max}^{max} = \left(\dfrac{a}{m} - b\right)\sigma_b \tag{6.13}$$

式中　a、b——与材料性质有关的常数，其值见表 6.1 所列。

表 6.1

ε_j	0.10	0.15	0.20	0.25	0.30	0.35	0.40
a	0.72	0.79	0.87	0.94	1.01	1.06	1.12
b	0.58	0.69	0.79	0.90	1.01	1.11	1.18

三、筒壁传力区的受力分析

凸模压力 p 通过筒壁传至突缘的内边沿，将突缘变形区的材料逐步拉入凹模，如图 6.9 所示。

显然，突缘材料的变形抵抗力（突缘在凹模洞口的径向拉应力 σ_{rmax}）是拉深件筒壁所受拉力的主要组成部分，除此之外，还有：

(1) 压边力 Q 在突缘表面所产生的摩擦阻力。设摩擦系数为 μ，则上下表面的摩擦阻力合计为 $2\mu Q$。筒壁传递拉力的面积为 πdt（d 为筒直径，t 为筒壁厚度），因此压边摩擦力在筒壁内部产生的单位拉应力 σ_m 为

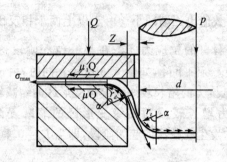

图 6.9

$$\sigma_\mathrm{m} = \frac{2\mu Q}{\pi d t} \tag{6.14}$$

(2) 当突缘材料绕过凹模圆角时,还须在凹模圆角区克服摩擦阻力。假设用一皮带绕过圆柱,拖动重物 W,如图 6.10 所示。由于摩擦阻力的影响,另一端施加的拉力 T 必须大于 W。不难想像,包角 α 愈大,且摩擦系数 μ 愈大,T 值也就愈大。由简单的力学关系可以证明

$$T = W\mathrm{e}^{\mu\alpha}$$

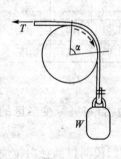

图 6.10

如果板料在凹模圆角处的包角为 α,考虑上述因素,筒壁为了拖动突缘,必须传递的单位拉应力显然不止是 $\sigma_{r\max} + \sigma_\mathrm{m}$,而是

$$(\sigma_{r\max} + \sigma_\mathrm{m})\mathrm{e}^{\mu\alpha}$$

(3) 突缘板料流经凹模圆角时所产生的弯曲抗力 σ_ω。σ_ω 可以近似确定为

$$\sigma_\omega = \frac{\sigma_\mathrm{b}}{2\dfrac{r_\mathrm{d}}{t}+1} \tag{6.15}$$

r_d 为凹模的圆角半径,此式的推导过程从略。

归纳以上各项,最后可以求得筒壁为了使拉深件流入凹模所

需的单位拉应力为

$$p = (\sigma_{r\max} + \sigma_m)e^{\mu\alpha} + \sigma_\omega \quad (6.16)$$

在拉深的某一初始阶段,突缘的径向拉应力达到了最大值$(\sigma_r)_{\max}^{\max}$,而包角α也趋近于$90°$,这时p值最大。由于$e^{\mu\frac{\pi}{2}} \approx 1 + \mu\frac{\pi}{2} \approx 1 + 1.6\mu$。根据上式,筒壁所受的最大单位拉应力$p_{\max}$可以写作:

$$p_{\max} = [(\sigma_r)_{\max}^{\max} + \sigma_m](1 + 1.6\mu) + \sigma_\omega \quad (6.17)$$

将式(6.13)、式(6.14)、式(6.15)所表示的$(\sigma_r)_{\max}^{\max}$、σ_m、σ_ω值代入上式,可以求得最大单位拉应力$p_{\max}$为

$$p_{\max} = \left[\left(\frac{a}{m} - b\right)\sigma_b + \frac{2\mu Q}{\pi dt}\right](1 + 1.6\mu) + \frac{t}{2r_d + t}\sigma_b \quad (6.18)$$

理论与试验研究表明:在正常条件(合理的凹模圆角半径、模具间隙、压边力、润滑条件等)下拉深时,突缘变形区的最大拉应力$(\sigma_r)_{\max}^{\max}$在最大单位拉应力$p_{\max}$中,约占$65\% \sim 75\%$,因此

$$p_{\max} = \frac{1}{\eta}(\sigma_r)_{\max}^{\max} = \frac{1}{\eta}\left(\frac{a}{m} - b\right)\sigma_b \quad (6.19)$$

式中系数$\eta = 0.65 \sim 0.75$,称为拉深效率,其值与材料性质、板料厚度有关。材料的应变强化指数n愈大、相对厚度愈大,η值也偏大;反之,η偏小。

最大单位拉应力$p_{\max}$求得后,最大拉深力$F_{\max}$即可求得为:

$$F_{\max} = \pi dt\, p_{\max} \quad (6.20)$$

生产中,为了根据最大拉深力选择压床,$F_{\max}$可用以下公式近似估算:

$$F_{\max} = 5dt\sigma_b \ln\frac{1}{m} \quad (6.21)$$

§6.2 起皱与防皱措施

如果在板条两端施以轴向压力 F。当压力 F 加到某一临界值 F_c 时,板条就会产生弯曲隆起现象,如图 6.11 所示。这种现象称为受压失稳。理论和试验研究表明,板条抵抗受压失稳的能力及板条的相对厚度及材料的机械性能有关。

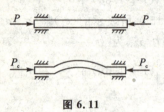

图 6.11

板条愈长,厚度愈薄,愈易失稳。

材料的弹性模数 E、塑性模数 D 愈大,抵抗失稳的能力也愈大。

拉深时突缘起皱与板条的受压失稳相似。突缘是否发生起皱现象,不仅取决于突缘变形区切向压应力的大小,而且取决于突缘变形区抵抗失稳起皱的能力——材料的机械性能与突缘变形区的相对厚度 $\dfrac{t}{D_t-d}$。

拉深过程中,导致突缘失稳起皱的切向压应力与突缘抵抗失稳起皱的能力都是变化的。

随着拉深过程的不断进行,切向压应力不断增加。同时,突缘变形区不断缩小,厚度增加,因而突缘变形区的相对厚度 $\dfrac{t}{D_t-d}$ 也不断增加。切向压应力的增加必将增强失稳起皱的趋势,相对厚度 $\dfrac{t}{D_t-d}$ 的增加却有利于提高抵抗失稳起皱的能力。此外,随着拉深过程变形程度的增加,材料的塑性模数 D 逐渐减小。D 的减小一方面降低了材料抵抗失稳起皱的能力,但另一方面却又减小了切向压应力增长的趋势,如图 6.8 所示。由于以上各个相反作用的因素互相消长的结果,在拉深的全过程必有某一阶段,突缘失稳起皱的趋势最为强烈。理论与试验研究表明:这一阶段要比

$(\sigma_r)_{\max}^{\max}$ 出现的阶段为迟,发生在突缘宽度缩至一半左右,即 $R_t-r_0 \approx \frac{1}{2}(R_0-r_0)$ 时,也就是大约发生在拉深过程的中间阶段,如图 6.13 所示。最易失稳起皱的时刻比 $(\sigma_r)_{\max}^{\max}$ 发生的时刻为晚,使我们有可能利用压边力的合理控制以提高拉深效率。

生产中用下列简单的公式作为判断拉深时突缘不会起皱的近似条件:

$$D_0 - d \leqslant 22t \tag{6.22}$$

将式(6.22)加以简单的换算后可得

$$\frac{t}{D_0} \times 100 \geqslant 4.5(1-m) \tag{6.23}$$

从式(6.23)可以看出:利用此式作为判断突缘不会起皱的近似条件,虽然撇开了材料机械性能的影响,但却反映了影响失稳起皱的两个重要因素(拉深系数与板料相对厚度)之间的关系。$\frac{t}{D_0}$ 愈大,不起皱的极限拉深系数可愈小。例如当 $\frac{t}{D_0}=1.2\%$ 时,不起皱的极限拉深系数 $m=0.73$;$\frac{t}{D_0}=1\%$ 时,$m=0.78$。因此上述近似条件也可作为确定是否采取防皱措施的依据。

工艺上常将压边圈下突缘变形区的失稳起皱称为外皱,以区别于其他部位材料的失稳起皱——内皱。拉深筒形件时一般只有外皱现象。

压边圈是生产中用得最为广泛而行之有效的防止外皱措施。常用的压边装置不外以下两类。

(1) 固定压边圈(或刚性压边圈)

压边圈固定装于凹模表面,与凹模表面之间留有 $(1.15\sim1.2)t$ 的间隙,使拉深过程中增厚了的突缘便于向凹模洞口流动。

(2) 弹性压边圈

利用弹簧、橡皮或气压(液压)缸产生的弹性压边力压住毛料的突缘变形区。

图 6.12 所示为这种压边装置的一种典型结构形式。图中零件 10~14 为装于冲床台面下的橡皮垫(也可利用弹簧或作动筒)。

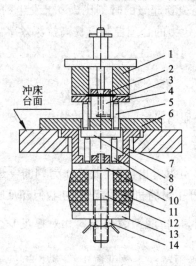

1—凹模；2—毛料；3—凸模；4—压边圈；5、9—顶杆；6—模座；7—杯体；8、10、13—传力板；11—橡皮；12—心杆；14—调力螺帽

图 6.12

压边装置是否合理有效,关键在于压边力的大小是否恰当。压边力太小,不足以抵抗突缘失稳的趋势,结果仍然产生皱折;压边力太大,又会使突缘压得过紧,不利于材料的流动,徒然助长了筒壁拉裂的危险。由于在整个拉深过程中,突缘失稳起皱的趋势不同,合乎理想的压边力应当也是变化的。在拉深的开始阶段,失稳起皱的趋势渐增,压边力也应该逐渐加大,此后,失稳起皱的趋势减弱,压边力也相应递减。如图 6.13 所示的试验曲线,为维持突缘不致失稳起皱,所需的最小压边力 $Q_{\min}$ 在拉深过程中的变化规律。生产实际中要想提供这样变化的压边力当然是困难的。弹

性压边装置中,除了气压(液压)工作缸可以在拉深过程中使压边力基本保持不变外,弹簧及橡皮压力装置所提供的压边力,在整个拉深过程中反而都是不断增加的。三种压边装置的工作性能如图 6.14 所示。虽然它们都不能提供合乎理想的压边力,但是比较起来,仍以工作缸为好。

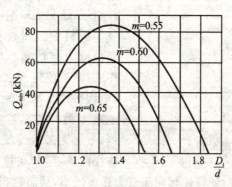

图 6.13

实际生产中可用下式近似计算压边力 Q 的大小。

$$Q = \frac{\pi}{4}(D_0^2 - d^2)q \tag{6.24}$$

式中 q 为单位压边力,与拉深板料的机械性能、拉伸系数和相对厚度有关,可查冷压手册,也可近似取为

$$q = 8\frac{D_0}{t}\left(\ln\frac{1}{m}\right)^{n+1}\sigma_b \times 10^{-4} \text{ Pa} \tag{6.25}$$

拉深锥形及球形一类零件时,凹模洞口以内常常有相当一部分的板料处于悬空状态,无法用压边圈压住。悬空部分的材料也是拉深变形区的一个组成部分。和突缘一样,也是处于径向受拉、切向受压的应力状态,拉压应力的分布规律也与突缘基本相同。当然,沿着切线方向也同样存在着失稳起皱的可能性。悬空部分的起皱现象,工艺上一般称之为内皱。

内皱现象是否发生,同样也取决于该处切向压应力的大小与

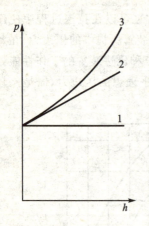

注：1—工作缸；2—弹簧；3—橡皮。
图 6.14

材料抵抗失稳起皱的能力——悬空部分的宽度、材料的机械性能与相对厚度等因素。但是，其边界约束条件则与突缘变形区有所不同。内皱发生的临界条件，目前还只能根据经验判断。

板料的拉深过程是依靠径向拉应力与切向压应力的联合作用，两者绝对值之和为一定值（塑性条件），加大一方就可相应地减少另一方。悬空部分的材料，虽然无法通过压边的办法以防止内皱，但如在拉深过程中增加径向拉应力，就可使切向压应力相应减小，从而达到防止内皱的目的。生产中增加径向拉应力的具体措施很多，例如增加压边力、增大毛料直径、甚至在凹模面上作出防皱埂，如图 6.15 所示，或者采取反拉深，如图 6.16 所示。

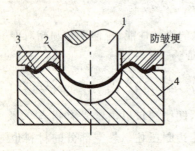

1—凸模；2—压边圈；
3—毛料；4—凹模
图 6.15

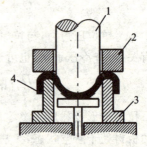

1—凸模；2—压边圈；
3—凹模；4—毛料
图 6.16

利用增加径向拉应力的办法防止内皱,显然不如压边那样直接、有效,而且还会使板料的变薄加剧,甚至出现拉断现象,因而限制了这种办法的应用。对于悬空部分较大的深拉深件,可以采用多次拉深的办法,减少每一拉深工序中板料的悬空段,以防止内皱,逐步成形,参看§6.5。

关于板料受压失稳问题的进一步讨论,可以参考第十一章。

§6.3 厚向异性对拉深过程受力的影响

一、突缘变形区的应力分布

在轴对称变形情况下,一般假设板料在板面内各向同性,只有厚向异性。这时板面内的屈服应力 $\sigma_{s1}=\sigma_{s2}=\sigma_s$,厚向屈服应力 $\sigma_{s3}=\sigma_{t0}$,即

$$\sigma_s = \frac{1}{\sqrt{F+H}} = \frac{1}{\sqrt{G+H}}$$

$$\sigma_{t0} = \frac{1}{\sqrt{F+G}}$$

如果

$$\frac{H}{F} = \frac{H}{G} = r$$

$$\frac{\sigma_{t0}}{\sigma_s} = \sqrt{\frac{1+r}{2}}$$

拉深过程中,三个主应力为:径向——σ_r、切向——σ_θ 与厚向——σ_t。应力主轴恰好与各向异性主轴重合,即 $\sigma_r = \sigma_1$, $\sigma_\theta = \sigma_2$, $\sigma_t = \sigma_3$,因而屈服条件可以写为

$$2f = F(\sigma_\theta - \sigma_t)^2 + G(\sigma_t - \sigma_r)^2 + H(\sigma_r - \sigma_\theta)^2 = 1$$

分析厚向异性板料突缘变形区的应力分布和变化规律时,为了简化,忽略板厚的变化,即 $d\varepsilon_t = 0$。利用式(2.33)可得

$$\sigma_t = \frac{G\sigma_r + F\sigma_\theta}{G+F}$$

代入屈服条件得

$$\frac{FG+GH+HF}{F+G}(\sigma_r-\sigma_\theta)^2=1$$

即

$$\sigma_r-\sigma_\theta=\frac{F+G}{\sqrt{FG+GH+HF}}\sigma_{t0}=\sqrt{\frac{2(1+r)}{1+2r}}\sigma_s$$

假若在上式中事先考虑应力的拉压性质,并代入单向拉伸强化后的屈服应力 σ_i,则突缘变形区的塑性方程为

$$\sigma_r+\sigma_\theta=\sqrt{\frac{2(1+r)}{1+2r}}\sigma_i \tag{6.26}$$

与平衡方程式(6.4)联立求解后,可得

$$\sigma_r=\sqrt{\frac{2(1+r)}{1+2r}}\bar{\sigma}_i\ln\frac{R_t}{R} \tag{6.27}$$

$$\sigma_\theta=\sqrt{\frac{2(1+r)}{1+2r}}\bar{\sigma}_i\left(1-\ln\frac{R_t}{R}\right) \tag{6.28}$$

式中 $\bar{\sigma}_i\approx K\left[\frac{1+r}{\sqrt{1+2r}}\left|\frac{1}{2}\ln\frac{R_t r_0}{R_0\sqrt{R_0^2-R_t^2+r_0^2}}\right|\right]^n$

二、筒壁传力区的承载能力

板料在拉深过程中,筒壁传力区的受力情况似乎与薄壁管的拉伸相仿,但是拉深件筒壁各处厚度变化不均匀,愈接近底部,材料变薄愈严重。此外,在筒壁直段与凸模圆角相切处,筒壁拉伸引起的切向收缩受刚性凸模的阻止,变形属平面应变性质。$\varepsilon_\theta=0$,$\varepsilon_r=-\varepsilon_t$。假设板厚方向的应力 $\sigma_t=0$,由 $d\varepsilon_\theta=0$,利用式(3.8)得

$$\sigma_\theta=\frac{r}{1+r}\sigma_r$$

由式(3.5)

$$\sigma_r^2-\frac{2r}{1+r}\sigma_r\sigma_\theta+\sigma_\theta^2=\sigma_i^2$$

可得

$$\sigma_r = \frac{1+r}{\sqrt{1+2r}}\sigma_i$$

由式(3.9)

$$\varepsilon_i = \frac{1+r}{\sqrt{1+2r}}\sqrt{\varepsilon_r^2 + \frac{2r}{1+r}\varepsilon_r\varepsilon_\theta + \varepsilon_\theta^2}$$

当 $\varepsilon_\theta = 0$ 时,$\varepsilon_r = -\varepsilon_t$,可得

$$\varepsilon_r = \frac{\sqrt{1+2r}}{1+r}\varepsilon_i$$

$$\varepsilon_t = -\frac{\sqrt{1+2r}}{1+r}\varepsilon_i$$

拉深过程中的壁厚

$$t = t_0 e^{\varepsilon_t} = t_0 \exp\left(-\frac{\sqrt{1+2r}}{1+r}\varepsilon_i\right)$$

筒壁受力

$$F = \sigma_r \cdot 2\pi R t = \frac{1+r}{\sqrt{1+2r}}\sigma_i \cdot 2\pi R \cdot t_0 \exp\left(-\frac{\sqrt{1+2r}}{1+r}\varepsilon_i\right)$$

(6.29)

承载能力达到极限 F^* 值时,$dF = 0$,微分上式,得

$$\frac{d\sigma_i}{d\varepsilon_i} = \frac{\sigma_i}{\dfrac{1+r}{\sqrt{1+2r}}} \tag{6.30}$$

由单向拉伸实际应力曲线 $\sigma_i = K\varepsilon_i^n$ 可得

$$\frac{d\sigma_i}{d\varepsilon_i} = \frac{\sigma_i}{\dfrac{\varepsilon_i}{n}} \tag{6.31}$$

令式(6.30)与式(6.31)两式相等,可得 $F = F^*$ 时的应变强度

$$\varepsilon_i = \frac{1+r}{\sqrt{1+2r}}n$$

代入式(6.29)可得筒壁的承载能力为

$$F^* = \frac{1+r}{\sqrt{1+2r}} \cdot K \cdot \varepsilon_i^n \cdot 2\pi R t_0 e^{-n} =$$

$$\frac{1+r}{\sqrt{1+2r}} K \left(\frac{1+r}{\sqrt{1+2r}} n \right)^n \cdot 2\pi R t_0 e^{-n} =$$

$$K \left(\frac{1+r}{\sqrt{1+2r}} \right)^{n+1} \left(\frac{n}{e} \right)^n 2\pi R t_0 \tag{6.32}$$

单向拉伸时细颈点应力 $\sigma_j = \sigma_b e^{\varepsilon_j} = \sigma_b e^n$,而 $K = \frac{\sigma_j}{\varepsilon_j^n} = \sigma_b \left(\frac{e}{n} \right)^n$。代入上式可得

$$F^* = \left(\frac{1+r}{\sqrt{1+2r}} \right)^{n+1} \cdot \sigma_b \cdot 2\pi R t_0 \tag{6.33}$$

§6.4 拉断与极限拉深系数

一、拉深件的壁厚分布与危险断面

拉深过程中,由于毛料所处部位、变形性质与变形经历的不同,拉深件各处的壁厚也是不等的。这一现象,可从平板毛料开始拉深成形起加以分析考察。

如图 6.17(a)所示,当凸模下降,拖动毛料开始成形时,毛料突缘向内收缩,发生轻微的增厚,同时凸模底部的材料在径向拉力的作用下轻微变薄。而与凸模和凹模圆角接触的材料,由于受到模具圆角的顶压,局部变薄最大。这时测量毛料的厚度分布,结果如图 6.17(b)所示。随着凸模继续下降,突缘不断内移,如图 6.17(c)所示,拉深力上升,凸模圆角区材料随之进一步拉薄,而零件底部的材料,由于凸模与材料表面之间的摩擦作用,受到的径向拉应力增长很慢,所以变薄得不多,如图 6.17(d)所示。当拉深力到达最大值,凸模圆角区的变薄也发展到最严重的地步,此后,已经形成的筒壁(包括凸模圆角区)壁厚保持不变,而突缘则继续收缩而增厚,陆续转变为筒壁,直至拉深终了,如图 6.17(e,f)所示。根据统计,拉深件筒壁的最大变薄率约在 10%~18%左右,增厚率约

在 20%～30%左右。

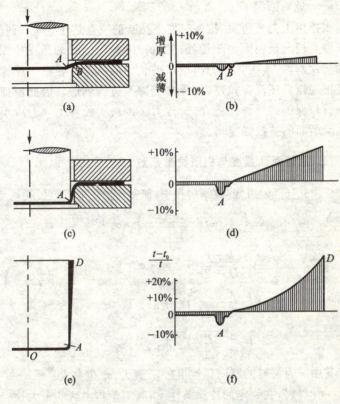

图 6.17

一般而言,变薄最严重的地方发生在筒壁直段与凸模圆角相切的部位,即如图 6.17(e,f)中的 A 处。拉深过程中的拉断现象即首先发生在这个最为薄弱的环节,所以此处称之为危险断面。危险断面其所以发生在筒壁直段与凸模圆角相切处而不是发生在圆角的部位,是因为凸模圆角对于材料产生摩擦效应的结果。凸模圆角对于材料的摩擦有助于抵制材料的变薄。但是,由于凸凹模间隙的存在,愈靠近凸模圆角的上方,材料与凸模之间的贴合愈不紧密,得到凸模有利摩擦效应的帮助就愈少。而在筒壁直段与凸模圆角相切处,材料与凸模脱离接触,因此就成为变薄最严重的部位——危险断面了。

根据以上分析可见:拉深时发生拉断的位置是在危险断面,也即筒壁直段与凸模圆角相切处;发生拉断危险的时刻是在拉深过程的起始阶段,最大拉深力出现以前。如果拉深件在最大拉深力已经出现以后还没有拉断,拉深过程即可进行到底。因此保证顺利进行拉深的必要条件是:筒壁传力区的最大拉应力 p_{max} 应当小于危险断面的抗拉强度 σ_p。

二、危险断面强度与极限拉深系数

根据式(6.29)可知,拉深过程中,筒壁传力区的抗拉强度 σ_p 为

$$\sigma_p = \frac{F^*}{2\pi R t} = \left(\frac{1+r}{\sqrt{1+2r}}\right)^{n+1} \sigma_b \cdot \frac{t_0}{t} =$$

$$\left(\frac{1+r}{\sqrt{1+2r}}\right)^{n+1} \sigma_b \cdot e^{-\varepsilon_t} =$$

$$\left(\frac{1+r}{\sqrt{1+2r}}\right)^{n+1} \sigma_b e^{\frac{\sqrt{1+2r}}{1+r}\varepsilon_i} =$$

$$\left(\frac{1+r}{\sqrt{1+2r}}\right)^{n+1} \sigma_b e^{n} \qquad (6.34)$$

其中 r 为材料的厚向异性指数,r 愈大,σ_p 也愈大。

一种材料,在一定的拉深条件下,其筒壁传力区的最大拉应力 p_{max} 的数值,取决于拉深系数 m。m 愈小,p_{max} 愈大(参看图6.3)。当 p_{max} 增加到危险断面的抗拉强度 σ_p,使危险断面濒于拉断时,这种极限条件下的拉深系数即称之为极限拉深系数 m_{min}。

令式(6.18)与式(6.34)相等,即可求得极限拉深系数 m_{min} 的理论值。

如令式(6.19)与式(6.34)相等,则可用以近似估算 m_{min} 的大小

$$m_{min} = \frac{a}{\left(\frac{1+r}{\sqrt{1+2r}}\right)^{n+1} e^n \eta + b} \qquad (6.35)$$

经过实验验证,极限拉深系数的理论计算公式基本上是实用的,特别是当生产中遇到新材料或者特殊拉深条件,不能从现有冷压手册中查到许用的极限拉深系数时,可以利用上述公式进行理论估算,以便减少试压工作的盲目性。

低塑性材料,如镁合金、钛合金,在室温下拉深时,突缘材料发生脆性剪裂或在凹模圆角区发生折裂。由于破坏的形式不同,上述极限拉深系数的计算公式不能通用。

三、影响极限拉深系数的因素

极限拉深系数的数值,取决于筒壁传力区的最大拉应力与危险断面的抗拉强度。总起来说,凡是能够使筒壁传力区的最大拉应力减小,使危险断面强度增加的因素,都有利于极限拉深系数的降低。兹将各种影响因素归纳说明如下:

1. 材料的机械性能

材料机械性能指标中,影响极限拉深系数的主要指标是材料的强化率($\frac{\sigma_s}{\sigma_b}$、$n$、$D$ 等)与厚向异性指数(r)。

材料的强化率愈高($\frac{\sigma_s}{\sigma_b}$ 比值愈小,D、n 数值愈大),筒壁传力区最大拉应力的相对值愈小,另一方面,材料愈不易出现拉伸细颈,因而危险断面的严重变薄和拉断现象也可相应推迟。所以强化率愈高的材料,其极限拉深系数的数值也愈小。

此外,材料的厚向异性指数 r(用来说明板厚方向与板料平面内各向变形性能的不同,参看第十三章§13.1),对于极限拉深系数的数值有着更为显著的影响。厚度方向变形愈困难的材料,危险断面也愈不易变薄、拉断,因而极限拉深系数可以减小。

2. 拉深条件

拉深条件主要是指拉深模具的有关几何参数、摩擦与润滑情况,以及压边力的大小等因素。分述如下:

a. 模具的有关几何参数

影响极限拉深系数的模具参数主要是凸、凹模的圆角半径与凸、凹模间的间隙。

(1) 凸模圆角半径 r_t

r_t 的数值虽然对于筒壁传力区的最大拉应力影响不大,但是却影响危险断面的强度。r_t 太小,使板料绕凸模弯曲的拉应力增加,降低危险断面的强度。但是 r_t 太大,又会减少传递拉深力的承载面积,同时还会减少凸模端面与板料的接触面积,增加板料的悬空部分,易于产生内皱现象。一般将凸模圆角半径 r_t 选为 $(4\sim 6)t$ 比较合理。

(2) 凹模圆角半径 r_d

r_d 太小,使板料在拉深过程中的弯曲抗力增加,从而增加了筒壁传力区的最大拉应力,不利于极限拉深系数的降低。但是 r_d 太大,又会减少有效压边面积,易于使板料失稳起皱。一般 r_d 取 $(6\sim 8)t$ 比较合理。

(3) 凸、凹模间隙 z

板料在拉深过程中有增厚现象。间隙的大小,应当有利于板料的塑性流动,不致使板料受到太大的挤压作用与摩擦阻力,以避免拉深力的增加。但是间隙太大又会影响拉深件的准确度。一般 z 取 $(1.25\sim 1.30)t$ 比较合理。

b. 摩擦与润滑条件

从减少板料在拉深过程中的摩擦损耗,减少筒壁传力区的负担来看,凹模与压边圈的工作表面应比较光滑,粗糙度一般取为 $R_a 1.6\sim 0.8$,甚至 $0.4\sim 0.2$,并且必须采用润滑剂。从增加危险断面的强度,减少危险断面的负担来看,在不影响拉深件表面质量的条件下,凸模工作表面可以作得比较粗糙(例如 $R_a 3.2$),而且拉深时不应在凸模与板料的接触表面涂抹润滑剂。

c. 压边力

为了减少拉深时筒壁传力区的最大拉应力,应在保证突缘不起皱的前提下,将压边力取为最小。

3. 板料的相对厚度

板料的相对厚度愈大,拉深时抵抗失稳起皱的能力愈大。因而可以减小压边力,减少摩擦损耗,有利于极限拉深系数的降低。

§6.5 多次拉深

一、基本概念

一种材料在一定的拉深条件下,其拉深系数有一极限值。当拉深件的深度较大,拉深系数小于极限值时,零件就不能直接由平板毛料一次拉深而成,必须采用多次工序,分次逐步成形。

如图 6.18 所示为一块直径为 D_0 的平板,经过多次拉深工序后,作成一个直径为 d_n、高度 h_n 的深筒形件的成形步骤。其各次拉深时的拉深系数可以分别表示为

$$\text{第一次} \quad m_1 = \frac{d_1}{D_0}$$

$$\text{第二次} \quad m_2 = \frac{d_2}{d_1}$$

$$\vdots \quad \vdots$$

$$\text{第 } n \text{ 次} \quad m_n = \frac{d_n}{d_{n-1}}$$

零件的总拉深系数 m_Σ 为:

$$m_\Sigma = \frac{d_n}{D_0}$$

显然 $\qquad m_\Sigma = m_1 \times m_2 \times \cdots \times m_n$

由此可见,所谓多次拉深,是以筒形件半成品作为毛料,进一步减小直径,增加筒壁高度的成形工序。

由于多次拉深将板料直径的改变分为若干次逐步完成,减少了板料一次成形的变形量,从而可以降低拉深变形抵抗力,使小于

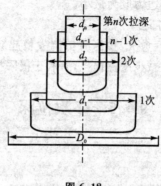

图 6.18

一次极限拉深系数的深筒件得以分工序逐步拉深成形。

多次拉深的方法有两种基本形式:正拉深法(如图 6.19(a)所示)与反拉深法(如图 6.19(b)所示)。两种情况下,毛料的变形方式并无重大区别。但是反拉深时材料的变形阻力较正拉深为大。因此,对于一般深筒形件大都采用正拉深法。同时为了进一步便利正拉深时材料的流动,通常将半成品的底部作成 45°锥角。而反拉深法则应用于成形锥形与球形一类的零件,以抵制内皱产生。此外,反拉深时,半成品毛料易于稳定定位,模具结构比较简单,凸模高度与工作行程均较正拉深为小。但是凹模壁厚取决于前后两次半成品直径之差,不能任意增大,所以往往影响凹模的强度。

二、变形过程的特点

多次拉深与第一次拉深的变形性质相仿,半成品直径的收缩也是依靠径向拉应力与切向压应力的联合作用,因而在拉深过程中同样也可能出现起皱与拉断现象。但是由于多次拉深所用的毛料与变形过程和第一次拉深不同,因而以上现象发生的规律也与第一次拉深不一样。

1. 拉深过程与拉深力

第一次拉深所用的毛料乃是一块厚度均匀、机械性能基本一

第六章 拉 深

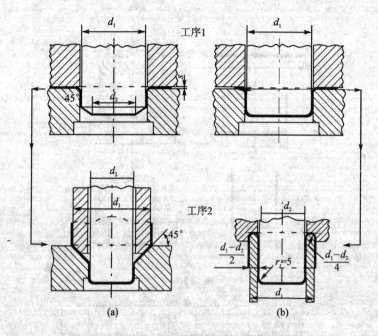

注：(a) 正拉深法；(b) 反拉深法。

图 6.19

致的平板毛料。多次拉深所用的毛料则是一个壁厚不均，机械性能不均的筒形半成品。在第一次拉深中，板料突缘始终参与变形，随着拉深过程的不断进行，突缘变形区也逐渐缩小。但是在多次拉深中，半成品(毛料)筒壁并未始终参与拉深变形。拉深开始时，凸模将毛料底部首先拉入凹模，然后毛料筒壁乃逐渐向压边圈下和凹模洞口内流动，逐步形成新的筒壁，如图 6.20 所示。而毛料筒壁上的材料只是在转移到压边圈下时才发生直径的收缩。所以在多次拉深过程中，发生拉深变形的区域，始终局限在压边圈下的台肩部分，其面积基本上保持不变。

图 6.21 所示为多次拉深时拉深力在拉深过程中的变化。图中所注数字表示拉深次数，拉深所用的材料为 08 钢，毛料直径为

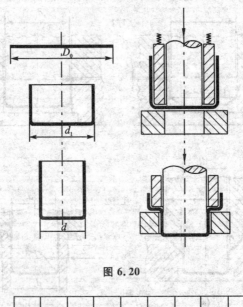

图 6.20

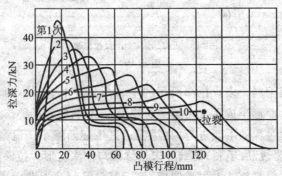

图 6.21

100 mm,厚 1.2 mm,第一次拉深系数为 0.6,以后各次均为 0.83。

当凸模开始接触毛料,将毛料拉入凹模,到凸模行程大约为 $r_d + r_t + t$ 时,毛料在凸、凹模圆角上的包角大约增至 90°。在此阶段内,拉深力迅速增加。这时第一次拉深的拉深力达到了最大值,而以后各次拉深则因变形区没有减少,变形区材料的变形抵抗力和厚度的增加,拉深力仍将继续增加,只是增加的趋势有所减缓罢了,原因如下。

拉深力的大小取决于拉深变形区的大小和变形区材料的变形抵抗力。多次拉深与第一次拉深不同,变形区的大小基本保持不变,而陆续进入变形区的材料其变形抵抗力与厚度本来就先后不同,愈迟进入变形区的材料其变形抵抗力愈大,厚度愈厚,进入变形区后,经过拉深变形,其变形抵抗力与厚度又有所增加。变形区的大小基本保持不变而材料变形抵抗力又始终在增加,所以总的拉深力在拉深过程中仍然是增加的。直到拉深的最后阶段,当毛料筒壁的上边缘进到变形区,开始变形以后,变形区逐渐缩小,拉深力才由最大值逐渐降低为零。

2. 起皱与压边

多次拉深时,变形区的宽度一般要比第一次拉深时的小得多。加以多次拉深时变形区的内外两边均有筒壁圆角的刚性支持,所以失稳起皱的趋势相对较小。但在拉深过程的终了阶段,当毛料筒壁边缘开始进入变形区时,由于外边缘失去了筒壁圆角的刚性支持作用,所以这时最易出现失稳起皱现象。

多次拉深的起皱现象,可以通过压边圈有效防止。在正拉深法中,压边圈同时还有帮助毛料定位的作用。

3. 拉裂与极限拉深系数

与第一次拉深相同,多次拉深的危险断面也是位于凸模圆角与直壁相切处。这一部位的材料在前几次拉深时均位于筒底小变形区,厚度稍有减薄,其抗拉能力将较第一次拉深时略有降低。其次,第一次拉深时,由于最大拉深力发生在起始阶段,所以拉断的危险也出现在拉深的起始阶段。多次拉深时,最大拉深力发生在终了阶段,所以愈接近拉深过程的终了阶段,危险断面也愈易拉裂。

多次拉深时,由于所用毛料为一筒形半成品,材料厚度与变形抵抗力均有所增加,而在拉深过程中,材料的变形经历又比较复杂,弯折次数增多,加以危险断面经过几次拉深后又略有减弱,所以其极限拉深系数要比第一次大得多,而后一次一般又略大于前一次。例如相对厚度为 1% 的 10 钢,冷压手册所推荐的极限拉深系数 $m_{1\min}=0.53$;$m_{2\min}=0.76$;$m_{3\min}=0.79$ 等。

多次拉深一般可以不必中间退火。因为决定拉深成形极限的,不是变形区材料的塑性不足,而是筒壁传力区的强度有限。多次拉深减小变形区的目的正是为了减轻筒壁传力区的拉力。所以中间退火,虽有恢复材料的塑性,减少冷作硬化效应的作用,但对极限拉深系数的降低,收效甚微。况且半成品的中间退火往往必须经过繁复的工艺周转过程,所以生产中很少采用。但是对于不锈钢、耐热合金、钛合金等硬化效应强的材料,为了充分恢复材料的塑性,中间热处理工序仍是必要的。对于一般塑性较好的材料,例如硬铝合金、软钢等,为了避免材料的严重冷作硬化,以致沿着零件筒壁方向可能发生纵向拉裂现象,也应根据生产经验适当控制不退火多次拉深的次数。例如软钢可控制为 7~8 次,LY12M 可控制为 4~5 次。

§6.6 其他形状零件的拉深

一、带突缘筒形件的拉深

带突缘筒形件的拉深,可以看成是筒形件拉深的一个中间过程,拉深系数仍用筒形件直径和毛料直径的比值 $m=\dfrac{d}{D}$ 表示。筒形件拉深时,最大拉深力一般发生在拉深的起始阶段,因而除了浅盘形零件以外,带突缘筒形件的极限拉深系数也与筒形件相仿。对于不能一次成形的宽突缘件,需要采用多次拉深。一次以后的拉深工序是将筒形部分逐次压成小直径的圆筒,即依靠零件筒形部分的材料转移来增大突缘的宽度,如图 6.22 所示。以后各次拉深工序的凸模行程(拉深深度)应当保证第一道工序已经得到的突缘不被拉动。为此,在保证突缘尺寸的前提下,需要在第一道工序中拉入较多的材料(约比零件最后拉深所需的材料多 3‰～10‰)。以后每一道工序,其拉深面积减小约为 1.5‰～3‰。这样保证了在以后拉深工序中压出要求的突缘,避免底部拉裂的危险。零件成形后,需增加校形工序,将突缘压平。宽突缘拉深件工序安排的实例如图 6.23 所示。

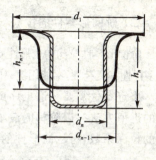

图 6.22

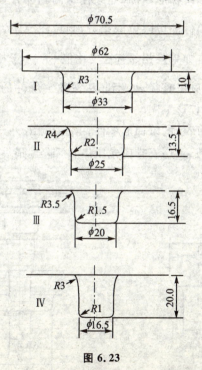

图 6.23

二、阶梯形零件的拉深

阶梯形零件拉深的变形性质和筒形件基本相同。由于阶梯形零件的多样性和复杂性,不能用统一的方法来确定拉深次数和工艺程序。

决定零件需要一道工序或几道工序才能压出来,一般可用以下的近似方法。以阶梯的最小直径和毛料直径的比值算出阶梯零件的拉深系数,再从筒形件的极限拉深系数表中根据毛料的相对厚度 $\frac{t}{D}$ 来决定拉深次数。

多次拉深的阶梯形零件,如果任意两相邻直径的比值 $\frac{d_n}{d_{n-1}}$ 都大于相应的圆筒件的极限拉深系数,则拉深顺序为由大阶梯到小阶梯依次进行。如果某相邻直径的比值 $\frac{d_n}{d_{n-1}}$ 小于相应筒形件的极限拉深系数时,则由直径 d_{n-1} 到 d_n 按宽突缘件的拉深办法,分 n 次压成,并增加校形工序。

如图 6.24 所示的阶梯形零件,由于 d_2/d_1 小于相应的筒形件的极限拉深系数,工序安排应先压出 d_2 部分,最后再压 d_1 部分。

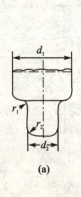
(a)

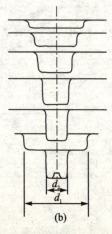
(b)

图 6.24

三、半球形、抛物线形和锥形零件的拉深

拉深半球形、抛物线形和锥形零件时,常用如图 6.15 和图 6.16 所示的防皱埂或反拉深等增加径向拉应力的方法来防止内皱。

毛料的相对厚度对这类零件成形的难易程度有决定性影响。例如半球形零件的拉深系数,在任何直径下都是常数,即 $m = 0.71$。当 $\frac{t}{D} \times 100 > 3$ 时,由于稳定性提高,甚至可以不用压边圈一次压成。

对浅的抛物线形和锥形零件,一般与半球形零件相似,能用带防皱埂的模具一次顺利压出。

对深的抛物线形和锥形零件,需要多道工序压制。图 6.25 和图 6.26 所示分别为用多工序方法成形这两类零件的典型例子。

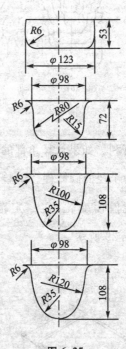

图 6.25

四、盒形件的拉深

拉深盒形零件,如图 6.27 所示,与工件圆角部分相对应的毛料,具有拉深变形的性质,即材料切向收缩、径向延伸;而与工件直壁部分相应的毛料突缘,理论上只有单纯的弯曲变形,不存在切向收缩。然而实际上材料是一个整体,变形时的应力、应变分布必须是连续的,拉深变形区只能逐渐过渡到弯曲变形区。直壁部分的毛料必然要参与一部分拉深变形,减弱圆角区的一部分应力和应变,如图 6.28 所示。因此,圆角部分的拉深条件要比同样直径的筒形件更

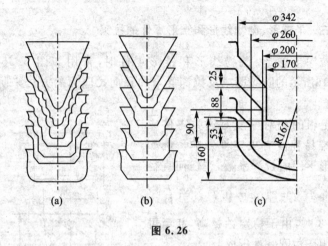

图 6.26

加有利。如果计算角部的拉深系数 $m_j = \dfrac{r_j}{R_0}$，则其极限值将低于以 r_j 为半径的圆筒件。试验表明，m_j 的极限值随 r_j 与盒形件边长 B 的比值而变化，在一定范围内，$\dfrac{r_j}{B}$ 愈小，m_j 的极限值愈小，如图 6.29 所示。

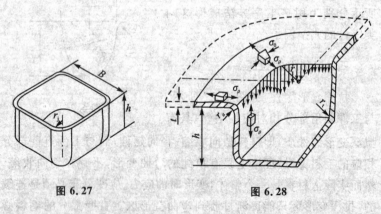

图 6.27　　　　　　　　图 6.28

盒形件展开毛料的方法如下：

浅盒形件的四个圆角 r_j 的毛料半径 R_0，按圆筒件求得，剩下

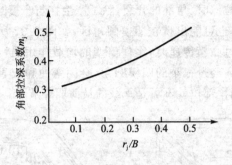

图 6.29

的四个直壁按弯曲件展开。这样得出的毛料轮廓如图 6.30 中的虚线所示,外形是不连续的,需要进一步加以修正。最简单的修正方法是用 R_0 为半径,通过台阶 ab 的中点作弧,与直壁的毛料展开线相切。直壁和圆角部分的两段 R_0 圆弧,以公切线相连。这样经过局部调整后的毛料,总面积并没有变化,即在修正时减去的面积 f_1,略等于增加的面积 f_2。

对于高度较大的方盒,直壁和圆角部分的毛料轮廓线有很大的差距,如图 6.31 所示,这时如图所示在更大范围内调整面积,调整的结果应满足 $f_1+f_3 \approx f_2$ 的条件。最后的毛料轮廓可以取为两组圆弧 R_a 和 R_b 构成的长圆形。R_a 和 R_b 的具体计算方法可查各种冷压手册。

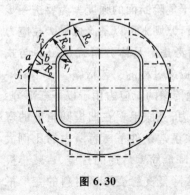

图 6.30

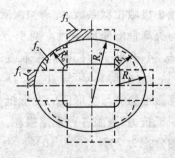

图 6.31

盒形件拉深时,角部的开裂,除了产生在与凸模圆角相切的危险剖面区外,也可能出现在凹模圆角区,如图 6.32 所示。这是因为拉深力通过凸模传递时,零件筒壁的均载作用强,如图 6.33 所示。如果材料经过很小的凹模圆角,会因弯曲和校直产生过度的变薄,凸模圆角部位就不再是承载的最薄弱环节了。

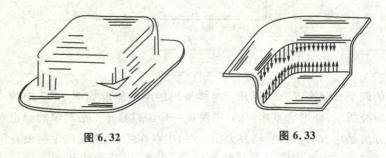

图 6.32　　　　　　　　图 6.33

§6.7　改进拉深过程的工艺措施

通过以上各节的分析,我们对于拉深过程有了一个规律性的认识,下面我们就在这一认识的基础上讨论一下改进拉深过程的工艺措施。

一种材料在一定的拉深条件下,拉深过程顺利进行的条件是筒壁传力区的最大拉应力必须小于危险断面的强度。为要进一步减小极限拉深系数,提高拉深质量,原则上可以从降低最大拉应力与提高危险断面的强度两个方面考虑。具体分析式(6.18)与式(6.34)有助于我们明确采取改进拉深过程的工艺措施。

从式(6.18)可知,拉深时筒壁传递的拉应力用于以下三部分:克服毛料突缘变形区的变形抵抗力;克服毛料在凹模圆角处的弯曲抵抗力;克服各种摩擦损耗。在正常条件下三者所占的比例大约分别为 70%、20%、10%。为了降低筒壁传递的拉应力,减小极限拉深系数,最有效的措施是设法降低突缘变形区材料的变形抵抗力,其次是设法降低材料在凹模圆角处的弯曲抵抗力和改善拉深条件减少摩擦损耗。

增加危险断面的强度当然也有利于拉深过程的改善。

有关改进拉深过程的工艺措施很多,兹列举数例简介如下。

一、弹性凹模拉深

弹性凹模拉深是从多方面出发改善拉深条件的一个典型例子。

这种方法所用的弹性凹模是通用的,为一橡皮容框内充液体的橡皮囊。凸模与压边圈则仍为专用的、刚性的。其工作过程如图 6.34 所示。

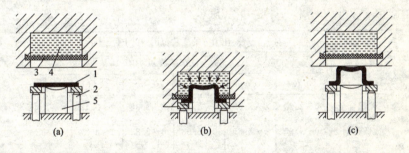

注:(a) 原始位置;(b) 拉深过程在进行中;(c) 拉深完毕,压边圈上升,推出工件。

图 6.34

将平板毛料 1 置于刚性压边圈 2 上,弹性凹模 4 下行,使毛料与橡皮垫 3 接触。然后凹模继续下降,迫使压边圈向下运动,凸模 5 即将毛料引入凹模腔内逐渐拉深成形。

这种方法有以下两个显著的特点:

(1) 弹性凹模(液囊)内必须保持相当大的压力 q;

(2) 在整个拉深过程中,压力 q 是变化的、并且可以控制调节。

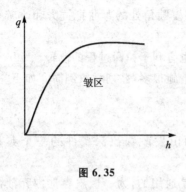

图 6.35

如图 6.35 所示为拉深筒形件时,弹性凹模内压力 q 随拉深行程 h 而变化的曲线。

表 6.2 中所列数据为拉深不同材料、不同拉深系数的筒形件时,压力的变化范围,拉深比较复杂的零件,例如盒形、锥形、球形、底部或突缘有凹陷的零件以及非对称件等,所需单位压力 q_{max} 更大,q 的变化规律也要复杂一些。

表 6.2

| 材 料 | 压力 q 的变化范围/10^7 Pa ||||||
| | 拉深系数 m ||||||
	0.72	0.60	0.50	0.45	0.44	0.43
硬铝合金	0~2.20	0~3.09	0~3.33	0~3.38	0~3.43	0~3.43
低碳钢	0~4.90	0~5.39	0~5.88	0~5.88	0~6.37	—
不锈钢	0~5.88	0~5.88	0~6.86	0~7.35	0~7.35	0~8.82

弹性凹模内单位压力 q 比较大,主要是压边防皱的需要。由于在弹性凹模中,只有压边圈一面是刚性的,防皱效应不如刚性模两面都是刚性的直接、有效,如图 6.36(a)所示。同时,拉深过程中,突缘边沿增厚最多,采用刚性模拉深时,压边力实际上仅作用于突缘边沿附近这一局部范围内不像弹性凹模那样,压边力分布于整个突缘上,如图 6.36(b)所示,所以弹性凹模内需要较高的压力。

其次,在弹性凹模拉深中,凹模圆角半径 r_d 的大小与压力 q 的数值直接有关:q 小则 r_d 大;q 大则 r_d 小。零件的几何尺寸决定

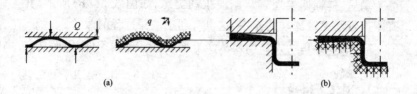

图 6.36

了弹性凹模最后所必须具备的圆角半径,由于此值一般均较小,因而也需要相当大的压力,在拉深终了时用于零件的校形。而弹性凹模内所需要的最大压力,往往是由于这一要求所决定的。

要求弹性凹模内的压力 q 在拉深过程中可以调节控制,主要是通过控制 q,进而控制凹模圆角半径 r_d 的大小,而在刚性凹模拉深中,r_d 是固定不变的。拉深时,凹模圆角处板料的弯曲抵抗力是拉深力的一个重要组成部分,其值取决于凹模圆角半径 r_d 的大小,r_d 愈小,弯曲抵抗力愈大。

在整个拉深过程中,最大拉深力一般均发生在拉深的初始阶段。在此阶段内,在保证突缘不起皱的前提下,尽量减小液囊内的压力,使凹模圆角半径尽可能地大些,以降低板料的弯曲变形抵抗力,这对减少拉深力,改善拉深过程,效果最好。而在拉深过程的后一阶段,防止突缘起皱,虽然不一定需要很大的压力,但是为了防止凹模圆角由小变大,使圆角部分的材料出现皱折,仍需维持甚至加大压力,以满足最后校形的需要。这时,最大拉深力的峰值已经过去,增加压力,对拉深过程的顺利进行,影响较小。

在拉深过程中,弹性凹模以很大的压力,将板料压紧包覆于凸模。一方面,可以提高零件的成形准确度;另一方面,危险断面不断转移(危险断面由凸模圆角与筒壁相切处转到凹模圆角与筒壁相切处,并且随着拉深深度的增加其位置不断转移)使抗拉强度提高,并且由于增加了凸模与板料间的有利摩擦效应,可使压出的零件厚度分布均匀,变薄率减小。

最后,弹性凹模还有从侧向推动突缘,如图 6.36(b)所示,并有摩擦带动突缘流动的作用,这也有利于拉深过程的改善。

综上所述,由于弹性凹模从多方面改善了拉深条件,因而具有下列优点:

1. 简化了模具

凹模是通用的,只需要一个凸模与压边圈,而且凸模可以采用易于加工的材料(例如,铸铝、锌-铝合金、塑料、层板等),这对试制与小批生产特别有利,可以缩短生产准备周期、降低产品成本。

2. 提高了零件的成形质量

提高了零件的成形准确度,表面粗糙度下降,减少了厚度变薄率。

3. 扩大了零件一次成形的可能性

包括两方面的含义:

(1) 提高了零件一次成形的成形极限

由于减小了最大拉深力,提高了危险断面的强度,因此极限拉深系数 $m_{\min}$ 可以显著减小,参见表 6.3。特别是对于锥形、球形一类的零件,在成形过程中,除了危险断面转移使抗拉强度提高、承载面积增加外,弹性凹模还可产生一定的反拉深作用,有效地防止了内皱,所以比刚性凹模拉深更为优越。

(2) 扩大了零件一次成形的范围

由于在拉深过程中弹性凹模始终将板料压紧包覆于凸模,可使板料准确定位并有辅助成形的作用。因此,一些形状复杂的拉深件,例如非对称件、斜底、斜突缘件、底部和突缘上有局部凸起和凹陷的零件,均可用此法一次压出,而用刚性模拉深往往是难以实现的。

为了充分发挥弹性凹模拉深这种工艺方法的特点,必须采用专用的机床设备。

图 6.37 所示为在我国自己设计制造的 XY-1200 型橡皮囊深拉深液压成形机床上压出的典型零件。图 6.38 所示为该机床

构造简图。

图 6.37

机床总吨位为 11 760 kN(1 200 t)。液囊容框的压力可达 98 MPa,并可在成形过程中按预定要求变化,实现自动控制。

机床的主要结构包括机架、液囊容框、工作缸等部分。

机架采用缠绕式结构,由上、下两个半圆梁和两根立柱组成骨架,周围用 65Mn、截面为 1 mm×4 mm 的高强度扁钢丝在预应力下缠绕成一个整体。这种机架受力合理、结构紧凑、重量轻、制造方便。

工作缸为一双作用伸缩式套筒油缸,内缸装压边圈,活塞杆安装凸模,使两个缸合而为一,大大降低了机床的总高度。

弹性凹模采用伸缩式封闭液囊容框,成形时容框缸套可自由伸缩,自动补偿液囊容积的变化。

图 6.39 所示为机床的工作原理图。

二、脉动拉深

在一般常规拉深中,压边圈的作用是为了防止突缘失稳起皱

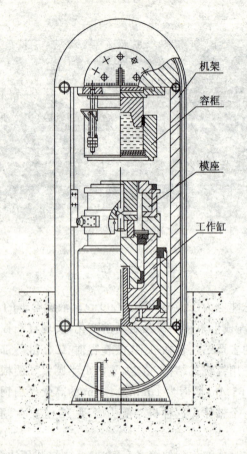

图 6.38

（防皱），因此拉深过程中，压边圈必须始终压紧毛料突缘，使凸模得以连续不断地将毛料拉入凹模。显然，压边力的存在增加了材料向凹模洞口流动的阻力。

在脉动拉深中，凸模将毛料拉入凹模不是连续进行而是逐次进行的，即所谓脉动的；其实质在于把压边圈的防皱作用改为消皱作用，即在拉深过程中，控制凸模每次的行程量，容许突缘产生不

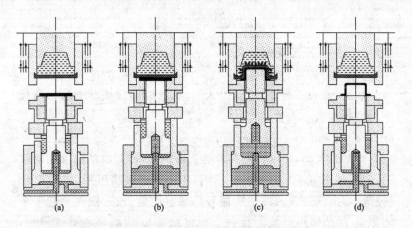

注：(a) 原始位置；(b) 内缸上升，将板料压紧；
(c) 活塞上升，成形零件；(d) 工作缸复位，卸出成形零件。

图 6.39

大的皱纹，用压边圈将皱纹压平后，凸模再继续下行将毛料拉入凹模，如此交替进行，直至把整个零件压出来。

图 6.40 所示为脉动拉深，从平板毛料开始一个工作循环过程的示意图。

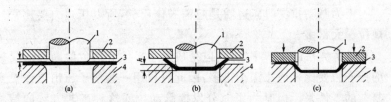

注：(a) 起始状态；(b) 凸模引入毛料；(c) 压边圈压平皱纹。
1—凸模；2—压边圈；3—毛料；4—凹模。

图 6.40

拉深开始时，凸模 1 与平板毛料 3 接触，压边圈 2 悬空，其与凹模 4 表面之间的间隙为 f，如图 6.40(a) 所示：

$$f = 0.05\left(\frac{1}{m} - 1\right)d$$

式中　m——拉深系数；

　　　d——拉深件直径。

然后,凸模下行,将毛料引入凹模,这时突缘失稳起皱。凸模下行的行程大小 h 为

$$h = (0.1 \sim 0.2)f$$

f、h 的大小,用以控制突缘的起皱情况,即皱纹的高度与皱纹的多少,如图 6.40(b)所示。然后,压边圈将皱纹压平,如图 6.40(c)所示,拉深过程的第一次循环结束。此后,压边圈再抬起一个间隙量 f,凸模再继续下行一个行程量 h,压边圈再将皱纹压平,完成拉深过程的第二个循环。

脉动拉深,由于将压边的防皱改为消皱,不仅可以减少传力区因压边而增加的拉应力,同时,由于容许突缘起皱,突缘变形时的径向拉应力也有所减少;因此,脉动拉深由于改变了拉深条件,减少了传力区的负担,所以比常规拉深可以得到更小的极限拉深系数;对于筒形件,其 $m_{\min} = 0.33 \sim 0.40$；对于盒形件一次拉深,可以代替 3～4 次常规拉深。

因为脉动拉深时压边圈是起消皱作用的,所以压边力要比常规拉深大得多。

这种方法的生产率较低,但是成形中零件壁部危险断面所受的拉应力要比普通拉深小得多,因此可以用一套模子压出更深更复杂的零件来。但是为了充分发挥脉动拉深这种工艺方法的特点,还必须具有与这种方法相适应的专用设备。

三、加热拉深

这种方法是在拉深凹模与压边圈中装以加热元件,而在凹模洞口与凸模内通以冷却水,如图 6.41 所示。也还可以在凹模腔内附加喷头装置,对准零件底部喷射冷却水。这样,一方面降低了变

形区材料的变形抵抗力,另一方面又不致减少传力区的抗拉强度,因而可以大大降低材料的极限拉深系数。

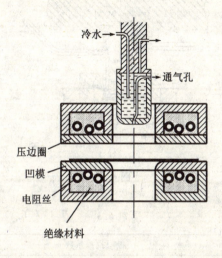

图 6.41

这种方法最适宜于拉深低塑性材料,如镁合金、钛合金的零件以及形状复杂的深拉深件。

四、深冷拉深

用液态空气($-183℃$)或液态氮($-195℃$)冷却凸模,如图6.42所示,以提高危险断面的抗拉强度,达到降低极限拉深系数的效果。此法最适于碳钢及不锈钢等黑色金属板料的拉深。

兹将以上几种拉深方法所能达到的极限拉深系数列于表6.3,比较如下。

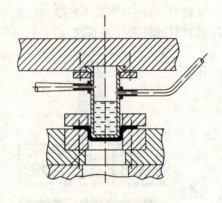

图 6.42

表 6.3

材料牌号	极限拉深系数 $m_{\min}$			
	常规拉深	弹性凹模拉深	加热拉深	深冷拉深
LY12M	0.54～0.56	0.46	0.37*(320～340 ℃)	—
LC4M	0.56～0.59	0.47	—	—
LF21M	0.50～0.52	0.45	0.42*(320～340 ℃)	—
MB1	0.87～0.91		0.42～0.46(300～350 ℃)	—
MB8	0.81～0.83		0.40～0.44(280～350 ℃)	—
TA2	0.57～0.59		0.42～0.50(350～400 ℃)	—
TA3	0.58～0.61		0.42～0.50(350～400 ℃)	—
1Cr18Ni9Ti	0.53～0.57	0.44	—	0.35～0.37*

注：表列数据除带*者为试验值外，均为生产推荐使用值。

五、周边加压的充液拉深

周边加压的充液拉深是提高一次拉深变形程度的另一种非常

有效的方法,工作原理如图 6.43 所示。

拉深时,先在凹模腔内充满液体。凸模进入凹模后,模腔内液压升高,毛坯紧紧压贴在凸模表面上,造成对拉深成形有利的摩擦。由于模具在法兰外周是密封的,液体最后从压边圈和凸模间的缝隙中流出。这样突缘材料在压边圈和

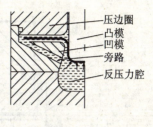

图 6.43

凹模之间上下都受液层托持,摩擦力大为减少。此外,毛坯周边的液压,对突缘直接施加径向推力,促使材料向内流动,从而大大减少拉深过程中径向拉应力的数值。一次拉深的极限拉深系数可以降低到 0.286。

上述工艺措施虽然改进了板料的拉深过程,但是如果从根本上改变毛料的变形方式,必将能够取得更加显著的效果。举例如下。

1. 摩擦拉深

摩擦拉深的原理如图 6.44 所示。在容框 1 的底面上放一环状橡皮垫 2,平板毛料 3 置于橡皮垫 2 与凹模 4 之间。冲床冲头频频打击传力筒 5,压缩橡皮垫。橡皮垫外圈由于受到容框的限制,只能向凹模洞口流动。在橡皮垫与毛料间抹有松香粉,于是带动毛料一起向凹模洞口流动。毛料经冲床多次打击而逐渐成形。这种方法根本改变了突缘变形区的应力状态,不复存在危险断面拉断的问题,从而得以大大降低极限拉深系数。例如铝合金拉深系数的极限值可以降至 0.14 左右,这就意味着摩擦拉深一次可以取得常规方法八道工序的效果。这种方法特别适于成形薄料零件,存在的问题是橡皮极易损耗,零件定位困难,工件质量也不够稳定。

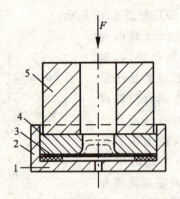

注：1—容框；2—环状橡皮垫；3—毛料；4—凹模；5—传力筒。

图 6.44

2. 冷挤压

冷挤压（参见 §9.2）的原理如图 6.45 所示。将厚坯料放入凹模 1 的空腔内，利用凸模 2 加压，这时坯料处于三向受压的应力状态以及厚向压缩，其余两个方向延伸的应变状态，迫使毛料向凸、凹模间隙中流动。利用这种方法生产的有色金属薄壁圆筒件，一次挤出的零件筒壁高度，可以达到直径的 5～8 倍（拉深系数约为

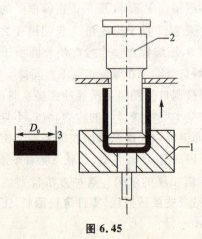

图 6.45

0.22~0.17),相当于常规方法的五道以上的拉深工序,而且零件的质量好,强度高,壁厚均匀,尺寸准确。

以上的例子说明,材料的变形潜力是很大的,关键在于通过适当的变形方式和变形条件来充分调动它。深刻认识材料变形的规律,有助于更好地达到这个目的。

习 题

1. 直径为 D_0 的圆板毛料,在拉深过程中突缘的外径为 $2R_t$,如图 6.46 所示,假设材料为理想塑性体,试求突缘上的应力分布。

2. 写出杯形件拉深过程中突缘、筒壁、平底三部分各自的微分平衡方程式和屈服条件。

3. 圆板拉深时,毛料直径为 D,初始厚度为 t_0,成形后的杯形件平均直径为 d。

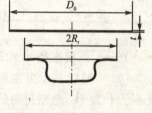

图 6.46

(1) 假定材料为理想塑性体,试确定拉深过程中突缘上应力状态为纯剪的点的位置。

(2) 假定板料的厚向异性指数为 r,估算杯形件边沿厚度。

(3) 假定板料的强度极限为 σ_b,材料各向同性,求危险断面的承载能力;如板料的厚向异性指数为 r,承载能力又如何?

4. 已知题 1 中突缘上的应变有如下关系:

$$r\frac{d\varepsilon_\theta}{dr} = \varepsilon_r - \varepsilon_\theta$$

式中 ε_r——径向应变,ε_θ——切向应变。
材料仍为理想塑性体,试求突缘上的应变强度 ε_i。

5. 设有一外径为 D_0,内径为 d_0,厚度为 t_0 的环形薄板,外缘受到径向应力 p 的作用而产生塑性变形,如图 6.47 所示。如果金属为理想塑性体屈服应力为 σ_s,试求

(1) 为使内缘材料屈服所需的 p 值。
(2) 三个主应变的相对关系。
(3) 内孔边缘的厚度与变形前后孔径的关系。

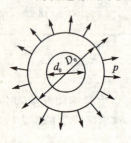

图 6.47

6. 圆筒件拉深中,突缘最大拉应力与拉深系数 m 有如下关系:$(\sigma_r)_{\max}^{\max} = \left(\dfrac{a}{m} - b\right)\sigma_b$。假定凹模圆角的影响相当于突缘摩擦影响的三倍。已知摩擦系数 $\mu = 0.15$,压边力 $q = 4.4$ MPa,材料常数 $n = 0.34$,$r = 0.89$,$a = 0.75$,$b = 0.77$,$\sigma_b = 588$ MPa,毛料直径 $D_0 = 63$ mm,厚度 $t_0 = 1$ mm,凸模直径 $d = 32$ mm,初步估算一次拉深是否可能。

7. 如图 6.48 所示突缘周边受附加均匀推力 p 的拉深,设圆形毛料直径为 D_0,忽略材料的硬化效应,试问拉深开始时,欲使凹模口处径向应力 σ_r 为零,p 值需要多大?

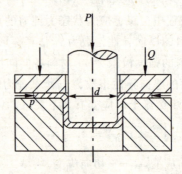

图 6.48

8. 某板料厚向异性指数 $r = 1.2$,板面内各向异性指数 $\Delta r = 0$,弹性模数 $E = 205\,800$ MPa,大变形下的应变强化曲线为一近似幂次式:$\sigma_i = 529\varepsilon_i^{0.23}$,取一直径为 100 mm、厚 1 mm 的圆板毛料,

在 $\phi 50$ 的凹模中拉深一筒形件,如在筒形件边沿切取一微小圆环,然后将圆环切开,试估算环的厚度及环切开后的直径。

9. 拉深过程中凸模圆角部分材料的受力情况如图 6.49 所示。对于筒壁危险断面可以列出近似平衡方程如下:$\frac{\sigma_r}{r_t}+\frac{\sigma_\theta}{R_t}=\frac{p}{t}$。$p$ 是凸模对于板料表面的挤压应力,t 是板料厚度。如果忽略材料的切向应变 ε_θ,近似取 $\varepsilon_\theta=0$,可得平面应变条件 $\sigma_\theta=\frac{1}{2}(\sigma_r-\sigma_z)$。材料的厚向应力在内表面上等于凸模压力 p,而外表面为零。因此可取平均值 $\sigma_z=\frac{p}{2}$。根据上述条件,推证危险断面材料的变薄率为 $\varepsilon_z=$

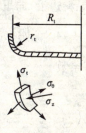

图 6.49

$$\frac{1}{1.155}\left[\frac{\sigma_r}{1.155K}\left(1+\frac{\frac{R_t}{r_t}+\frac{1}{2}}{2\frac{R_t}{t}+\frac{1}{2}}\right)\right]^{1/n},$$

K 和 n 是材料实际应力曲线 $\sigma=K\varepsilon^n$ 中的两个常数。

10. 平面应力状态下,考虑板料厚向异性时,屈服条件可用下式表示:

$$\sigma_1^2-\frac{2r}{1+r}\sigma_1\sigma_2+\sigma_2^2=\sigma_s^2$$

画出在不同 r 值下此式的几何图形,并用此图分析厚向异性指数 r 值对拉深性能的影响。

11. 如果忽略拉深件与凸模平底部分的摩擦影响,试证明零件平底部分各处的径向应力 σ_r 与切向应力 σ_θ 相等,且为定值。

12. 拉深平底零件时,平底部分的材料受到均匀的等拉。如果径向拉应力 σ_r',忽略圆角弯曲与摩擦效应,求证底部材料的变薄比为 $\frac{t}{t_0}=e^{-(\frac{\sigma_r'}{\sigma_b})^{1/n}\cdot\frac{n}{e}}$。$e$ 为自然对数的底,σ_b 为材料的强度极限,n 是材料的应变强化指数。

13. 在拉深过程中,如果实际测量了 ε_r、ε_θ 和 ε_t,并作出 ε_θ、ε_r 沿突缘的分布图(参看图 6.4)。试解释为什么 ε_θ 和 ε_r 都是由外(毛料边沿)向里(凹模洞口)增大?

14. 证明拉深件筒壁的最大厚度约为 $t = \dfrac{t_0}{\sqrt{m}}$,$m$ 是零件的拉深系数。

第七章 局部成形和翻边

§7.1 局部成形

一、基本概念

如果在工件直径为 d 的同一套拉深模上逐渐加大毛料直径 D_0 进行拉深，只要 $\dfrac{d}{D_0}$ 不小于极限拉深系数 $m_{\min}$，拉深过程即可顺利进行到底，得到直壁的筒形件。筒壁的相对高度 $\dfrac{h}{d}$ 和拉深系数 $m=\dfrac{d}{D_0}$ 之间的关系如图 7.1 中第一段曲线所示。这一阶段可以称之为完全拉深。当 D_0 加大到 $\dfrac{d}{D_0}$ 小于极限拉深系数以后，拉深应力就会超过筒壁危险断面的强度极限而拉断。由于最大拉深力一般发生在过程开始后不久，为了不致拉断零件，拉深件的深度必然要有一定的限制。于是零件的许可成形高度与完全拉深阶段相比有急剧的下降，而拉深件上必然带有很宽的突缘。这一阶段可以称之为部分拉深，或宽突缘拉深。在宽突缘拉深中，筒壁材料部分来自毛料突缘的收缩，部分来自凸模底部材料的拉薄。如果毛料进一步加大，突缘材料的变形抵抗力也相应加大。到达一定数值后，变形性质即将发生质的改变。毛料的凸缘将不再产生明显的塑性流动，毛料的外缘尺寸在成形前后保持不变。零件的成形，将主要依赖于凸模下方局部地区材料的拉薄，极限成形高度与毛料直径不再有关。这一阶段就是所谓局部成形，局部成形与宽突缘拉深(部分拉深)的分界点取决于材料的强化率、模具几何参数和压边力大小,$\dfrac{d}{D_0}$一般介于 $0.38 \sim 0.35$ 之间。

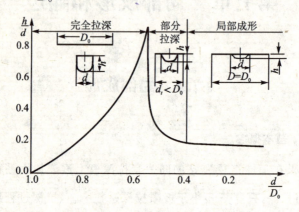

图 7.1

局部成形过程可以划分为两个阶段。第一阶段,$R_2 - R_1$ 范围的悬空部分材料,如图 7.2(a)所示,首先产生塑性变形。由于此时材料在凸模上的包角很小,平底部分,如图 7.2(b)所示,也随即进入塑性状态。第二阶段,塑性区由 R_2 扩展至突缘上 R_3,如图 7.2(c)所示。凸模进一步下降时,突缘上弹塑性的界限基本不变,凸凹模间隙内的材料继续拉伸,并迅速破裂。由于突缘部分的材料很少流入,主要是依靠局部的材料变薄成形,成形高度较小。

二、应力应变状态分析

圆形平底凸模局部成形过程中,板料的变形可以划分为以下几个区域:1—突缘部分;2—凹模圆角部分;3—模具间隙中的悬空部分;4—凸模圆角部分;5—凸模平底部分,如图 7.3 所示。

局部成形时突缘部分的材料其应力状态和分布规律与拉深件的突缘部分大体相同,也是径向受拉,切向受压,如图 7.4 所示。径向拉应力在突缘上向外传递时,数值逐渐下降。因此突缘上的

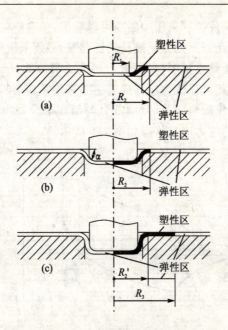

注：(a)、(b) 第一阶段；(c) 第二阶段。

图 7.2

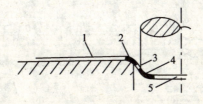

图 7.3

材料可以划分为两个区域；近凹模洞口者为塑性区，塑性区之外为弹性区。弹、塑性区分界线的位置取决于材料的应变强化率和板料与凹模表面间的摩擦力。材料的应变强化效应愈大，摩擦力愈小，塑性区波及的范围也愈广。根据近似分析计算，一般材料的塑性区半径与凹模洞口半径之比约在 1.5～2.0 的范围内。如图 7.4 所示为忽略摩擦，按理想塑性体推得的径向拉应力与切向压应力的分布规律。从图中曲线可以看出:切向压应力在弹、塑性交界处最大,所以此处材料最易失稳起皱,必须采取压边措施。理论分析与试验结果证明:局部成形时突缘部分的材料拉入凹模洞口者极少,因此可以认为局部成形主要是依靠其余四部分(即凹模圆角部分、凸模圆角部分、悬空部分与筒底部分)材料的变薄。这几部分材料的应力应变状态如图 7.5 所示。

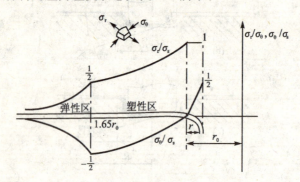

图 7.4

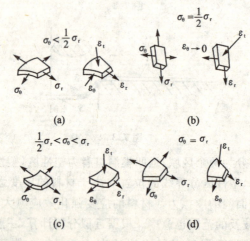

注:(a)凹模圆角部分;(b)悬空部分;(c)凸模圆角部分;(d)筒底部分。

图 7.5

比较一下图 7.5 中局部成形变形区四个部分的应力应变状态可以看出:径向应力 σ_r 与切向应力 σ_θ 均为拉应力,从凹模圆角至筒底部分,σ_θ 与 σ_r 的比值由小于 $\frac{1}{2}$ 变为 1,即从 $\sigma_\theta < \frac{1}{2}\sigma_r$ 变为 $\sigma_\theta = \sigma_r$。因此可以大致判断:变形区材料的变薄由凹模圆角至凸模底部有逐渐增大的趋势。图 7.6 所示为根据试验结果画出的板料变薄的分布情况,正好说明了这一点。由图示规律可见:在突缘塑性区的边沿,径向拉应力和切向压应力的数值相等(参看图 7.4),厚度变化为零。由此往里,径向拉应力逐渐超过切向压应力,材料有少量拉薄,但是为数极微,实际上无法用一般方法测到。材料真正可以测量到的变薄,是从凹模圆角开始的。愈靠近中心,材料的变薄量愈大。变薄量最大的部位其所以发生在凸模圆角与悬空部分的交界处,正是由于凸模圆角摩擦力的作用。凸模圆角摩擦力的存在,使材料所受的径向拉应力降低,变薄量也随之减少。在凸模平底部分,变薄量保持为常数。局部成形的危险断面与凸模圆角的包角一般为 $45° \sim 75°$,远小于拉深件的数值。

图 7.6

三、局部成形的极限

根据以上分析可见,确定局部成形的危险断面的位置和承载能力远较拉深复杂。生产中常用变形区材料的平均延伸率作为估计局部成形变形量的标准,如图 7.7 所示。

$$\frac{l - l_0}{l_0} 100 < 0.75\delta$$

式中　l——变形区变形后材料的长度;

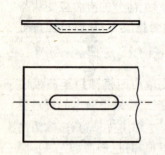 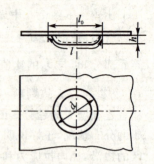

图 7.7

l_0——变形区材料的原长；

δ——材料的延伸率(%)。

由于局部成形变形不均，因此对于 δ 应有 75% 的修正。

如表 7.1 所列是几种材料用平底圆形凸模局部成形时，相对高度 $\dfrac{h}{d}$ 极限值的试验数据。试验所用凹模孔径 d 为 50 mm；板料厚度 t 为 1 mm；凹模圆用半径 r_a 分别为 $3t$ 与 $6t$；凸模圆角半径 r_t 分别为 $4t$ 与 $10t$。

表 7.1

材 料	$n=\varepsilon$	h/d	
		$r_凹=3t, r_凸=4t$	$r_凹=6t, r_凸=10t$
LY12M	0.13	0.11	0.16
30CrMnSi	0.14	0.13	0.18
10 号钢	0.23	0.14	0.19
1Cr18Ni9Ti	0.34	0.15	0.26

由表列数据可见，材料的塑性愈好，即单向拉伸的细颈点应变愈大，极限成形高度愈大。而对同一种材料而言，为了提高局部成形的极限高度，主要应使变形区材料尽量均匀变薄，充分发挥各区材料的变形能力。为此，应加大凸模和凹模圆角，并且减少模具的

表面摩擦。此外,增加凸、凹模的间隙,直至达到凸模直径的一半,也能收到同样良好的效果。

一次成形允许制出的加强筋和加强窝的几何尺寸如表 7.2 所列。

表 7.2

局部成形种类	几何尺寸				
	R	h	B 或 D	r	$α°$
加强埂 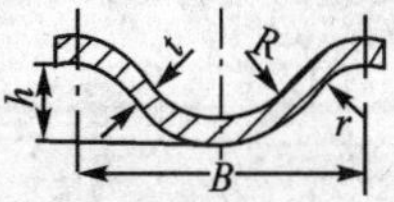	$(3-4)t$	$(2-3)t$	$(7-10)t$	$(1-2)t$	
加强窝 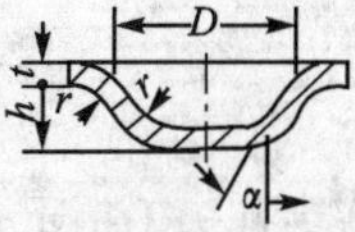	—	$(1.5-2)t$	$D \geqslant 3h$	$(1-1.5)t$	$15-20°$

§7.2 翻 边

一、基本概念

在板料上预先打好孔,将孔径扩大,并使孔的周边附近发生弯曲的压制过程,称为翻边,如图 7.8 所示。

翻边时,材料的变形区域基本上限制在凹模圆角以内,凸模底部为材料的主要变形区,因为孔的边缘材料变形程度最大,所以通常均以板料的原始孔径 d_0 与翻边完成后的孔径 D 之比值 K_f,表示翻边变形程度的大小。

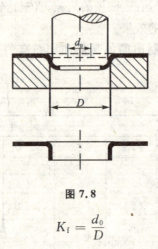

图 7.8

$$K_f = \frac{d_0}{D}$$

K_f 称为翻边系数。K_f 的数值愈小,翻边时板料的变形程度愈大。

二、应力应变分析

圆孔翻边时,平底变形区处于双向受拉的应力状态,如图 7.9 所示。这里,有两个未知应力,即径向拉应力 σ_r 与切向拉应力 σ_θ,$\sigma_\theta > \sigma_r$。

为要求解上述两个未知应力,需要两个独立的方程式。仿照拉深突缘变形区应力分析的方法,两个独立的方程式,一个为微分平衡方程式(方程建立的推导从略),即

$$R \frac{d\sigma_r}{dR} + \sigma_r - \sigma_\theta = 0 \qquad (7.1)$$

另一个是塑性方程式,按式(2.17),取 $\sigma_1 = \sigma_\theta, \sigma_3 = \sigma_r = 0$、$\beta = 1.1$,则

$$\sigma_\theta = 1.1 \sigma_s \qquad (7.2)$$

联立求解式(7.1)与式(7.2),即可求得当翻边孔的半径扩大为 r 时,变形区任意 R 处的径向拉应力 σ_r 与切向拉应力 σ_θ 为

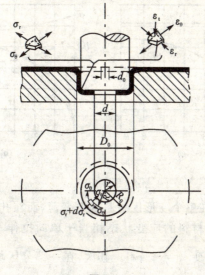

图 7.9

$$\sigma_r = 1.1\sigma_s\left(1 - \frac{r}{R}\right) \tag{7.3}$$

$$\sigma_\theta = 1.1\sigma_s \tag{7.4}$$

如图 7.10(a)所示,为按式(7.3)与式(7.4)求得的平底变形区 σ_r 与 σ_θ 的变化规律。式(7.3)与式(7.4)是理想塑性体(σ_s=常数)的计算结果,如果考虑应变强化的效应,计算结果虽略有出入,但是 σ_r 与 σ_θ 总的变化趋势基本一致,如图 7.10(b)所示。

同样,如果仿照拉深突缘变形区应力分析的办法也可进而推得翻边过程中径向拉应力的变化规律等等,但这在实际应用中并无必要,因为翻边与拉深的性质迥然不同,影响拉深过程顺利进行的主要障碍,一是突缘变形区失稳起皱,一是筒壁传力区危险断面的拉断;而造成翻边过程中断的主要原因是因为翻边时孔的边缘拉断。因此对于翻边,分析平底变形区应变分布的情况更为重要。

图 7.11 所示为翻边时某一变形瞬间($r=1.1r_0$ 时),平底变形区径向应变 ε_r、切向应变 ε_θ 与厚向应变 ε_t 的分布规律。由图中

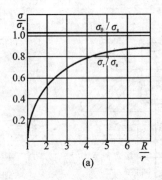
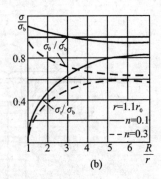

图 7.10

曲线可以看出在整个变形区材料都要变薄,而在孔的边缘变薄最为严重。此处,材料的应变状态相当于单向拉伸,切向拉应变 ε_θ 最大,厚向压应变 $\varepsilon_t = -\frac{1}{2}\varepsilon_\theta$。其次,在一部分区域内,径向应变为压应变 ε_r,因此变形区的宽度将略有收缩。翻边终了以后,零件的高度将略有缩短。

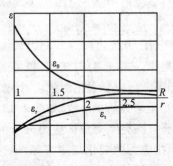

图 7.11

三、极限翻边系数

切向拉应变 ε_θ 在孔的边缘数值最大,而在翻边终了时增加到最大值。为了研究翻边的极限变形程度,有必要对翻边终了时,孔

的边缘切向拉应变 ε_θ 的大小作一分析。

假设板料上的原始孔径为 d_0，翻边终了以后的平均孔径为 D，翻边系数 $K_f = \dfrac{d_0}{D}$；板料的原始厚度为 t_0，翻边以后的厚度为 t，如图 7.12 所示。翻过终了以后，孔的内、外边缘，切向应变的数值实际上是不相等的。

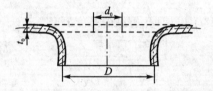

图 7.12

在孔的内边缘切向拉应变 ε_θ 为

$$\varepsilon_\theta = \ln \frac{D-t}{d_0} \approx \ln \frac{D-t_0}{d_0}$$

在孔的外边缘切向拉应变 ε'_θ 为

$$\varepsilon'_\theta = \ln \frac{D+t}{d_0} \approx \ln \frac{D+t_0}{d_0}$$

边缘的平均切向拉应变 $\bar{\varepsilon}_\theta$ 为

$$\bar{\varepsilon}_\theta = \frac{1}{2}(\varepsilon_\theta + \varepsilon'_\theta) = \frac{1}{2}\left(\ln \frac{D-t_0}{d_0} + \ln \frac{D+t_0}{d_0}\right) = \ln \frac{\sqrt{D^2-t_0^2}}{d_0}$$

翻边终了时厚度方向的应变 ε_t 为

$$\varepsilon_t = \ln \frac{t}{t_0}$$

因为，$\varepsilon_t = -\dfrac{1}{2}\bar{\varepsilon}_\theta$ 所以

$$\ln \frac{t}{t_0} = -\frac{1}{2}\ln \frac{\sqrt{D^2-t_0^2}}{d_0} = \ln \sqrt[4]{\frac{d_0^2}{D^2-t_0^2}}$$

即
$$\frac{t}{t_0} = \sqrt[4]{\frac{d_0^2}{D^2 - t_0^2}}$$

以 $K = \dfrac{d_0}{D}$ 的关系代入上式,得

$$\frac{t}{t_0} = \sqrt[4]{\frac{K_f^2}{1 - \left(\frac{t_0}{D}\right)^2}}$$

所以翻边终了以后,孔边缘的厚度 t 为

$$t = \sqrt[4]{\frac{K_f^2}{1 - \left(\frac{t_0}{D}\right)^2}} \times t_0 \tag{7.5}$$

当 $\dfrac{t_0}{D}$ 很小时,可得

$$t \approx \sqrt{K_f}\, t_0 \tag{7.6}$$

由此可见,翻边系数愈小,板料边缘拉薄愈严重。当翻边系数减小到使孔的边缘濒于拉裂时,这种极限状态下的翻边系数称为极限翻边系数,以 K_{fmin} 表示。

影响极限翻边系数的因素如下:

(1) 材料的机械性能

材料的塑性指标(如 δ_{10}, ε_j 等)愈高,K_{fmin} 的数值愈小。

(2) 板料的相对厚度 $\dfrac{t_0}{D}$

$\dfrac{t_0}{D}$ 数值愈大,孔边缘的变形程度愈不均匀,平均变薄量愈小,参见式(7.5),变形程度小的内边缘分散了变形程度大的外边缘的负担,所以极限翻边系数的数值可以降低。

(3) 孔的边缘状况

孔边缘如有毛刺以及冷作硬化效应,均不利于孔边缘的拉伸变形,易于出现裂纹,使 K_{fmin} 的数值增加。例如,冲孔时 K_{fmin} 的数值较之钻孔要增加 10% 左右。

(4) 凸模形状及凸模的相对圆角半径 $\dfrac{r_t}{t}$

凸模形状对翻边过程和翻边力有很大影响。球形、锥形、抛物线形的凸模,翻边时可以易于进入毛料孔中而将孔边圆滑胀开,变形条件较平底凸模优越,因此可以得到较小的翻边系数。例如,球状凸模所取得的翻边系数要比平底凸模减小 10%～20%。平底凸模中,相对圆角半径 $\dfrac{r_t}{t}$ 愈大,极限翻边系数可愈小。如图 7.13 所示的是凸模工作部分具有各种外形时,其作用力曲线和翻边过程的情形。

(5) 凸、凹模的间隙

加大凸、凹模的间隙,也能提高翻边的极限变形程度。例如将间隙增至 $z=(8\sim 10)t$,翻边高度会有很大的增加,如图 7.14(a) 所示。这是因为应用大间隙的翻边模,变形区牵涉了更多的材料,应变分散效应增强,边沿的应力下降,进一步增加了零件的变形潜力,因而可以减少极限翻边系数,如图 7.14(c)所示。

(6) 周向的应变分散效应

如图 7.15(a)所示的内孔翻边,其轮廓形状分为八个区段。从变形性质来看,a 为简单的弯曲,b 为拉深,即使同属翻边变形的 c、d 和 e 区,变形程度也不尽相同。由于整个变形区材料的连续性,各区之间材料的流动有补充、牵制的作用,周围的小变形区可以分散最大变形区的应力和应变。c、d 区因与 a、b、e 区相邻接,周边的拉伸变形可得到一定程度的缓解,如图 7.15(b)所示,因而计算这种不规则孔的极限翻边系数时,在翻边高度一致的情况下,应以最小内凹边半径段为准,例如 c 或 d 区,其极限翻边系数比相应的圆孔可小一些,一般 $K'_{fmin}=(0.85\sim 0.9)K_{fmin}$。

零件的外缘翻边图 7.16(a),边沿不像圆孔翻边那样受刚性凸模的强制外抻,周向的拉伸变形有一定程度的减小,如用图示毛料,壁部会产生缺角现象图 7.16(b)。成形这类零件,如果合理选

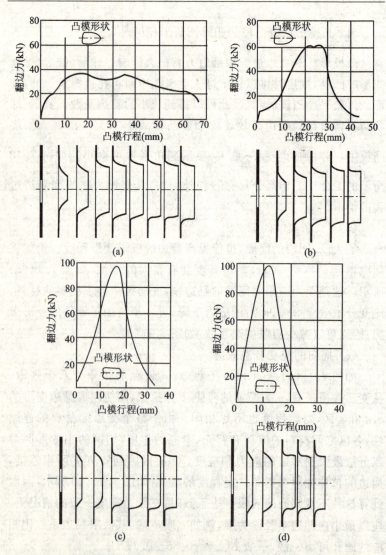

注：(a) 抛物线形凸模；(b) 半球形凸模；(c) 大圆角半径的圆柱形凸模；
(d) 小圆角半径的圆柱形凸模。

图 7.13

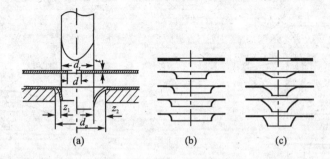

注:(a)两种不同间隙的翻边;(b)小间隙的翻边;(c)大间隙的翻边。

图 7.14

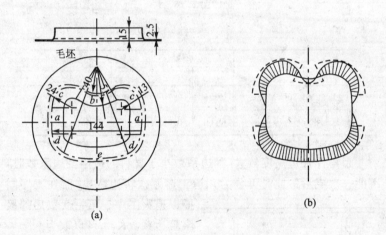

注:(a)零件形状;(b)周向应变分布情况。
——理论上各区的周向应变分布;——实际上因应变分散效应各区应变连续分布。

图 7.15

择板料的纤维方向,极限翻边系数也可以取比相应的圆孔翻边小一些的数值。

表 7.3 列出了几种材料在不同相对厚度下的极限翻边系数 K_{fmin},毛料上的孔为镗或钻制的。

图 7.16

表 7.3

$\dfrac{t_0}{d}(\%)$	2	3	5	8	10
LY12M,30CrMnSi	0.76	0.70	0.68	0.65	0.65
1Cr18Ni9Ti,10 号钢	0.60	0.55	0.50	0.45	0.43

当零件翻边高度较大,翻边系数小于材料的极限翻边系数时,不能一次成形。此时可分为几道工序逐次将边翻出,而在工序间插以退火工序。第一次以后的极限翻边系数 K'_{fmin} 可以取为

$$K'_{fmin} = (1.15 \sim 1.20) K_{fmin}$$

但因零件变薄太大,生产中很少采用。对于这类零件,可以采用拉深去底的方法,也可采用先拉深,再冲孔翻边的复合成形方法。

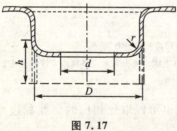

图 7.17

图 7.17 和图 7.18 所示为用这类方法制造零件的例子。如图 7.18 中所示第一道工序是空心矩形件的拉深、第二道工序为冲内孔、第三道工序是外缘的拉深和内缘的翻边。

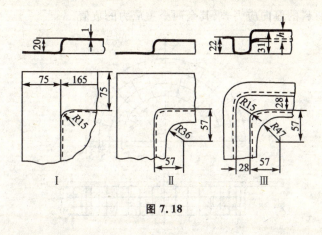

图 7.18

习 题

1. 某板料用平底凸模(圆柱形)局部成形,已知板料的屈服应力为 240 MPa,板材的厚向异性指数 $r=1.2$。试求

(1) 平板的厚向屈服应力。

(2) 底部任意半径 R 处的主应变增量比。

2. 圆孔翻边时,在毛料孔边划上同心圆和半径线,如图 7.19 所示,翻边后测量格子尺寸变化得到以下数据。

测量点	格子原始切向宽度	翻边后切向宽度	翻边后径向长度
1	5.00	10.50	3.50
2	5.24	10.50	3.57
3	5.48	10.50	3.70

假设翻边过程近似符合简单加载,求

(1) 1,2 和 3 点的主应变状态图。并区分 $\varepsilon_1, \varepsilon_2$ 和 ε_3。

(2) 各点的主应力状态图,注明 σ_1, σ_2 和 σ_3。

(3) 写出各点的塑性方程。

(4) 如果翻边材料的实际应力曲线为 $\sigma = 536\varepsilon^{0.23}$ MPa,并且

忽略材料的厚向应力,求其余两个主应力的数值。

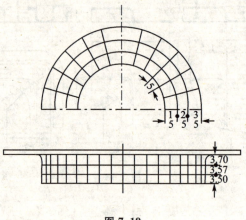

图 7.19

第八章 拉形和胀形

§8.1 拉 形

蒙皮拉形与型材拉弯相似,但是,由于蒙皮大多是双曲度的二维弯曲,变形情况要复杂得多。粗略分析如下。

拉形过程大致可以分为三个阶段,如图 8.1 所示:

开始阶段,如图 8.1(a)所示,将毛料按凸模弯曲,并将毛料两端夹入机床钳口中,然后凸模向上移动,使毛料沿弧线 $\overset{\frown}{ab}$ 与凸模脊背相接触,毛料被张紧。这时,材料只有弯曲变形。

中间阶段,如图 8.1(b)所示,设想将毛料沿横切面方向划分为无数条带,随着凸模上升,$\overset{\frown}{ab}$附近的条带即首先拉长并与凸模脊背贴合,凸模继续上升,与之相邻的条带就依次受到拉伸与模具贴合,循此渐进,直到最边缘的条带也与模具贴合为止,于是整个毛料的内表面就取得了凸模表面的形状。

终了阶段,如图 8.1(c)所示,毛料与模具表面完全贴合后,再将毛料继续作少量拉伸,使外边缘材料所受的拉应力超过屈服点,目的是减少回弹,提高工件的成形准确度。

拉形中整个毛料基本上可以划分为两个区域:与凸模相贴合的成形区Ⅰ以及悬空部分的传力区Ⅱ,如图 8.2 所示。由于传力区不与模具接触,没有模具表面的摩擦作用,所以,毛料拉断主要出现在传力区,特别是钳口边缘应力集中处。

材料在拉形过程中,沿着拉力的作用方向拉伸变形是不均匀的,脊背处的材料变形量最大,如图 8.2 所示。如果在脊背附近取一单位宽度的狭窄条带分析,如图 8.3 所示。当条带沿着钳口受

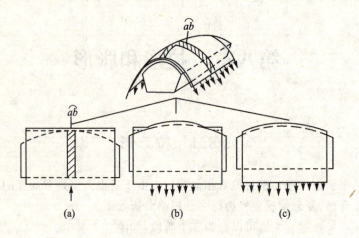

注：(a) 开始阶段；(b) 中间阶段；(c) 终了阶段。

图 8.1

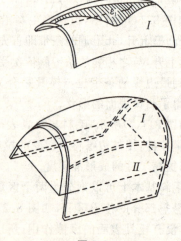

图 8.2

拉时，必然要引起条带的横向收缩，但是由于受到两侧材料的牵制与摩擦力的阻滞，横向收缩困难，应变基本为零。所以条带处于一种双向受拉的应力状态和一拉一压的应变状态，当纵向曲度相当大时,应变状态可能为双向受拉厚向减薄,而沿着拉力作用方向(切向)的应变则为最大主应变。

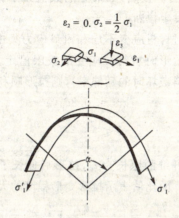

图 8.3

如果脊背顶部的切向拉应力为 σ_1,则因模具表面摩擦力的作用,钳口附近的拉应力 σ'_1 为

$$\sigma'_1 = \sigma_1 e^{\mu\frac{\alpha}{2}}$$

式中　α——毛料在模具上的包角;

　　　μ——摩擦系数(一般取 $\mu=0.15$);

　　　e——自然对数的底,取 e=2.718。

如果脊背处的切向应变为 ε_1,钳口处为 ε'_1,厚向应力近似为零,由图示的平面应变状态,可得

$$\sigma_1 = (1.155)^{n+1} \cdot K\varepsilon_1^n$$
$$\sigma'_1 = (1.155)^{n+1} K\varepsilon_1'^n$$

K、n 为与材料性质有关的常数,由单向拉伸试验确定。

所以脊背顶部的拉应变 ε_1 与钳口处的拉应变 ε'_1 的关系为:

$$\varepsilon'_1 = \varepsilon_1 e^{\frac{\mu\alpha}{2n}}$$

为了方便起见,改为相对应变则

$$\delta' \approx e^{\frac{\mu\alpha}{2n}}\delta$$

即为了使零件脊背处产生 δ 的应变量,钳口附近的拉应变应为 δ 的 $e^{\frac{\mu\alpha}{2n}}$ 倍,$e^{\frac{\mu\alpha}{2n}}>1$。显然,如果 δ' 的数值大于材料的延伸率,毛料的传力区就会发生拉断。

考虑到拉形时材料应变不均和钳口应力集中的影响,对于一般常用材料可将拉形时材料拉应变的极限值定为 $0.8\delta_p$(δ_p 为单向拉伸试验中材料破坏时的延伸率),则拉形顺利进行的条件为

$$\delta' \leqslant 0.8\delta_p$$

或

$$\delta \leqslant \frac{0.8\delta_p}{e^{\frac{\mu\alpha}{2n}}}$$

假设脊背处纤维的原长为 l_0,拉形后伸长了 Δl,变为 l_{max},生产中常以 l_{max} 和 l_0 的比值表示拉形变形程度的大小。

$$K_l = \frac{l_{max}}{l_0} = \frac{l_0 + \Delta l}{l_0} = 1 + \frac{\Delta l}{l_0} = 1 + \delta$$

K_l 称为拉形系数,δ 为脊背处材料的平均应变,K_l 的数值愈大,表示拉形的变形程度愈大。

如果零件的边缘纤维长为 l_{min},此处材料的拉伸量最小。拉形时为了使此处的材料超过屈服点,只要使此处产生 1% 左右的拉应变就够了。因为此处毛料的原长也为 l_0,所以拉形后 $l_{min} = 1.01 l_0$。这样,就可以把拉形系数 K_l 表为零件的最大长度 l_{max} 与 l_{min} 的比值。

$$K_l = \frac{l_{max}}{l_0} = 1.01 \frac{l_{max}}{l_{min}} \approx \frac{l_{max}}{l_{min}}$$

l_{max} 与 l_{min} 决定于零件的形状持点。在凸双曲零件中 l_{max} 位于零件中间脊背处,l_{min} 位于零件的某一端部(图 8.4a);而在凹双曲零件中 l_{max} 则在零件的某一端头,l_{min} 则在中间凹陷处(图 8.4b)。l_{max} 和 l_{min} 的数值可以方便地从拉形模或表面标准样件上直接量取。

当 $\delta = \frac{0.8\delta_p}{e^{\frac{\mu\alpha}{2n}}}$ 时,材料濒于拉断,所以极限拉形系数 K_{lmax} 为

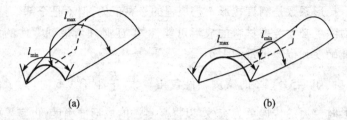

注：(a) 凸双曲零件；(b) 凹双曲零件。

图 8.4

$$K_{lmax} = 1 + \frac{0.8\delta_p}{e^{\frac{\mu\alpha}{2n}}}$$

K_{lmax} 的数值取决于材料的机械性能（n、δ_p）、拉形包角 α 的大小、摩擦系数 μ 的大小与钳口状况。材料的应变强化模数愈高，延伸率愈大，K_{lmax} 可愈大；摩擦系数愈小，包角愈小，K_{lmax} 愈大。此外，材料的相对厚度愈大，变形愈有利，极限拉形系数也愈大。对于退火和新淬火状态下的铝合金 LY12 与 LC4，K_{lmax} 可以参见表 8.1 所列数据。

表 8.1

材料厚度(mm)	1	2	3	4
K_{lmax}	1.04～1.05	1.045～1.06	1.05～1.07	1.06～1.08

零件的拉形系数 K_l 如果超过了极限值 K_{lmax}，则须增加过渡模，进行二次拉形。两次拉形凸模的几何参数可以参见表 8.2 所列。

表 8.2

材料	零件横向弯曲度 $\alpha°$	凸模角度		凸模半径(零件半径为 R)	
		第一套	第二套	第一套	第二套
LY12M	小于 90°	0.8α	α	0.8R	R
LC4M	小于 90°	0.7α	0.9α	0.8R	R

拉形系数是制订拉形工艺规程的必要依据,但不是全部依据。因为除了必须考虑材料的成形可能性外,还必须考虑到零件的成形准确度和生产批量的大小。

例如,当 LY12 的蒙皮零件包角较大,$\frac{R}{t}$ 小于 125 时,为了使拉形时拉力的传递更为有效,以提高零件的成形准确度,也宜采用两套凸模。

生产批量不大时,大多只用一套凸模而辅之以手工,或用同一套模具分两次拉成。

拉形后的零件,厚度必然减小。由于拉形时材料的拉伸变形分布不均,变薄量以各处不等。根据脊背附近所取条带的应力应变状态分析,变薄率与零件的拉形系数有关。整个零件上的变薄率将在 $\frac{1}{2}\delta$ 与 δ' 之间变化,即在 $\frac{1}{2}(K_1-1)$ 与 $e^{\frac{\alpha}{2n}}(K_1-1)$ 之间变化。

由于拉形时应力分布不均,拉形力的准确计算比较困难。为了确定拉形时所需的机床吨位以便选择设备,可从拉形力不能超过毛料的拉断力出发考虑,利用下列简单公式估算。

使毛料拉断的拉力 F 为

$$F = CBt\sigma_b$$

式中　B 和 t——毛料的宽度和厚度,mm;

　　　σ_b——材料的强度极限,MPa;

　　　C——考虑到应力分布不均而乘入的修正系数,对于铝合金可取 $C=1.02$。

如果毛料在模具上的包角为 α,则所需机床的吨位为

$$P = 2F\sin\frac{\alpha}{2}$$

以上讨论的是横向拉形时的情况,纵向拉形(拉伸拉形)情况基本相似。

§8.2 胀 形

胀形是将直径较小的筒形或锥形毛坯(一般由板料滚卷焊接而成)通过刚性分瓣式凸模,如图 8.5(a)所示或液压,如图 8.5(b)所示由内往外膨胀,使之成为各种曲面零件的压制过程。

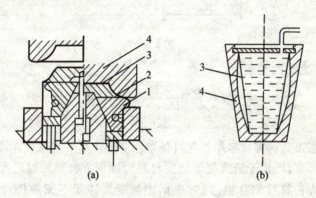

注:(a) 刚性分瓣凸模胀形;(b) 液压胀形。
1—分瓣凸模;2—锥形中轴;3—毛料;4—凹模。

图 8.5

胀形可以看作是拉形的一种特殊形式。

一、液压胀形

材料变形时的应力应变状态如图 8.6 所示,与微体在毛料上的部位有关。

胀形的变形量用胀形系数 K_z 表示:

$$K_z = \frac{D_{\max}}{D_0}$$

式中 $D_{\max}$——零件最大变形处变形后的直径;
　　D_0——该处的原始直径。

如果胀形时零件最大变形处的切向应变为 δ_θ,则 δ_θ 与胀形系

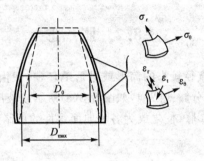

图 8.6

数 K_z 之间的关系为

$$\delta_\theta = \frac{D_{max} - D_0}{D_0} = K_z - 1$$

或

$$K_z = 1 + \delta_\theta$$

胀形后的零件壁厚变化可按塑性变形体积不变原理计算。对于凸形零件,由于最大变形区的材料沿圆周方向延伸时较难取得母线方向材料的补给,因此根据塑性变形体积不变条件,$\pi D_0 \cdot t_0 = \pi D_{max} \cdot t_{min}$,所以

$$t_{min} = t_0 \cdot \frac{D_0}{D_{max}} = \frac{t_0}{K_z}$$

式中　t_0——毛料的原始厚度;

t_{min}——胀形以后,最大变薄处材料的厚度。

对于凹形零件,因为最大变形区位于零件的端头,材料的切向延伸可以同时得到轴向和厚向的收缩来补偿,与翻边相似,其最小壁厚为

$$t_{min} = t_0 \sqrt{\frac{D_0}{D_{max}}} = \frac{t_0}{\sqrt{K_z}}$$

材料的极限胀形系数 K_{zmax} 取决于胀形时材料的最大许可变形量。胀形时材料的变形条件和应力应变状态和单向拉伸不完全相同,不能简单套用单向拉伸试验的数据,最好由专门的工艺试验确定。液压胀形时材料在圆周方向的最大许可变形量 $\delta_{\theta max}$ 可参见

表 8.3 所列。

表 8.3

材　料	毛料厚度(mm)	$\delta_{\theta\max}$
高塑性铝合金,纯铝(如 LF21M 等)	0.5	25
	1.0	28
	1.5	32
	2.0	32
低碳钢(如 10、20 号钢)	0.5	20
	1.0	24
耐热不锈钢(如 1Cr18Ni9Ti)	0.5	26～32
	1.0	28～34

液压胀形所需的压力 p,与零件的曲度、材料的厚度与机械性能等因素有关。由于成形后的零件一般为双曲度薄壳,所以压力 p 的数值不仅取决于圆周方向的曲度和拉应力 σ_θ,同时还受母线方向曲度和拉应力的影响。但是零件母线方向的曲度一般较小,实用中为了简化计算常常略而不计。因此,如果在变形量最大的 $D_{\max}$ 处取一单位宽度的环状条带分析,如图 8.7

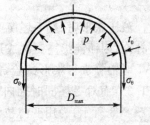

图 8.7

所示,由半环的平衡条件出发,可以推得液压压力 p 为

$$p = \frac{2t_0}{D_{\max}}\sigma_\theta$$

几种材料在不同变形程度 δ_θ 下的 σ_θ 值,可以参照表 8.4。一般而言可按单向拉伸 $\sigma-\delta$ 实际应力曲线确定。

表 8.4

δ_θ(%)	σ_θ(MPa)		
	LF21M	20 号钢	1Cr18Ni9Ti
4	132.3	470.4	637
6	139.2	529.2	705.6
8	146	588	784
10	150.9	637	862.4
12	155.8	676.2	931
14	160.7	752.5	999.6
16	165.6	764.4	1078
18	170.5	803.6	1151.5
20	172.5	842.8	1225
22	179.3	862.4	1303.4

液压胀形时,对毛坯筒壁施加轴向压力,胀形处就容易得到材料补充,因而能提高一次成形的极限胀形系数。例如用橡皮代替液压对铝管进行胀形试验,简单胀形所得的极限胀形系数为 1.2~1.25,而对毛坯同时轴向加压的极限胀形系数可达 1.6~1.7。如图 8.8 所示,为用变薄拉深毛坯利用轴向加压的液压胀形方法制成的工艺品零件。用上述方法制造自行车管接头的原理图,如图 8.9 所示。

波纹管的制造过程,如图 8.10 所示,则稍有差异。成形过程分两阶段进行。第一阶段,如图 8.10(a)所示,将毛坯在夹料夹簧 2 中夹紧,套上分离式半模圈 4,并用梳状板保持一定距离。然后通入液压,毛坯进行胀形,此时半模圈的间距并不改变。半模圈间距 L_0 先按下列原则选择,即取毛坯长度 L_0 和波纹的展开长度相等,然后在成形试验时加以适当修正。第二阶段,移动夹头向固定

图 8.8

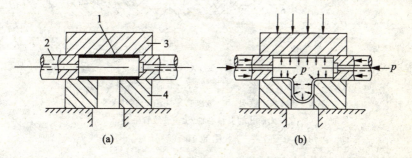

注：1—管坯；2—轴头；3—上模；4—下模。

图 8.9

夹头移动，使半模圈相互靠近，如图 8.10(b)所示，此时毛坯内液压保持不变。胀形液压按下列半经验公式确定

$$p = 2\sigma_b \cdot t\left(\frac{1}{R} + \frac{1}{d}\right)$$

式中　p——液压，MPa；

　　　σ_b——材料的强度极限，MPa；

　　　t——材料厚度，mm；

　　　R——波纹的圆角半径，mm；

　　　d——毛坯直径，mm。

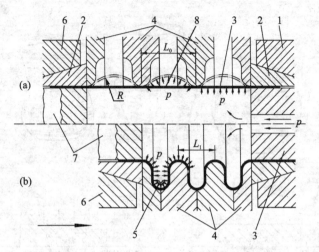

注:(a)胀形开始;(b)胀形结束。
1—固定夹头;2—夹料夹簧;3—带油孔的夹料心轴;
4—分离式半模圈;5—波纹管零件;6—移动夹头;
7—无油孔的夹料心轴;8—波纹管毛坯。

图 8.10

二、刚性分瓣凸模的机械胀形

这种胀形方法和液压胀形的最大区别在于刚性凸模和毛料间有着较大的摩擦力,使得材料的应力应变分布不均,因此降低了胀形系数的极限值。

摩擦力对于应力应变分布不均的影响,除了摩擦系数的大小外,主要决定于毛料与模具接触包角 α 的大小,也就是说决定于凸模的分瓣数量。如果凸模的瓣数为 N,则 $\alpha = \dfrac{2\pi}{N}$。而毛料在分瓣间隙处,如图 8.11 中的 a、c 点所示的切向应力 σ_θ,必将大于分瓣块中间,如图 8.11 中 b 点所示的应力 σ'_θ,即 $\sigma_\theta = \sigma'_\theta \mathrm{e}^{\mu \frac{\alpha}{2}} = \sigma'_\theta \mathrm{e}^{\frac{\mu \pi}{N}}$。所以

$$\frac{\sigma_\theta}{\sigma'_\theta} = e^{\frac{\mu\pi}{N}}$$

将上式按不同的摩擦系数作出曲线,如图 8.12 所示。由图中曲线可见,随着分瓣数量增多,应力的分布逐渐趋于均匀。但当 N 超过 8 至 12 瓣以后,曲线的斜率显著减小,再增多分瓣数,并不显著改变 $\frac{\sigma_\theta}{\sigma'_\theta}$ 的比值。因此生产实际中最多采用 8~12 块。胀形中材料变形程度较小和准确度要求较低的零件,模具的分瓣数可较少,以便减少分瓣模的制造和安装工作。反之,则应增多分瓣数量,以免成形后的零件上带有明显的直线段和棱角。模瓣的边缘应作成 $r=(1.5\sim 2)$ 的圆角。

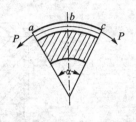

图 8.11

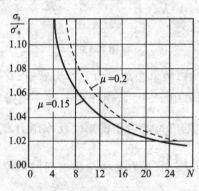

图 8.12

机械胀形时的材料平均极限延伸率如下:

1Cr18Ni9Ti,20 号钢,LF21M	18~20%
LF2	10~12%
30CrMnSi	6~8%

据此可以确定极限胀形系数 K_{zmax}。

机械胀形所需的压力可按以下方法确定(图 8.13)。

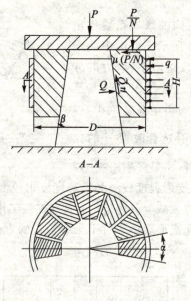

图 8.13

为了简化计算,假定胀形后的零件为筒形,直径为 D,高度为 H。如果总的压力用 P 表示,则作用于每一模瓣上的力有:压力 $\dfrac{P}{N}$,锥形中轴(半锥角为 β)对于模瓣的反作用力 Q,毛料对于每一模瓣的箍紧力 $pH\dfrac{D}{2}\alpha$(p 为毛料与模瓣间的单位压力,$H\dfrac{D}{2}\alpha$ 为毛料与模瓣的接触面积),摩擦力 $\mu\dfrac{P}{N}$ 与 μQ。

根据一个模瓣的平衡条件,可以列出下列平衡方程式。

在垂直方向:
$$-\frac{P}{N}+Q\sin\beta+\mu Q\cos\beta=0$$

在水平方向:

$$-\mu\frac{P}{N} + Q\cos\beta - \mu Q\sin\beta - pH\frac{D}{2}\alpha = 0$$

联立求解以上两式,可得

$$P = \frac{NpH\dfrac{D}{2}\alpha}{\dfrac{1-\mu\,\mathrm{tg}\,\beta}{\mu+\mathrm{tg}\,\beta} - \mu}$$

因为 $p = \dfrac{2t_0\sigma_\theta}{D}$, $N = \dfrac{2\pi}{\alpha}$,代入上式,整理后得

$$P = 2\pi H t_0 \sigma_\theta \cdot \frac{\mu + \mathrm{tg}\,\beta}{1 - \mu^2 - 2\mu\,\mathrm{tg}\,\beta}$$

对于近似计算,还可以取 $\sigma_\theta = \sigma_b$(σ_b 为材料的强度极限),这时

$$P = 2\pi H t_0 \sigma_b \frac{\mu + \mathrm{tg}\,\beta}{1 - \mu^2 - 2\mu\,\mathrm{tg}\,\beta}$$

μ 的数值一般为 0.15~0.20,中轴锥角一般为 8°、10° 或 12°、15°。

习 题

1. 用液压胀形法制造如图 8.14 所示的储箱底,材料单向拉伸试验中最大拉力为 11 860 N,试件原始剖面积为 40 mm²,拉断后均匀变形阶段剖面积为 31.5 mm²,断口面积为 17.31 mm²,求胀形过程中变形区材料的平均径向应变和径向应力。如果毛料的原始厚度为 2.5 mm,求成形后零件的厚度以及成形所需的液压大小。

2. 如图 8.15 所示为一轴对称液压胀形件,有关尺寸如图。胀形前在圆筒毛料表面 A 点作一 $\phi 2.50$ mm 的小圆,胀形以后测得小圆沿周向和经线向(沿母线)的长度分别为 3.12 mm 和 2.82 mm,假定材料的实

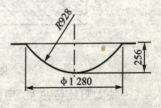

图 8.14

际应力曲线为 $\sigma_i = 536\varepsilon_i^{0.23}$ MPa，毛料的原始厚度为 1.2 mm，求零件胀形所需的液压压力。

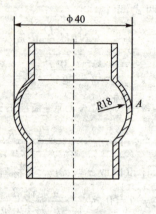

图 8.15

3. 用圆形凹模胀形某板料，如图 8.16 所示，胀形前先在平板上作一 $\phi 50$ mm 的圆，胀形后此圆变为 $\phi 56$ mm，同时测得此处的板厚为 0.78 mm，纵切面中 $\phi 56$ 处的二切线夹角为 $100°$，假设板厚原为 1 mm，材料各向同性，单向拉伸实际应力曲线为 $\sigma = 235\varepsilon^{0.15}$，求胀形压力 p。

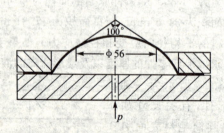

图 8.16

4. 一块太阳灶传热板，用橡皮压制压出凸埂，其主要尺寸如图 8.17 所示。材料为 1Cr18Ni9Ti，其实际应力曲线为 $\sigma_i = 990\varepsilon_i^{0.84}$。原始厚度 $t_0 = 0.8$ mm。试在作合理简化后估算（1）最大

变薄量 Δt；(2)所需的单位成形压力 p。

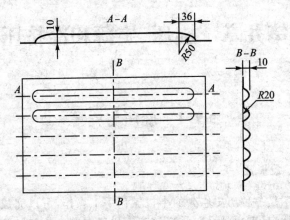

图 8.17

第九章 旋压、旋薄和冷挤压

§9.1 旋压与旋薄

一、旋 压

旋压是一种历史悠久的半机械化手工操作,可以完成旋转体零件的拉深、翻边、收口、胀形等不同成形工序。旋压的最大优点是机动性好,能用最简单的设备和模具制造出形状复杂的零件来,大大缩短了生产准备同期。缺点是手工操作中劳动强度大,工人技术水平要求高,零件质量不稳定。旋压的各种操作中,以拉深变形最为复杂,而旋压拉深中材料的变形情况又有其特殊性,不同于普通拉深过程,着重予以介绍。

1. 旋压拉深过程的特点

旋压拉深的过程参见图 9.1 所示,大致如下:将平板毛料 1 通过机床尾顶尖 4 和顶块 3 夹紧在模具 2 上,机床主轴带动模具和毛料一同旋转,手工操作旋压棒 5 加压于毛料反复赶辗,于是由点及线,由线及面,使毛料包覆于模具而成形。

为了使平板毛料变为空心的筒形零件,必须使毛料切向收缩、径向延伸。与普通拉深不同,旋压过程中旋压棒与毛料之间基本上是点接触。平板毛料在旋压棒的集中力作用下,可能同时产生两种效应:一是与旋压棒直接接触的材料产生局部凹陷而发生塑性流动;一是大片材料沿着旋压力的方向倒伏。前一种现象为旋压成形所必需,因为只有使材料局部塑性流动,螺旋式地由筒底向外发展,渐次遍及整个毛料,才有可能引起毛料的切向收缩和径向

第九章 旋压、旋薄和冷挤压

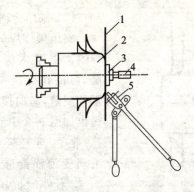

注：1—毛料；2—模具；3—顶块；4—顶尖；5—旋压棒。

图 9.1

延伸，使平板经过多次的锥形过渡形状而最终取得与模具一致的外形。后一种现象则使毛料产生大片皱折，振动摇晃，失去稳定，妨碍过程的进行，必须防止。因此旋压操作最基本的要领是在保证毛料稳定的前提下促进材料的局部塑性流动。为此，可以采取以下三方面的措施：

(1) 采用合理的转速

旋压时，旋压棒在毛料上的着力点每一瞬间都是不断转移的。在旋压棒的着力点下，材料产生局部凹陷，同时在着力点附近毛料大面积倒伏。机床带着模具和毛料转动时，毛料上倒伏的材料总是由接近着力点而远离着力点，又由远离着力点而接近着力点，循环往复。接近着力点时倒伏材料受到加载，离开时又受到卸载。如果转速较低，一方面局部塑性流动积累很少，另一方面倒伏材料上述加载卸载过程有可能充分完成，于是毛料在旋压棒下翻腾起伏极不稳定，使得旋压工作难以进行。转速增加到一定值后，倒伏过程来不及完成，毛料可以保持稳定，为旋压棒赶辗材料成形提供了必要条件。旋压的合理转速一般的在 $200 \sim 600$ r/min 的范围内，与毛料、模具的直径，毛料的机械性能等因素有关。转速太高，则旋压棒对材料的辗压频率增加，容易使材料过度辗薄。

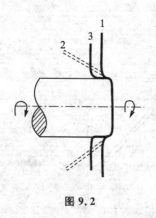

图 9.2

(2) 采用合理的过渡形状

旋压操作应先从毛料的内缘开始。由于内缘材料稳定性最高,可以在旋压棒的赶辗下局部延伸变薄,靠向模具的底部圆角,得出如图 9.2 中所示的过渡形状 1。此后,再轻赶毛料的外缘,使毛料变为浅锥形,得出过渡形状 2。锥形件的抗压稳定性已较平板有所提高,因此在旋压的第一阶段如果毛料不起皱,则在以后的操作过程中起皱的倾向将逐渐减小。以后的操作步骤和前述相同,即先赶辗锥形件的内缘,使这部分材料贴模(过渡形状 3),然后再轻赶外缘,使外缘始终保持刚性较大的圆锥形。这样多次反复赶辗,直到零件完全贴模为止。

(3) 合理加力

旋压棒的加力由工人凭经验控制,不能加力太大。尤其是在毛料外缘加力时更应注意,否则容易起皱。同时旋压棒的赶辗点必须不断转移,使材料均匀延伸。

2. 旋压拉深成形极限

旋压拉深的成形极限与拉深相似,决定于以下几种因素:

(1) 起　皱

当毛料直径太大,旋压模的直径太小时,毛料的悬空部分过宽,旋压中容易起皱,必须分二次或多次旋压。

(2) 硬　化

经过多次反复赶辗,毛料严重冷作硬化,容易从边缘形成脆性破裂,必须及时中间退火。

(3) 变　薄

旋压的变薄量大大超过拉深,有时可以达到 30%~50%。如果零件的厚度要求严格时,为了减少变薄,需要增加旋压次数。

(4) 脱 底

旋压件的筒壁底部并不像拉深时那样受到很大的拉力,因此在正常操作条件下很少出现底部拉裂现象。在操作不当的情况下则有可能脱底,例如:

成形初期,在毛料内缘赶辗过多,用力过猛,以致底部圆角处的材料过分变薄和冷作硬化,使底部拉脱;在底部圆角尚未贴模前就赶辗外缘,以致底部材料悬空,在旋压过程中受到反复弯曲和扭转载荷,使底部脱落;此外凸模圆角太小、底部面积相对太小等,也是造成脱底的原因。

旋压拉深中一次成形可能性,决定于很多因素,但是一般而言要大大超过普通拉深。生产中有时按零件的高度与直径的比值 $\frac{h}{d}$ 来确定旋压次数,对于铝合金零件,大体数值如表 9.1 所列。

表 9.1

h/d	1.0以下	1~1.5	1.5~2.5	2.5~3.5	3.5~4.5
零件形状			旋压次数		
筒形件	1	1~2	2~3	3~4	4~5
锥形件	1	1	1~2	2~3	3~4
抛物形件	1	1	1~2	3	4

以上数据,只能作为制订工艺规程时的参考,不能作为最后依据。

二、旋 薄

旋薄又称变薄旋压、强力旋压,是在普通旋压的基础上发展起来的一种工艺方法。

1. 变形特点

旋薄的基本过程如图 9.3 所示。将毛料压紧在模具上,使其随同模具一起旋转。旋轮通过机械或液压传动强力挤压毛料(单位压力可达 2 450~3 430 MPa),使毛料厚度产生预定的变薄,形成工件的筒壁。因此,旋薄必须在大功率、大刚度的专用机床上进行。

试验证明,旋薄过程中,毛料外径始终保持不变,毛料中任意点的径向位置变形前后同样也保持不变,因此材料没有切向收缩。如果在毛料上取出两个相邻线段 ab、cd 来分析(图 9.3),变形前 ab 与 cd 的距离为 dR,$ab=cd=t_0$(t_0 为材料的原始厚度)、变形以后,ab 变为筒壁上的 $a'b'$,cd 变为 $c'd'$,因为不发生径向位置的变化,$a'b'$ 与 $c'd'$ 之间的距离仍为 dR,而 $a'b'$ 与 $c'd'$ 的长度仍然是 $a'b'=c'd'=t_0$(体积不变条件),变形表现为由矩形 $abcd$ 变为平行四边形 $a'b'c'd'$,即 ab 相对于 cd 平行错动,只有角度的变化。所以,旋薄时毛料的成形,完全是依靠材料的剪切变形。

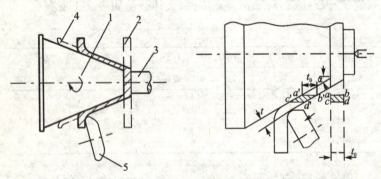

注:1—模具;2—毛料;3—顶块;4—零件;5—旋轮。

图 9.3

假设模具的半锥角为 α,旋薄后材料的厚度变为 t,不难看出旋薄前后材料厚度之间存在着以下关系

$$t = t_0 \sin \alpha$$

这一关系,称为旋薄壁厚变化的正弦律。在制订旋薄工艺过程与调整机床中,都必须很好地遵循这个规律,而材料在旋薄中的剪切变形量 γ 为

$$\gamma = \operatorname{ctg}\alpha$$

2. 变形力

旋薄时，材料基本上处于纯切应力应变状态。

旋薄时力的大小，可以根据变形功的原理近似确定。

如果旋薄时材料所受的切应力为 τ，剪切变形量为 γ，则单位体积材料的塑性变形功为

$$u = \int_0^\gamma \tau \mathrm{d}\gamma \approx \tau\gamma$$

或

$$u = \int_0^{\varepsilon_i} \sigma_i \mathrm{d}\varepsilon_i \approx \sigma_i \varepsilon_i$$

当旋薄时的半锥角为 α 时，$\gamma = \operatorname{ctg}\alpha$；根据塑性方程式，且纯剪时 $\tau = \dfrac{\sigma_1 - \sigma_3}{2}$，所以 $\tau = \dfrac{\sigma_i}{\sqrt{3}}$。

由"变形能量不变条件"可得 $\varepsilon_i = \dfrac{1}{\sqrt{3}}\gamma = \dfrac{1}{\sqrt{3}}\operatorname{ctg}\alpha$。

而

$$\sigma_i = K\varepsilon_i^n = K\left(\frac{1}{\sqrt{3}}\operatorname{ctg}\alpha\right)^n$$

因此，可得单位变形功为

$$u \approx K\left(\frac{1}{\sqrt{3}}\operatorname{ctg}\alpha\right)^{n+1}$$

式中 K、n 均为常数，由材料的单向拉伸试验确定。

如果旋薄零件的平均半径为 R，主轴每分钟的转速为 N，每转旋薄滚轮沿零件母线方向的送进量为 f，则因旋薄后材料的厚度 $t = t_0 \sin\alpha$，所以材料每分钟的变形体积 V 为

$$V = 2\pi R N f t_0 \sin\alpha$$

每分钟的变形功 W 为

$$W = uV = 2\pi R N f t_0 \sin\alpha \cdot K\left(\frac{1}{\sqrt{3}}\operatorname{ctg}\alpha\right)^{n+1}$$

旋薄滚轮对于毛料的作用力 F 有三个分量：切向力 $F_{切}$，轴向力 $F_{轴}$ 和径向力 $F_{径}$，材料的变形功主要是由切向力 $F_{切}$ 提供的，因此

$$2\pi RNF_{切} = 2\pi RNft_0 \sin \alpha \cdot K\left(\frac{1}{\sqrt{3}} \text{ctg}\, \alpha\right)^{n+1}$$

所以切向力 $F_{切}$ 为

$$F_{切} = ft_0 K\left(\frac{1}{\sqrt{3}} \text{ctg}\, \alpha\right)^{n+1} \sin \alpha$$

如果旋薄滚轮和毛料接触面上的平均压力为 P，接触面在切向、径向和轴向的投影面积分别为 $A_{切}$、$A_{径}$、$A_{轴}$，则三个方向的分力为

$$F_{切} = pA_{切}$$
$$F_{径} = pA_{径}$$
$$F_{轴} = pA_{轴}$$

如切向分力已知，则径向和轴向分力 $F_{径}$、$F_{轴}$ 可以表为

$$F_{径} = F_{切}\frac{A_{径}}{A_{切}}$$

$$F_{轴} = F_{切}\frac{A_{轴}}{A_{切}}$$

$A_{切}$、$A_{径}$ 与 $A_{轴}$ 可用几何作图的方法确定，一般 $A_{径}=(6\sim 11)A_{切}$，$A_{轴}=(10\sim 16)A_{切}$，所以

$$F_{径} = (6 \sim 11)F_{切}$$
$$F_{轴} = (10 \sim 16)F_{切}$$

由此可见，旋薄时轴向力 $F_{轴}$、径向力 $F_{径}$ 超过切向力 $F_{切}$ 很多。这和车削完全不同。车削时切削力三个分量的比例关系一般为 $F_{轴}:F_{径}:F_{切}=0.25:0.4:1$。因此旋薄机床必须具有很大的刚度并能产生足够的径向与轴向力。

以上计算方法比较简单，例如：将变形方式看作是纯剪，忽略了材料的局部弯曲应变；采用了在室温下低速拉伸试验求得的实际应力曲线 $\sigma_i = K\varepsilon_i^n$ 表示材料变形抵抗力与变形程度之间的关系，而在实际旋薄过程中变形速度与温度均要高得多，也难免引起一定的误差。此外，根据试验结果，$F_{切}$ 还受零件直径、旋轮直径

和圆角、转速等因素的影响,而要将所有这些因素都考虑进去,在理论上是比较困难的。事实上如果将上述力的计算结果乘以 1.2 的修正系数,在实用上已相当可靠。

3. 成形极限

锥形件的旋薄成形极限大多受到壁部材料拉断的限制。

如图 9.4 所示旋薄的变形过程和壁部的受力情况。突缘材料在旋轮的推动下从 ed 面开始发生变形,到 ab 面处变形结束。从变形完毕的壁部取出一个三角形体素 abc,考察体素各面所受的外力,ab 面上作用有变形区材料所产生的正应力 σ_n 和切应力 τ_n,bc 面上作用有模具的反压力 σ_m 和摩擦力 $\mu\sigma_m$,ac 面上是壁部的拉应力 σ_l。

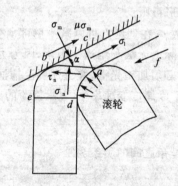

图 9.9

从 abc 三角形处于静力平衡状态的条件来看,平行和垂直于心模表面的合力必须为零,于是可得

$$\sigma_l(\overline{ac}) - \tau_n(\overline{ab})\cos\alpha + \sigma_n(\overline{ab})\sin\alpha + \mu\sigma_m(\overline{bc}) = 0$$

及

$$\sigma_n(\overline{ab})\cos\alpha + \tau_n(\overline{ab})\sin\alpha - \sigma_m(\overline{bc}) = 0$$

由于 $\overline{ac} = \overline{ab}\sin\alpha$,而在成形极限时 α 角很小,$\overline{ab} \approx \overline{bc}$ 将以上两式合并后可得

$$\sigma_l = \tau_n(\operatorname{ctg}\alpha - \mu) - \sigma_n(1 + \mu\operatorname{ctg}\alpha)$$

当 σ_l 达到材料的抗拉强度后,壁部将被拉断。与此对应的 α

角就是极限锥角。

由上式可知,极限锥角还与材料的变形抵抗力 τ_n,正压力 σ_n 和摩擦系数 μ 有关。τ_n 愈小,σ_n 愈大,愈有利于提高成形极限。τ_n 和材料抗拉强度的比值与材料的塑性变形能力有关。塑性差的材料,在旋薄中可能沿剪移面 ab、cd 产生破裂。

σ_n 的大小受滚轮和模具之间的间隙调整的影响。当间隙调整太大时。旋出的零件壁厚大于正弦律所要求的厚度 $t=t_0\sin\alpha$,这时筒壁额外所需的材料只能从突缘补给,于是突缘受到径向拉伸,甚至使 σ_n 改变符号,加重了筒壁的拉力负担,不利于成形;相反,当间隙调整偏小时,旋出的零件壁厚小于 $t=t_0\sin\alpha$,将一部分壁厚多余材料挤入突缘,增大了 σ_n 的数值。因此,间隙适当地调小,有利于提高成形极限。

加大摩擦系数 μ,在理论上可以减小壁部所受的拉应力,提高成形极限,然而实际上无法利用这一因素,因为为了保证零件的内壁质量,模具表面必须加工光滑,并且还要涂抹润滑剂。

生产实际中常以厚度变薄率 ψ_t 表示旋薄的变形程度。

$$\psi_t = \frac{t_0 - t}{t_0}$$

变薄率和半锥角之间的关系为

$$\psi_t = 1 - \sin\alpha$$

当 $t=t_{min}$ 时,$\psi_t=\psi_{tmax}$,$\alpha=\alpha_{min}$,所以极限变薄率 ψ_{tmax} 为

$$\psi_{tmax} = \frac{t_0 - t_{min}}{t_0}$$

α_{min} 与 ψ_{tmax} 之间的关系为

$$\psi_{tmax} = 1 - \sin\alpha_{min}$$

一般塑性材料的极限半锥角 $\alpha_{min}=15°\sim20°$,相应的极限变薄率 $\psi_{tmax}=65\%\sim75\%$。根据试验结果,极限变薄率 ψ_{tmax} 和材料单向拉伸试验的剖面收缩率 ψ_p 之间有以下近似关系。

$$\psi_{tmax} = \frac{\psi_p}{0.17 + \psi_p}$$

筒形件的旋薄不能使用平板毛料,只能用较厚的筒形毛坯。材料的变形性质相当于辗压。一次旋薄的变薄率控制在 25% 左右。材料经过多次旋薄,不需中间退火的累计变薄率约为 60%～75%。

表 9.2 所列为旋薄时不需中间退火的各种金属的最大总变薄率。

表 9.2

材料	圆锥形	半球形	圆筒形
合金钢	50～75	35～50	60～75
不锈钢	60～75	45～50	65～75
铝合金	50～75	35～50	60～75
钛合金*	30～55	—	30～75

* 为加热旋薄。

4. 旋薄的工艺参数

影响零件旋薄质量的因素很多。例如送进量、转速、旋轮的直径与圆角半径、旋轮的安装角、旋轮与模具间隙的调整等。

滚轮与模具之间的间隙调整,最好符合正弦律的规定。如果间隙偏大,旋出的零件不贴模,母线不直,壁厚不均,突缘在旋压过程中向前翻倒甚至起皱。间隙偏小,零件内壁贴模好,而壁厚的均匀度和母线直线度较差,零件的内应力大,突缘翻倒。只有当间隙正常时,零件的质量好。调整间隙时,必须将机床、旋轮系统受载时的弹性变形考虑进去。

送进量一般介于 0.25～0.75 mm/r 的范围内。用低速送进,可以降低旋薄力,提高零件表面光度,但贴模性不及高速送进的好。

滚轮的圆角半径不能小于毛料原始厚度,过小的圆角半径,会导致表面不光、掉屑、起皮、甚至出现裂纹。过大的圆角半径则会造成毛料突缘翻倒、失稳、产生皱折。建议用 $(1.5～3)t$。

转速一般约在 200~600 r/min 的范围内。从初步试验看,适当加大转速,有利于降低变形力和提高成形质量。对较硬的材料取较小的值,对软材料取较大值。

一般说来,为了提高零件的表面光度,可以采用圆角半径较大的旋轮,采用较小的送进量和较小的一次变薄率。而要提高零件的贴模准确度,则可采用圆角半径较小的旋轮,采用较大的送进量和中等或较大的变薄率。如果要提高壁厚的准确度,则应采用中等或较小的变薄率。

5. 旋薄工艺过程和毛坯设计

用低碳钢和不锈钢旋薄锥形件和球形件时允许的变薄率分别为 70%~75% 和 50%。但是在实际生产中,对小角度的锥形件变薄率也仅选用 50%,分两道工序在不同锥角的模具上成形,工序间进行退火。

应用两道工序成形如图 9.5 所示的锥形件时,毛坯厚度和中间工序的半锥角可参看图示尺寸。

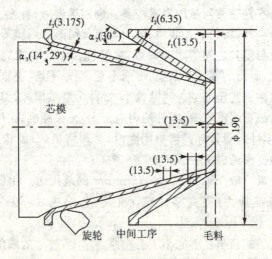

图 9.5

锥角小于 35°或壁部变薄率较大的锥形件,也常用预成形的毛坯,预成形一般用模具冲压或旋压。

如图 9.6 所示为用软钢材料制造深锥形件的工艺过程。用气割切出 $\phi 762$ 的毛坯,中间钻 $\phi 90$ 的孔,周边磨掉毛刺和熔渣;在 $2\,000 t (\approx 19\,600\text{ kN})$ 压力机上压成锥角 120°的锥形半成品;然后在 70 kw 旋薄机床上分两道工序旋薄。总变薄率为 $\dfrac{20-6.7}{20} = 0.665$。

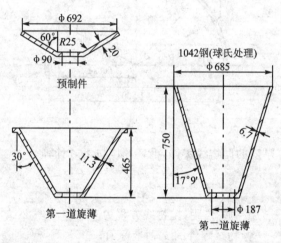

图 9.6

用旋薄制造等厚度的半球形、椭圆形和抛物线形零件时,由于各点都需遵守正弦律,毛坯形状要复杂得多。

若球形件上径向线与水平基准线的夹角为 α,则零件上各点离中心线的距离为 $r = R\cos\alpha$,相应位置的毛坯厚度 $t_0 = \dfrac{1}{\sin\alpha} t$。旋薄时在毛坯上不同点的变薄率是不同的,顶点为零、愈靠近边缘变薄率愈大。为了不使变薄率超过 50%,即在 30°径向线以下要预压成筒形,使其变为近似于筒形件的旋薄,否则这部分是无法成形的。

图 9.7 为铝合金制造的大尺寸等壁厚半球件。为了保证厚度变化的正弦律,必须根据锥角 α 的变化规律,分段设计、采用变厚度的毛坯并增加过渡工序。

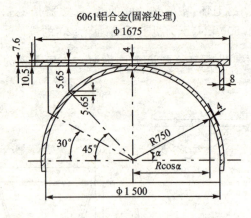

图 9.7

对等厚度的抛物线零件,毛坯厚度按下式计算。

$$t_0 = t\sqrt{\frac{x}{c}+1}$$

式中　c——抛物线焦距,抛物线方程为 $y^2 = 4cx$;
　　　x——抛物线零件的 x 轴坐标值;
　　　y——抛物线零件的 y 轴坐标值。

图 9.8 为口沿直径 ϕ2 000 mm,高 1 000 mm,厚度 20 mm 的抛物线形零件,焦距为 250 mm,图中仅给出($\frac{x}{c}$=0.1;0.5;1.0; 2.0;3.0;4.0)六个点,实际计算时应取更多的点。同样,毛坯的边缘部分也需预旋。

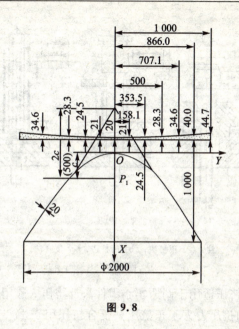

图 9.8

§9.2 冷挤压

一、基本特点

冷挤压实质上是一种块体成形,如图 9.9 所示,将毛坯放入凹模中,凸模以高达 980~2 450 MPa 的压力挤压毛坯,材料在三向受压的应力状态下产生塑性流动,可以一次压出很深的薄壁空心件或小剖面的零件。零件的粗糙度很低,一般达 $Ra3.2$~1.6,最低 $Ra0.2$,尺寸准确。冷挤压的一道工序,往往可以代替四、五道拉深工序。用冷挤压代替机械加工,材料利用率高,材料的纤维连续,强度高。因而是一种生产效率高、产品质量好、成本低廉的加工方法,具有很大的优越性。

根据材料的流动方向,冷挤压可以区分为正挤压、反挤压和复

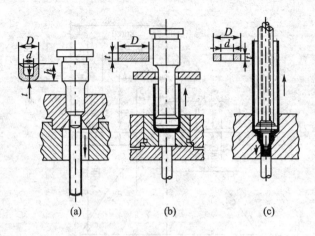

注：(a) 正挤法；(b) 反挤法；(c) 复合法。
图 9.9

合挤压。正挤压适用于制造实心零件。反挤压一般用于制造空心零件，所需的挤压力大于正挤压。复合挤压用于生产复杂形状的零件。

冷挤压要求使用刚性好的大吨位机床，模具必须加工精确，强度高而耐冲击。为了改善原材料的挤压性能，降低挤压力，以及提高零件的表面质量和延长模具使用寿命，大部分材料在挤压前需要进行软化和表面处理，并且在挤压过程中使用良好的润滑剂。

冷挤压的变形程度常用以下几种方法表示。

(1) 断面缩减率 $\psi = \dfrac{F_0 - F_1}{F_1} \times 100\%$

(2) 挤压比 $G = \dfrac{F_0}{F_1}$

(3) 对数挤压比 $\varphi = \ln \dfrac{F_0}{F_1}$

式中　F_0——毛坯的横截面积，mm^2；

F_1——制件的横截面积，mm^2。

在挤压加工中，由于材料处于三向很强的压应力状态，除了特殊情况下是不发生裂纹的。挤压加工的极限变形程度主要受模具强度和使用寿命所限制。工业上模具材料所允许的压力为 2 450 MPa 左右,各种材料的最大断面收缩率 ψ_{max} 如表 9.3 所列。

表 9.3

材料	ψ_{max}		材料	ψ_{max}	
	正挤	反挤		正挤	反挤
低碳钢	50～80	40～75	铝合金	92～98	75～98
中碳钢	40～70	30～70	铜	87～92	80～83
纯铝	97～99	97～99	黄铜	75～87	75～78

二、冷挤压力

如图 9.10 所示为纯铝正反挤压的压力行程曲线。从图中看出冷挤压过程可以分为四个阶段。

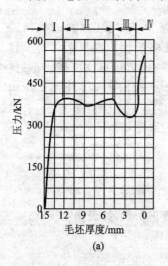

(a)

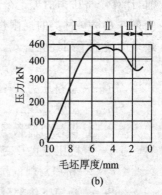

(b)

图 9.10

Ⅰ阶段——凸模开始挤压毛坯,使其镦粗并充满模具空间。然后金属开始沿作用力方向流动;在反挤压的情况下,金属则进入凸、凹模之间的空隙,开始反向流动。在这一阶段,挤压力随凸模行程增加而急骤上升。

Ⅱ阶段——凸模继续挤压毛坯,迫使金属挤出凹模孔口或在凸模和凹模的环状空隙内向上流动。在这个阶段里,毛坯的挤压变形条件不变,挤压力基本不变或有稍许下降,称为稳定挤压阶段。

Ⅲ阶段——凸模继续移动,毛坯变形区高度继续减小。由于变形热效应的影响,产生强烈的发热现象,挤压力有所下降。

Ⅳ阶段——当凸模接近底部,毛坯厚度已小于工件的壁厚,此时变形扩及到整个毛坯,使凸模和凹模之间的一层金属全都产生变形。由于摩擦影响,使挤压力又很快升高。

因此,挤压过程应在第三阶段结束,如果再继续挤压,模具会严重磨损,甚至引起模具和压力机的损坏。

影响冷挤压的因素很多,诸如毛坯形状、毛坯材料的机械性能、变形方式和变形程度、以及模具几何形状和润滑条件等。目前,计算冷挤压力的理论公式还不完善,图算法迅速简便,由于试验条件及材料种类的局限性,也影响它的使用范围。生产中应用最多的还是下列经验公式。

$$F = pF = Z \cdot n \cdot \sigma_b \cdot S$$

式中 F——总挤压力,N;

p——压强,MPa;

Z——模具的形状系数,如图 9.11 所示;

n——挤压方式及变形程度的修正系数,如表 9.4 所列;

σ_b——挤压材料的抗拉强度,MPa;

S——凸模工作部分的横断面积,mm²。

为安全起见,并考虑到生产上可能出现的意外情况(如退火软化质量较差,润滑层脱落等),应按计算压力值乘上安全系数 1.3。

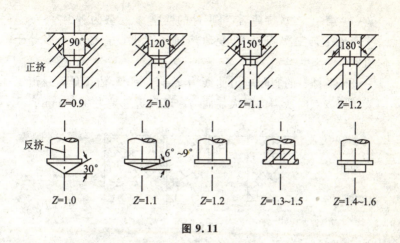

图 9.11

表 9.4

挤压方式	变形程度			备注
	$\phi=40\%$	$\phi=60\%$	$\phi=80\%$	
正挤压	3	4	5	正挤压空心件与实心件的 n 值相同
反挤压	4	5	6	

习 题

1. 变薄旋压中,已知毛料厚度为 9 mm,第一次旋薄后的零件壁厚为 4 mm,第二次旋薄后的零件壁厚为 2.5 mm,试计算零件壁部的锥角。

2. 用直径 $\phi 2\,910$ mm,厚度 16 mm 的铝板旋制火箭的半球形储箱底,旋压过程如图 9.12 所示分三次进行。第一,二次及第三次的 ab 段为变薄旋压,第三次的 bc 段为普通旋压,最后靠模车削成均匀壁厚,已知零件的设计壁厚为 6 mm,又设普通旋压中毛料的厚度基本保持不变。问

(1) 第一、二次旋薄后,锥形件的壁厚 t_1、t_2 各为多少?

(2) 在第三次旋压中,变薄旋压的终止点直径 d 至多等于何值?

(3) 当材料的实际应力曲线为 $\sigma_i = 270\varepsilon_i^{0.16}$,估算最后一道工序旋压至 b 点时所需的最大切向力。已知送进量为 0.5 mm/r。

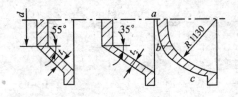

图 9.12

第三部分
板料成形的基本变形方式、变形稳定性与成形性能

第十章 板料成形的基本变形方式

以上,我们分别讨论了弯曲、拉深、翻边、局部成形与拉胀成形等几种基本成形工序。实际上,板料成形工序复杂多样,远非几种简单典型的基本成形工序所能概括。本章,我们在基本成形工序分析的基础上,从变形方式(应力应变状态)的特点出发,对它们的共同规律作一讨论。

§10.1 板料成形过程中毛料区域的划分

为了深入分析一种板料的成形过程,首先必须根据材料流动的状况,将毛料的不同部位加以明确区分。一般而言,平板毛料在模具作用下受力变形,板料在变形过程中,相对说来,位移大而变形小,但变形梯度较大。成形力的传递大多是依靠板料自身受拉实现的。从变形过程的某一瞬间来看,毛料大体上可以区分为变形区与传力区两大部分。但在整个成形过程中,这两个区域有机衔接,相互关联,相互转化,甚至合而为一。举例说明如图10.1

所示：

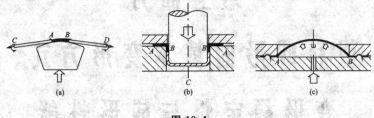

图 10.1

拉形，如图 10.1(a)所示，传力区转变为变形区。

在拉形过程的某一瞬间，AB 段内的板料处于变形区，传力区 AC 和 BD 内的板料，随着拉形过程的发展，一部分逐渐转变为变形区，变形区 AB 乃逐渐扩大。

拉深，如图 10.1(b)所示，变形区转变为传力区。

拉深过程中，突缘与凹模圆角处的板料 AB 为变形区。筒底、筒壁与凸模圆角处的板料 BC 可视为传力区。随着拉深过程的进行，变形区缩小，传力区扩大。变形区转变为传力区(筒壁)。

胀形，如图 10.1(c)所示，变形区与传力区合而为一。

胀形过程中，板料的变形区也就是传力区(毛料上的 AB 段)。传力区的变形方式相当于宽板拉伸，大多处于平面拉应变状态。变形区的变形方式，不能一概而论，讨论如下。

§10.2 变形区应力应变状态的特点

板料的变形区，大都处于平面应力状态，垂直于板面方向没有应力的作用，或者数值很小，可以忽略。变形区板料的塑性变形主要是因为板面内的应力引起的。除弯曲外，通常认为它们沿板厚方向没有变化。概括起来，变形区的主应力状态不外以下四种类型，如图 10.2 所示。

拉-拉 板面内两个主应力均为拉应力。

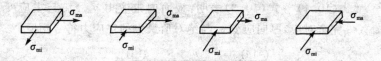

图 10.2

拉-压 板面内两个主应力,一个为拉、另一为压,但就绝对值而言,拉大于压。

压-拉 板面内两个主应力,一个为压、另一为拉,但就绝对值而言,压大于拉。

压-压 板面内两个主应力均为压应力。

如果将绝对值较大的一个主应力用 σ_{major}(简记为 σ_{ma})表示,较小的一个主应力用 σ_{minor}(简记为 σ_{mi})表示,并且用 m 表示它们的比值 $\dfrac{\sigma_{mi}}{\sigma_{ma}}$,称为应力状态比值,$m$ 的变化范围为 $-1 \leqslant m < 1$。

仿此,如果板面内绝对值较大的一个主应变用 ε_{ma} 表示,绝对值较小的一个主应变用 ε_{mi} 表示,厚向应变用 ε_t 表示,并且用 ρ 表示 $\dfrac{\varepsilon_{mi}}{\varepsilon_{ma}}$ 的比值,称为应变状态比值,ρ 的变化范围也是 $-1 \leqslant \rho \leqslant 1$。

利用塑性变形应力应变关系式(3.10),很易证明。

$$\varepsilon_{ma} = \frac{\varepsilon_i}{\sigma_i}\left(\sigma_{ma} - \frac{r}{1+r}\sigma_{mi}\right) = \frac{\varepsilon_i}{\sigma_i}\left(1 - \frac{mr}{1+r}\right)\sigma_{ma} \quad (10.1)$$

$$\varepsilon_{mi} = \frac{\varepsilon_i}{\sigma_i}\left(\sigma_{mi} - \frac{r}{1+r}\sigma_{ma}\right) = \frac{\varepsilon_i}{\sigma_i}\left(m - \frac{r}{1+r}\right)\sigma_{ma} \quad (10.2)$$

$$\varepsilon_t = -(\varepsilon_{ma} + \varepsilon_{mi}) = -\frac{\varepsilon_i}{\sigma_i}\frac{1+m}{1+r}\sigma_{ma} \quad (10.3)$$

而应力状态比值 m 与应变状态比值 ρ 之间有以下关系,如图 10.3 所示。

$$\rho = \frac{(1+r)m - r}{(1+r) - mr} \quad (10.4)$$

$$m = \frac{(1+r)\rho + r}{(1+r) + \rho r} \quad (10.5)$$

式(10.1)~式(10.3)表明：板面内主应力 σ_{ma}、σ_{mi} 与主应变 ε_{ma}、ε_{mi} 完全对应，厚向应变 ε_t 与绝对值最大的主应力符号相反。

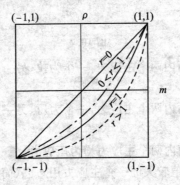

图 10.3

仿照应力状态的形式，应变状态也可分为以下四类，如图10.4所示。

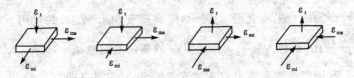

图 10.4

拉-拉　$\varepsilon_{ma} \geqslant \varepsilon_{mi} > 0, \varepsilon_t < 0$。

拉-压　$\varepsilon_{ma} > 0, \varepsilon_{mi} < 0$，且 $\varepsilon_{ma} \geqslant |\varepsilon_{mi}|$，这时 $\varepsilon_t \leqslant 0$。

压-拉　$\varepsilon_{ma} < 0, \varepsilon_{mi} > 0$，且 $|\varepsilon_{ma}| \geqslant \varepsilon_{mi}$，这时 $\varepsilon_t \geqslant 0$。

压-压　$0 < \varepsilon_{mi} \leqslant \varepsilon_{ma}, \varepsilon_t > 0$。

一般情况下，板料成形时变形区应力状态图与应变状态图的对应关系如图10.5所示。

从如图10.3所示的曲线也可看出：除了在 $0 < m < \dfrac{r}{1+r}$ 范围内，m 与 ρ 异号以外，其余 m 与 ρ 的符号均相同。所以如图10.5中所示的拉-拉与压-压主应力状态图都可能对应两种主应变状态

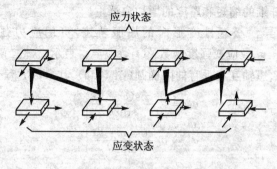

图 10.5

图,余则一一对应。其中 $m=0, \rho=\dfrac{-r}{1+r}$ ——单向应力状态(如图 10.6、图 10.7 中所示的 C、C' 点);$m=\dfrac{r}{1+r}, \rho=0$ ——平面应变状态(如图 10.6、图 10.7 中所示之 B、B' 点);$m=\rho=1$ ——双向等应力状态(如图 10.6、图 10.7 中所示的 A、A' 点);$m=\rho=-1$ ——纯切应力状态(如图 10.6、图 10.7 中所示的 D 点),可以视作板料成形时的特殊状态。

§10.3 板料成形的基本变形方式

分析图 9.5 所示的主应力主应变状态图,可将板料成形时的变形方式归纳为以下两种基本类型。

(一)以拉为主的变形方式——"放"(stretching)

在这种变形方式下,$\sigma_{ma}>0$,$\varepsilon_{ma}>0$,板料的成形主要是依靠板料纤维的伸长与厚度的减薄来实现的。拉应力的成分愈多,数值愈大,板料纤维的伸长与厚度的减薄愈严重。

(二)以压为主的变形方式——"收"(shrinking)

在这种变形方式下,$\sigma_{ma}<0$,$\varepsilon_{ma}<0$,板料的成形主要是依靠板料纤维的缩短和厚度的增加来实现的,压应力的成分愈多,数值愈

大,板料纤维的缩短和厚度的增加愈严重。

厚向异性板塑性变形时的屈服轨迹,可用应力强度函数 $f(\sigma_1,\sigma_2)=\sigma_i$ 及应变强度函数 $\phi(\varepsilon_1,\varepsilon_2)=\varepsilon_i$ 表示。此二函数的图形为一长、短轴互相垂直的两椭圆(图 10.6),其参数方程分别为

$$\left.\begin{aligned}\sigma_1 &= \sigma_i \frac{\cos(\omega-\theta)}{\sin 2\theta} \\ \sigma_2 &= \sigma_i \frac{\cos(\omega+\theta)}{\sin 2\theta}\end{aligned}\right\} \quad (10.6)$$

$$\left.\begin{aligned}\varepsilon_1 &= \varepsilon_i \sin(\omega+\theta) \\ \varepsilon_2 &= -\varepsilon_i \sin(\omega-\theta)\end{aligned}\right\} \quad (10.7)$$

式中 ω ——参数角;

θ ——厚向异性参数角,$\text{tg}\theta=\dfrac{1}{\sqrt{1+2r}}$。

$\omega=0$ 或 π 时,$m=\rho=1$,为双向等应力状态;

$\omega=\pm\dfrac{\pi}{2}$ 时,$m=\rho=-1$,为纯切应力状态;

$\omega=\pm\theta$ 或 $\pi\pm\theta$ 时,$m=\dfrac{r}{1+r}$,$\rho=0$,为平面应变状态;

$\omega=\dfrac{\pi}{2}-\theta$ 或 $-\left(\dfrac{\pi}{2}+\theta\right)$ 时,$m=0$,$\rho=\dfrac{-r}{1+r}$,为单向应力状态。

变形区的变形方式可以结合图 10.6 所示之塑性变形轨迹明确加以表示。

拉-拉区:位于第Ⅰ象限;

拉-压区:以 DD 为界,位于第Ⅱ、Ⅳ象限的右上方;

压-拉区:以 DD 为界,位于第Ⅱ、Ⅳ象限的左下方;

压-压区:位于第Ⅲ象限。

总起来看,DD 右上方的变形方式为"放",左下方的变形方式为"收"。

如将板料变形区应力应变状态的特点概括在一起,利用式(10.6)与式(10.7),可以得到如图 10.7 所示的图形。

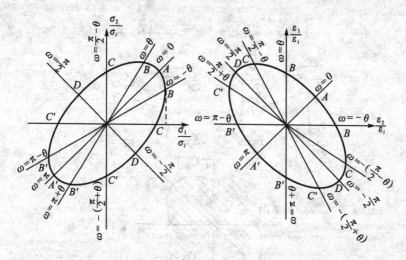

图 10.6

图中，A、B、C、D、A'、B'、C'为板料成形时，应力应变状态的特殊点。

以上分析，有助于我们概括认识板料的一般变形规律与成形性能。总的说来，板料成形过程能否顺利进行到底，首先取决于传力区是否有足够的抗拉强度。其次，要分析变形区可能出现的障碍是什么？在以压为主的变形方式中，板料变形的主要障碍是起皱；在以拉为主的变形方式下，板料变形主要取决于材料应变均化的能力。这些障碍和限制，实质上都是板料变形不能稳定进行的结果。在以后章节里，我们将分别介绍板料的压缩失稳与拉伸失稳问题，并在此基础上介绍板料的成形性能。

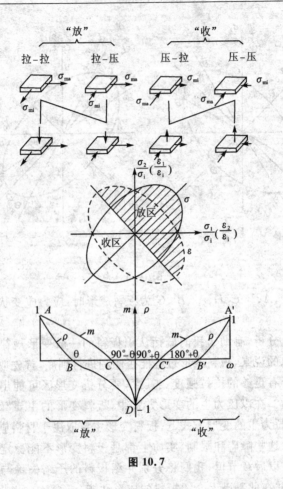

图 10.7

习 题

1. 详述板料成形时应力应变状态的特点与基本变形方式。

2. 板料成形时,应变比 $\rho>0$,相应的应力比 m 必定大于零,而应力比 $m>0$,相应的应变比 ρ 可能大于或小于零,为什么？试简释之。

3. 画出如图 10.8 所示几种成形工序中各指定点 A、B、C、D、

E、F 和 G 的应力应变状态图,指出其"收"、"放"性质,并写出相应的塑性条件(定出 β 的数值)。

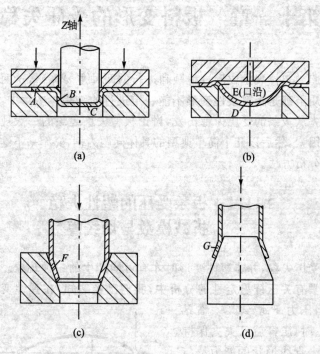

注:(a) 筒形件拉深(弹性压边圈);(b) 圆形凹模液压胀形;
(c) 管子收口;(d) 管子扩口。

图 10.8

第十一章 板料变形的受压失稳

起皱与拉裂是成形过程顺利进行的两种主要障碍,这两种障碍实质上都是板料塑性变形不能稳定进行的结果。本章中,我们将首先从板条的受压失稳出发,讨论板料失稳起皱的一般规律及影响因素,然后以几个简单典型的具体问题为例,介绍一下这类问题的分析方法。

§11.1 板条受压的塑性失稳、折减模数与切线模数

受压失稳,并非塑性变形时才有可能产生的一种现象。在材料力学有关压杆稳定性的分析中,我们已经熟知:在弹性变形阶段,当压力 P 增到某一临界值 P_{cr} 时,压杆就已失去保持其原来直线形状的能力。与压杆一样,受压板条挠曲也可用以下微分方程加以表述,如图 11.1 所示。

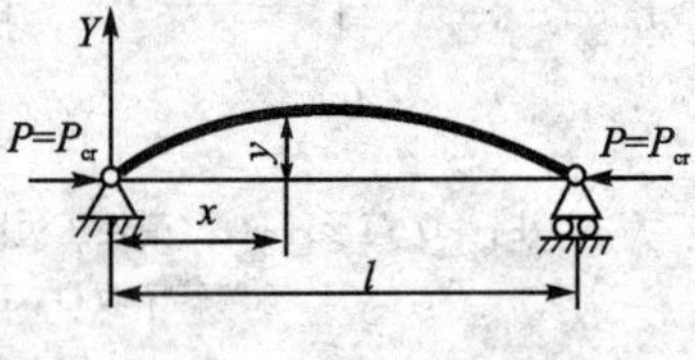

图 11.1

$$EI \frac{\mathrm{d}^2 y}{\mathrm{d}x^2} = -Py \tag{11.1}$$

积分上式,即可求得临界压力 P_{cr} 为

$$P_{cr} = \frac{\pi^2 EI}{L^2} \tag{11.2}$$

式中 E——材料的弹性模数;

I——惯性矩。对于宽 b、厚 t 的板条而言 $I=\frac{1}{12}bt^3$；

L——压杆的长度。

当板条在 P 力作用下，压应力已经超过材料的屈服极限进入塑性区时，确定临界压力的大小就不能再袭用此式了。分析如下：

假定材料的应力应变关系如图 11.2(a)所示，在临界压力作用下板条的应力应变对应于曲线的 B 点。挠曲后，凹面(弯曲时的压区)的应力应变按路线 BC 加载，凸面(弯曲时的拉区)按 BA 卸载，于是得到图 11.2(b)所示的应力分布。

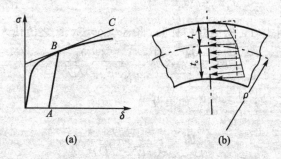

注：(a) 材料的应力应变关系；(b) 板条剖面上的应力分布。

图 11.2

假定弯曲时的中性层半径为 ρ，拉区厚 t_t，压区厚 t_c，则拉、压两区边沿上的应力应变增量的绝对值分别为：

$$\Delta\delta_t = \frac{t_t}{\rho} \qquad \Delta\sigma_t = E\frac{t_t}{\rho} \qquad (11.3)$$

$$\Delta\delta_c = \frac{t_c}{\rho} \qquad \Delta\sigma_c = E\frac{t_c}{\rho} \qquad (11.4)$$

式中 D 为 B 点切线的斜率，即材料在 B 点的应变强化模数。

和研究弹性失稳时所持的出发点一样，挠曲时轴向压力 $dP=0$，因此

$$E\frac{t_t}{\rho}\times\frac{1}{2}bt_t = D\frac{t_c}{\rho}\times\frac{1}{2}bt_c$$

利用关系 $t_t + t_c = t$ 可得

$$t_t = \frac{\sqrt{D}}{\sqrt{E} + \sqrt{D}} t \tag{11.5}$$

$$t_c = \frac{\sqrt{E}}{\sqrt{E} + \sqrt{D}} t \tag{11.6}$$

而剖面的弯曲力矩

$$M = M_t + M_c = \Delta\sigma_t \left(\frac{1}{2} b t_t\right) \frac{2}{3} t_t + \Delta\sigma_c \left(\frac{1}{2} b t_c\right) \frac{2}{3} t_c = \frac{b}{3}(\Delta\sigma_t t_t^2 + \Delta\sigma_c t_c^2)$$

利用式(11.3)~式(11.6),将 $\Delta\sigma_t$、$\Delta\sigma_c$、t_t、t_c 之值代入上式得

$$M = \frac{bt^3}{12} \times \frac{1}{\rho} \times \frac{4ED}{(\sqrt{E} + \sqrt{D})^2} \tag{11.7}$$

式中 $\frac{1}{12}bt^3 = I$,$\frac{1}{\rho} \approx \frac{d^2 y}{dx^2}$,如果设

$$E_r = \frac{4ED}{(\sqrt{E} + \sqrt{D})^2} \tag{11.8}$$

则式(11.7)可写作

$$M = E_r I \frac{d^2 y}{dx^2} \tag{11.9}$$

又因内、外弯矩相等:$M = -Py$。所以可得塑性变形时受压板条在挠曲状态下的微分平衡方程式为

$$E_r I \frac{d^2 y}{dx^2} = -Py \tag{11.10}$$

此式与弹性状态下的式(11.1)在形式上完全一样。仿照式(11.2)可得塑性变形时板条受压失稳的临界载荷为

$$P_{cr} = \frac{\pi^2 E_r I}{L^2} \tag{11.11}$$

上式表明:塑性与弹性失稳临界压力的表达式在形式上完全一样,只是用 E_r 代替 E 罢了。E_r 称为折减弹性模数,它同时反映

了材料的弹性模数 E(弯曲时的卸载路线)与应变强化模数 D(弯曲时的加载路线)的综合效应。

式(11.11)是在临界状态下,压力数值不变($dP=0$)的前提下推得的,但在板料冷压成形中,起皱往往是在压力递增($|dP|>0$)的条件下发生的,皱纹凸面的伸长量小于由压力递增而产生的压缩变形增量,因而并不引起局部卸载,换句话说,皱纹是在加载条件下产生的,凸、凹两面应力增量和应变增量的关系均为

$$\Delta\sigma = D\Delta\delta$$

设材料的实际应力曲线为 $\sigma=f(\delta)$,$D=\dfrac{d\sigma}{d\delta}$ 为应力应变曲线上某点的切线斜率即应变强化模数,在研究以加载条件($|dP|>0$)为前提的塑性受压失稳问题中又称之为切线模数,与弹性模数 E 相当。在这种情况下的临界载荷表达式与式(11.2)也完全一样,只要将弹性模数 E 用切线模数 D 代替即可。所以这时的临界载荷为

$$P_{cr} = \frac{\pi^2 DI}{L^2} \tag{11.12}$$

为简便计算,我们称式(11.11)的临界压力为折减模数载荷,以 $(P_{cr})_{E_r}$ 表示。而将式(11.12)的临界压力称为切线模数载荷,以 $(P_{cr})_D$ 表示。

比较 E_r 及 D 可见　　$E_r > 0$

所以　　　　　　　　$(P_{cr})_{E_r} > (P_\sigma)_D$

即折减模数载荷总是大于切线模数载荷。此外,许多试验研究还表明,塑性失稳时,实际临界载荷要比折减模数载荷为低,比较接近于切线模数载荷。失稳挠曲在折减模数载荷到达之前就出现了,而且开始时并不同时发生卸载。所以切线模数载荷作为计算受压失稳的临界载荷,不仅比较安全,而且算法简单,有一定的实用意义。

兹将以上分析归纳如下:

(1) 塑性失稳与弹性失稳的有关计算公式在形式上完全相似。计算塑性失稳时,只需将弹性失稳计算式中的弹性模数 E 用折减模数 E_r 或切线模数 D 代替就行了。E_r 与 D 的选取,视具体问题而定。

(2) 由式(11.11)与式(11.12)可见,板料的塑性变形愈大,E_r、D 值愈小,抵抗失稳起皱的能力也愈益减弱。

(3) 由式(11.11)与式(11.12)还可看出:板料抵抗失稳起皱的能力与受载板料的几何参数密切有关。

试以 $I=\dfrac{1}{12}bt^3$ 代入式(11.11)或式(11.12),可用

$$(P_{cr})_{E_r} = \frac{\pi^2}{12} E_r \frac{bt^3}{L^2}$$

或

$$(P_{cr})_D = \frac{\pi^2}{12} D \frac{bt^3}{L^2}$$

等式两端除以 bt,则得板条受压失稳时之平均临界应力 σ_{cr} 为

$$(\sigma_{cr})_{E_r} = \frac{\pi^2}{12} E_r \left(\frac{t}{L}\right)^2 \tag{11.13}$$

或

$$(\sigma_{cr})_D = \frac{\pi^2}{12} D \left(\frac{t}{L}\right)^2 \tag{11.14}$$

由此可见,板料抵抗失稳起皱的能力与其相对厚度的平方 $\left(\dfrac{t}{L}\right)^2$ 成正比。

§11.2 筒形件拉深不用压边的界限

求解受压失稳问题时,为了简化计算,求得近似解答,大多采用能量法,较少采用力的平衡法。应用能量法求解时,只要挠曲表面假设适当,即能求得正确的答案,否则,答案会有误差。而能量

法的可取之处就在于所设曲面(曲线)纵然不甚适合实际情况,误差也非常之小。以无压边拉深筒形件为例,分析如下。

一般而言,拉深时突缘起皱,能量的变化主要有三:

(1) 突缘失稳,波纹隆起所需的弯曲功。半波的弯曲功设为 u_w。

(2) 突缘失稳起皱后,周长缩短,切向应力因周长缩短而释出的能量。对于半波而言,切向应力释出的能量设为 u_θ。

(3) 压边力所消耗的功。每一半波上消耗的功为 u_Q(不用压边时,其物理意义详见后述)。

在临界状态下:

$$u_\theta = u_w + u_Q \tag{11.15}$$

逐项分析如图 11.3 所示。

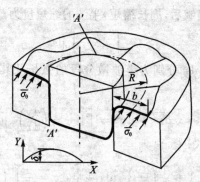

图 11.3

u_w:

假设 $\overline{R}$ 为突缘变形区的平均半径,b 为突缘宽度,失稳起皱后,皱纹的高度为 δ,波形为正弦曲线,波纹数为 N,半波长度 l 为

$$l = \frac{\pi \overline{R}}{N} \tag{11.16}$$

如以坐标表示任意点波纹的挠度,坐标值 x 表示此点在半径 $\overline{R}$ 的圆周上的投影位置,于是半波的数学模型可以表为

$$y = \delta \sin\left(\frac{Nx}{R}\right) \tag{11.17}$$

利用材料力学有关弹性弯曲的能量公式

$$u = \int_0^l \frac{M^2}{2EI}dx = \int_0^l \frac{EI}{2}\left(\frac{d^2y}{dx^2}\right)^2 dx \tag{11.18}$$

用折减模数 E_r 代替上式中的弹性模数 E。假定应变强化模数 D 不变，则 E_r 为一常值。于是可以求得半波的弯曲功 u_w 为

$$u_w = \frac{E_r I}{2}\int_0^l \left(\frac{d^2y}{dx^2}\right)^2 dx \tag{11.19}$$

将式(11.17)代入式(11.19)，积分后，可得

$$u_w = \frac{\pi E_r I \delta^2 N^3}{4\overline{R}^3} \tag{11.20}$$

u_θ:

突缘失稳起皱后，周长缩短，半波的缩短量为

$$S' = \int_0^l dS - \int_0^l dx \tag{11.21}$$

式中 dS 和 dx 分别为半波微分段的弧长及其在 x 轴上的投影长度。又因

$$dS = \sqrt{dx^2 + dy^2} = \left[1 + \frac{1}{2}\left(\frac{dy}{dx}\right)^2\right]dx$$

所以

$$S' = \int_0^l \left[1 + \frac{1}{2}\left(\frac{dy}{dx}\right)^2\right]dx - \int_0^l dx = \frac{1}{2}\int_0^l \left(\frac{dy}{dx}\right)^2 dx \tag{11.22}$$

假定突缘上的平均切向压应力为 $\bar{\sigma}_\theta$，则半波上 $\bar{\sigma}_\theta$ 因长度缩短而释出的能量 u_θ 为

$$u_\theta = \bar{\sigma}_\theta bt \times \frac{1}{2}\int_0^l \left(\frac{dy}{dx}\right)^2 dx = \bar{\sigma}_\theta bt \frac{\pi \delta^2 N}{4\overline{R}} \tag{11.23}$$

u_Q:

不用压边时，突缘内边沿在凸模与凹模圆角之间夹持得很紧，实际上也有阻止起皱的作用，计算 u_Q 时应该考虑进去，分析如下。

利用有关薄板弯曲的现成公式:宽度为 b 的环形板,内周边固支,在均布载荷 q 作用下,其 $\bar{R}$ 处之挠度 y 为

$$y = \frac{Cqb^5}{8EI} \tag{11.24}$$

式中 C 为一与材料的波桑比及 $\frac{b}{R}$ 比值有关的系数,介于 $1.03 \sim 1.11$ 之间,如果取平均值 1.07,则上式可以写作

$$q = 7.47 \frac{EI}{b^5} y = Ky \tag{11.25}$$

式中 $K = 7.47 \frac{EI}{b^5}$ 为一常数。所以载荷 q 与挠度 y 成正比。

突缘内边沿夹持得很紧,相当于周边固支的环形板,其阻止起皱的作用,可用上述均布载荷 q 的效应加以模拟,称为虚拟压边力。

起皱时,波纹隆起。此虚拟压迫力 q 所消耗的功 u_Q 为

$$u_Q = \int_0^l \int_0^y bq \, dy \, dx \tag{11.26}$$

将式(11.17)与式(11.25)代入上式,得

$$u_Q = \frac{\pi \bar{R} b K \delta^2}{4N} \tag{11.27}$$

临界状态时,平均切向应力所释出的能量,恰好等于起皱所消耗的能量。根据式(11.15),将 u_Q、u_w 与 u_Q 之值代入可得

$$\bar{\sigma}_\theta bt = \frac{E_r I N^2}{\bar{R}^2} + bK \frac{\bar{R}^2}{N^2} \tag{11.28}$$

将式(11.28)对波数微分,令 $\frac{\partial \sigma_\theta}{\partial N} = 0$,即可求得临界状态下之波数 N 为

$$N = 1.65 \frac{\bar{R}}{b} \sqrt[4]{\frac{E}{E_r}} \tag{11.29}$$

将式(11.29)的 N 值代入式(11.28),即可求得突缘起皱时的最小切向应力 $\bar{\sigma}_\theta$ 为

$$\bar{\sigma}_\theta = 0.46 E_r \left(\frac{t}{b}\right)^2 \tag{11.30}$$

而不需压边的极限条件,可以表示为

$$\bar{\sigma}_\theta \leqslant 0.46 E_r \left(\frac{t}{b}\right)^2 \tag{11.31}$$

如果材料的一般性实际应力曲线为

$$\sigma_i = K \varepsilon_i^n$$

假定拉深时,整个突缘宽度上均为平均切向应力 $\bar{\sigma}_\theta$ 作用。与 $\bar{\sigma}_\theta$ 相应的平均切向应变为 $\bar{\varepsilon}_\theta$,则

$$\bar{\sigma}_\theta = K \bar{\varepsilon}_\theta^n$$

$$D = \frac{d\bar{\sigma}_\theta}{d\bar{\varepsilon}_\theta} = K n \bar{\varepsilon}_\theta^{n-1}$$

为简化计算,取

$$E_r = \frac{4DE}{(\sqrt{E}+\sqrt{D})^2} = \frac{4D}{\left(1+\sqrt{\frac{D}{E}}\right)^2} \approx 4D = 4Kn\bar{\varepsilon}_\theta^{n-1}$$

代入式(11.31)得

$$\bar{\sigma}_\theta \leqslant 1.84 Kn\bar{\varepsilon}_\theta^{n-1}\left(\frac{t}{b}\right)^2 \tag{11.32}$$

又因 $\bar{\sigma}_\theta = K\bar{\varepsilon}_\theta^n$,所以式(11.32)可改写作

$$\left(\frac{t}{b}\right)^2 \geqslant 0.544 \frac{\bar{\varepsilon}_\theta}{n} \tag{11.33}$$

假定 R_0 为毛料的半径,R_t 为拉深某一瞬间的突缘外半径,r 为突缘内半径(即拉深件半径),并以 $\rho = \frac{R_t}{R_0}$ 表示拉深突缘的相对位置,$m = \frac{r}{R_0}$ 表示拉深系数,式(11.33)中之 $\frac{t}{b}$ 为

$$\frac{t}{b} = \frac{t}{R_t - r} = \frac{t}{R_0(\rho - m)}$$

将 $\frac{t}{b}$ 之值代入式(11.33),拉深时不需压边的条件乃可表为

$$\frac{t}{2R_0} \geqslant 0.37(\rho - m)\sqrt{\frac{\varepsilon_\theta}{n}} \qquad (11.34)$$

为了简化计算,假定突缘上任意点 R 处之切向应变与其位置半径成反比

$$\varepsilon_\theta = \frac{R_t}{R}\left(1 - \frac{R_t}{R_0}\right) \qquad (11.35)$$

突缘外边沿之切向应变 $(\varepsilon_\theta)_{R_t}$ 为

$$(\varepsilon_\theta)_{R_t} = 1 - \frac{R_t}{R_0}$$

突缘内边沿之切向应变 $(\varepsilon_\theta)_r$ 为

$$(\varepsilon_\theta)_r = \frac{R_t}{r}\left(1 - \frac{R_t}{R_0}\right)$$

所以突缘上平均切向应变 $\bar{\varepsilon}_\theta$ 为

$$\bar{\varepsilon}_\theta = \frac{1}{2}\left[(\varepsilon_\theta)_{R_t} + (\varepsilon_\theta)_r\right] = \frac{1}{2}(1-\rho)\left(1 + \frac{\rho}{m}\right) \qquad (11.36)$$

将 $\bar{\varepsilon}_\theta$ 之值代入式(11.34),可得不需压边的条件为

$$\frac{t}{2R_0} \geqslant 0.37(\rho - m)\sqrt{\frac{(1-\rho)(m+\rho)}{2mn}} \qquad (11.37)$$

将式(11.37)对 ρ 微分,令 $\frac{\partial}{\partial \rho}\left(\frac{t}{2R_0}\right) = 0$,可得突缘失稳时之 ρ 为:

$$\rho \approx 0.675 + 0.325m$$

以此值代入式(11.37),可得不需压边的条件为

$$100\left(\frac{t}{2R_0}\right) \geqslant \frac{17}{\sqrt{n}}(1-m)(1.18-m) \qquad (11.38)$$

上式表明:拉深时,材料的应变强化指数,拉深系数和毛料的相对厚度愈大,不用压边的可能性也愈大。如图 11.4 所示,为按式(11.38)绘出的界限曲线。

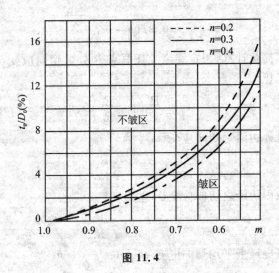

图 11.4

§11.3 筒形件用压边拉深时压边力的确定

式(11.15)也可作为此处用能量法求解压边力的基本出发点。

首先,在试验研究的基础上,假定突缘起皱后波纹表面如图 11.5 所示,其数学模型为

$$y = \frac{y_0}{2}\left(1 - \cos 2\pi \frac{\phi}{\phi_0}\right)\left(\frac{R-r}{R_t - r}\right)^{1/2} \qquad (11.39)$$

式中 R_t——某一拉深瞬间突缘的外半径;

r——突缘的内半径(即筒形件半径);

R——突缘上任意点的位置半径;

ϕ_0——单波所对的圆心角;

ϕ——单波任意弧段所对的圆心角;

y_0——单波的最大挠度;

y——突缘上任意点(坐标为 R、ϕ)处之挠度。

显然,当 R 为任意值,但 $\phi = \phi_0$ 或 $\phi = 0$ 时,$y = 0$;只有当

$R=R_t, \phi=\dfrac{\phi_0}{2}$ 时, $y=y_0$。

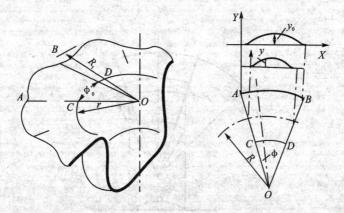

图 11.5

其次,确定每一拉深阶段突缘上的应力分布。

假设材料的实际应力曲线为

$$\sigma_i = K\varepsilon_i^n$$

为了简化计算,我们用式(11.35)计算任一点 R 处的切向应变 ε_θ,因为拉深中 ε_θ 为最大主应变,所以可近似认为

$$\sigma_i \approx K\varepsilon_\theta^n = K\left[\frac{R_t}{R}\left(1-\frac{R_t}{R_0}\right)\right]^n \qquad (11.40)$$

与拉深的平衡方程和塑性方程联立求解(参看第六章),可得:

$$\sigma_i = \frac{K}{n}\left(1-\frac{R_t}{R_0}\right)^n\left[\left(\frac{R_t}{R}\right)^n-1\right]^n \qquad (11.41)$$

$$\sigma_\theta = \frac{K}{n}\left(1-\frac{R_t}{R_0}\right)^n\left[1-(1-n)\frac{R_t}{R_0}\right]^n \qquad (11.42)$$

最后,由于采用了压边,波纹挠度不大,可以认为失稳是在加载条件下发生的,分析计算中可用切线模数 D 代替弹性模数 E,则 D 为:

$$D \approx \frac{d\sigma_i}{d\varepsilon_\theta} \approx Kn\varepsilon_\theta^{n-1} = Kn\left[\frac{R_t}{R}\left(1-\frac{R_t}{R_0}\right)\right]^{n-1} \qquad (11.43)$$

用能量法,将 u_θ、u_w、u_θ,按单波逐一计算参见图 11.6,过程如下。

u_θ:

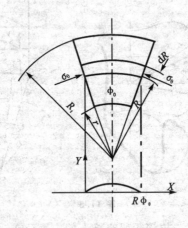

图 11.6

假定任意 R 处之切向应力为 σ_θ,σ_θ 之作用面积为 tdR(t 为板厚),R 处的单波缩短量 S' 为(将式(11.39)及 $x=R\phi$ 之关系代入式(11.21))

$$S' = \frac{1}{2}\int_0^{\phi_0} \frac{\pi^2 y_0^2}{\phi_0^2} \cdot \frac{1}{R} \cdot \frac{R-r}{R_t-r} \cdot \sin^2\frac{2\pi\phi}{\phi_0} d\phi \quad (11.44)$$

在一个单波内,切向应力 σ_θ 由于长度缩短而释出之能量为

$$u_\theta = \int_r^{R_t} \sigma_\theta S' t \, dR$$

将式(11.42)、式(11.44)之值代入上式得

$$u_\theta = \frac{\pi^2 y_0^2 Kt\left(1-\frac{R_t}{R_0}\right)^n}{2n(R_t-r)\phi_0^2} \int_r^{R_t}\int_0^{\phi_0} \frac{R-r}{R}\left[1-(1-n)\left(\frac{R_t}{R}\right)^n\right] \times$$

$$\sin^2\frac{2\pi\phi}{\phi_0} dRd\phi = \frac{\pi^2 y_0^2 Kt\left(1-\frac{R_t}{R_0}\right)^n}{4n(R_t-r)\phi_0}\left\{\frac{1}{n}\left[\left(\frac{R_t}{r}\right)^n-1\right]-\ln\frac{R_t}{r}\right\}$$

$$(11.45)$$

u_w：

利用式(11.18)，并以 D 代替 E，可得失稳时单波所需之弯曲功为：

$$u_w = \int_r^{R_t} \int_0^l \frac{1}{2} D \left(\frac{d^2 y}{dx^2}\right)^2 dI dx$$

式中 dI 为半径 R 处，厚 t 宽 dR 剖面之惯性矩。$dI = \frac{1}{12} t^3 dR$，以此关系与式(11.39)、式(11.43)代入上式得

$$u_w = \frac{Knt^3 \pi^4 y_0^2 \left[R_t \left(1 - \frac{R_t}{R_0}\right)\right]^{n-1}}{6(R_t - r)\phi_0^4} \int_r^{R_t} \int_0^{\phi_0} \frac{R - r}{R^{n+2}} \cos^2\left(\frac{2\pi\phi}{\phi_0}\right) dR d\phi =$$

$$\frac{Knt^3 \pi^4 y_0^2 \left(1 - \frac{R_t}{R_0}\right)^{n-1}}{12 R_t (R_t - r)\phi_0^3} \left\{ \frac{1}{n} \left[\left(\frac{R_t}{r}\right)^n - 1\right] - \frac{r}{(1+n)R_t} \left[\left(\frac{R_t}{r}\right)^{n+1} - 1\right] \right\} \quad (11.46)$$

u_Q：

忽略虚拟压边力的作用。假定总压边力为 Q，总波数为 N，$N = \frac{2\pi}{\phi_0}$，压边力基本上作用在突缘边沿 $R = R_t$ 处，此处挠度最大，等于 y_0，所以每一波纹上所消耗之压边功 u_Q 为

$$u_Q = \frac{y_0 \phi_0 Q}{2\pi} \quad (11.47)$$

将式(11.45)~式(11.47)代入式(11.15)，可以解得压边力 Q 为

$$Q = \frac{2\pi}{y_0 \phi_0} (u_\theta - u_w) \quad (11.48)$$

将式(11.48)对 ϕ_0 微分，令 $\frac{\partial Q}{\partial \phi_0} = 0$，即可求得在最小压边力下之 ϕ_0 为

$$\phi_0 = \sqrt{\frac{2\pi^2 n^2 t^2 \left\{\frac{1}{n}\left[\left(\frac{R_t}{r}\right)^n - 1\right] - \frac{r}{(1+n)R_t}\left[\left(\frac{R_t}{r}\right)^{n+1} - 1\right]\right\}}{3R_t r\left(1 - \frac{R_t}{r}\right)\left\{\frac{1}{n}\left[\left(\frac{R_t}{r}\right)^n - 1\right] - \ln\frac{R_t}{r}\right\}}}$$

(11.49)

以 ϕ_0 之值代入式(11.48),即可求得最小压边力 Q 为

$$Q = 1.5K \frac{y_0}{t} \cdot \frac{\pi r^2}{4} \cdot \frac{1}{n^3} \cdot (1-\rho)^{1+n} \cdot$$

$$\frac{\frac{\rho}{m}\left\{\frac{1}{n}\left[\left(\frac{\rho}{m}\right)^n - 1\right] - \ln\frac{\rho}{m}\right\}^2}{\left(\frac{\rho}{m} - 1\right)\left\{\frac{1}{n}\left[\left(\frac{\rho}{m}\right)^n - 1\right] - \frac{1}{1+n}\left[\left(\frac{\rho}{m}\right)^n - \frac{m}{\rho}\right]\right\}}$$

(11.50)

式中 $\rho = \frac{R_t}{R_0}$ 表示拉深突缘的相对位置, $m = \frac{r}{R_0}$ 为拉深系数。由式(11.50)可见:在不同的拉深阶段,压边力也不同。其值与板料性质(K、n)、拉深系数(m)、波纹的最大相对高度$\left(\frac{y_0}{t}\right)$(一般取为0.13左右)、筒形件面积($\frac{\pi}{4}r^2$)等因素有关。

在式(11.50)中,取

$$F(Q) = \frac{1}{n^3}(1-\rho)^{1+n} \cdot$$

$$\frac{\frac{\rho}{m}\left\{\frac{1}{n}\left[\left(\frac{\rho}{m}\right)^n - 1\right] - \ln\frac{\rho}{m}\right\}^2}{\left(\frac{\rho}{m} - 1\right)\left\{\frac{1}{n}\left[\left(\frac{\rho}{m}\right)^n - 1\right] - \frac{1}{1+n}\left[\left(\frac{\rho}{m}\right)^n - \frac{m}{\rho}\right]\right\}}$$

(11.51)

于是压边力 Q 为

$$Q = 1.5K \frac{y_0}{t} \frac{\pi r^2}{4} F(Q) \qquad (11.52)$$

$F(Q)$ 称为压边力系数,在拉深过程中为一随拉深系数、材料

的应变强化指数、拉深突缘相对位置而变化的函数。如图 11.7 所示为 $F(Q)$ 的变化规律。$F(Q)$ 的变化规律即压边力的变化规律，与实验结果符合一致。

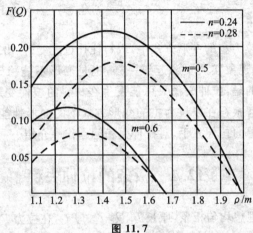

图 11.7

习 题

1. 矩形件拉深时，何以长直边对应的变形区最易起皱，试解释之。

2. 圆弧板条失稳起皱的临界应力为

$$\sigma_{cr} \leqslant 0.46 E_r \left(\frac{t}{b}\right)^2$$

式中 E_r——折合模数；t——板条厚度；b——板条宽度。

某"T"型材的腹板宽度为 b，板厚为 t，材料的应力应变关系为 $\sigma = K\varepsilon^n$，腹板向内弯曲成形，试近似估算其不起皱的临界弯曲半径 R 值。

3. 拉深时最有利的压边力 Q 应随拉深深度 h 而变化。试将图 11.7 所示的 $F(Q) \sim \dfrac{\rho}{m}$ 曲线转换为 $Q \sim h$ 关系，并提出此变压边力的实施方案，计算时可忽略模具圆角半径的影响。

第十二章 板料塑性变形的拉伸失稳

在以拉为主的变形方式中,板料往往过度变薄、出现沟槽甚至拉断,这种现象实质上和起皱一样,也是变形不能稳定进行的结果。不同的是,拉伸失稳只可能发生在材料的塑性变形阶段。为了深入理解板料在以拉为主的变形方式下的变形性能,本章将先从板条的单向拉伸入手,对拉伸失稳问题作一介绍。

§12.1 板条的拉伸失稳

设一理想均匀板条,原长 l_0、宽 w_0、厚 t_0,在拉力 F 作用下,塑性变形后为 l、w、t,如果材料的应力应变关系符合幂次式 $\sigma = K\varepsilon^n$,可以推得

$$F = A_0 K \varepsilon^n \exp(-\varepsilon) \tag{12.1}$$

或

$$F = A_0 K \left(\ln \frac{l}{l_0}\right)^n \left(\frac{l_0}{l}\right) \tag{12.2}$$

式中 $A_0 = w_0 t_0, A = w t, \varepsilon = \ln \dfrac{l}{l_0} = \ln \dfrac{A_0}{A}$

图 12.1 所示为理想均匀板条拉伸时,按式(12.2)绘出的拉力-伸长量曲线。如与图 2.1、图 2.2 所示之实际板条拉伸假象应力曲线图作一对照,不难看出:载荷 F(假象应力 $\tilde{\sigma}$ 未达到最大值 $F_{\max}$(强度极限 σ_b)以前,两者基本一致,达到最大值(或 σ_b)后,理想均匀板条载荷(或 $\tilde{\sigma}$)平缓下降,实际板条下降趋势急剧,曲线较短。

从板条承载能力的角度看,$F = F_{\max}$ 后,材料已经作出了最大贡献,外载不可能再有所增加,通常把这种现象称之为加载失稳。

第十二章 板料塑性变形的拉伸失稳

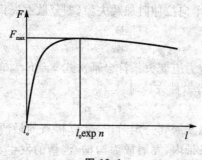

图 12.1

加载失稳以前,理想均匀板条和实际板条的变形行为基本一致。但从板条形状变化的角度看,理想均匀板条遵循宏观塑性力学的规律,理应保持均匀变形:沿着板条,轴向伸长与剖面收缩完全一致。而实际板条,则不能保持均匀伸长,呈现颈缩,变形局限在颈缩区内发展,曲线段较短。从变形角度看这也是一种失稳现象。加载失稳以后,颈缩在板条的较大一个区间内扩散,称为分散性失稳。根据试验观察:板条单向拉伸时,外载的加载失稳点和变形的分散性失稳点基本上同时发生,颈缩扩散发展到一定程度后,变形集中在某一狭窄条带内(通常,此条带宽度与板厚为同一量级)发展成为沟槽,称为集中性失稳。文献中有时也把板条的分散性失稳称为宽向失稳,而把集中性失稳称为厚向失稳。集中性失稳开始以后,沟槽加深,外载急剧下降,板条最后分离为二。图 12.2 为板条拉伸颈缩的示意图。

(a)

(b)

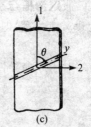
(c)

图 12.2

前已证明,单向拉伸时加载失稳(即分散性失稳)的条件为

$$\frac{d\sigma_1}{d\varepsilon_1} = \sigma_1 \tag{12.3}$$

如材料的应力应变关系符合幂次式 $\sigma_i = K\varepsilon_i^n$,单向拉伸时 $\sigma_i = \sigma_1$,$\varepsilon_i = \varepsilon_1$,所以分散性失稳时

$$\varepsilon_1 = n \tag{12.4}$$

分散性失稳发展到一定阶段,实际板条的最薄弱环节开始集中在某一狭窄条带内,发展成为沟槽,沟槽的发生、发展主要是依靠板料的局部变薄。沿着沟槽没有长度的变化。因此,集中性失稳产生的条件是:材料的强化率与其厚度的缩减率恰好相等。这就是希尔(Hill)的集中性失稳理论。用数学式表为

$$\frac{d\sigma_i}{\sigma_i} = -\frac{dt}{t} \tag{12.5}$$

对于厚向异性板,单向拉伸时 $\sigma_i = \sigma_1$、$\varepsilon_i = \varepsilon_1$,$\frac{dt}{t} = d\varepsilon_3 = -\frac{1}{1+r}d\varepsilon_1$,所以式(12.5)又可表为

$$\frac{d\sigma_1}{d\varepsilon_1} = \frac{1}{1+r}\sigma_1 \tag{12.6}$$

如果材料的应力应变关系为 $\sigma_i = K\varepsilon_i^n$,单向拉伸时 $\sigma_1 = K\varepsilon_1^n$,$d\sigma_1 = Kn\varepsilon_1^{n-1}d\varepsilon_1$,代入式(12.6),可得单向拉伸集中颈开始发生时的应变,为

$$\varepsilon_1 = (1+r)n \tag{12.7}$$

假定沟槽与拉伸方向成 θ 角(图 12.2c),则沿沟槽的应变增量 $d\varepsilon_y$,应为零,即

$$d\varepsilon_y = d\varepsilon_1 \cos^2\theta + d\varepsilon_2 \sin^2\theta = 0$$

对于厚向异性板

$$\frac{d\varepsilon_2}{d\varepsilon_1} = \frac{-r}{1+r}$$

所以

$$\theta = \mathrm{tg}^{-1}\sqrt{\frac{1+r}{r}} \tag{12.8}$$

板条单向拉伸失稳是讨论板料在双向受力而以拉为主的变形方式下变形失稳问题的基础。但还有很多问题有待深入研究。由于几何尺寸与材料性质不均,实际板条加载时产生分散性颈缩,其起始部位具有随机的性质。颈缩区材料交错滑移,其塑性变形的机理是比较复杂的。颈缩区内因应变速率 $\dot{\varepsilon}$ 与应变状态比值 $\rho=\dfrac{\varepsilon_2}{\varepsilon_1}$ 的变化产生的强化效应,可以取得颈内亚稳定流动的条件,决定了实际板条分散颈缩的范围大小与集中失稳开始出现的时刻。

§12.2 板料的拉伸失稳

上节我们讨论了板条单向拉伸的加载失稳与变形失稳(包括分散性失稳与集中性失稳)的规律。板条单向拉伸时,宽度方向没有约束,处于自由状态,而板料在成形过程中,板面两个方向都受到边界的约束和材料的牵制,失稳现象比较复杂。讨论如下。

一、加载失稳

如以 m 表示应力状态比

$$m = \frac{\sigma_2}{\sigma_1}$$

ρ 表示应变状态比

$$\rho = \frac{\mathrm{d}\varepsilon_2}{\mathrm{d}\varepsilon_1}$$

应力应变状态均为双拉时

$$0 < m \leqslant 1, \quad 0 \leqslant \rho \leqslant 1$$

比例加载时

$$\rho = \frac{\mathrm{d}\varepsilon_2}{\mathrm{d}\varepsilon_1} = \frac{\varepsilon_2}{\varepsilon_1}$$

ρ 与 m 的关系为

$$\rho = \frac{m - \dfrac{r}{1+r}}{1 - \dfrac{r}{1+r}m}, \quad m = \frac{\rho + \dfrac{r}{1+r}}{1 + \dfrac{r}{1+r}\rho} \qquad (12.9)$$

应力强度 σ_i 与应变强度增量 $d\varepsilon_i$ 分别为

$$\sigma_i = \sqrt{1 - \frac{2rm}{1+r} + m^2}\, \sigma_1 \qquad (12.10)$$

$$d\varepsilon_i = \frac{(1+r)\sqrt{1 - \dfrac{2rm}{1+r} + m^2}}{1+r-rm} d\varepsilon_1 = \qquad (12.11a)$$

$$\frac{(1+r)\sqrt{1 - \dfrac{2rm}{1+r} + m^2}}{m-r+rm} d\varepsilon_2 = \qquad (12.11b)$$

$$\frac{-(1+r)\sqrt{1 - \dfrac{2rm}{1+r} + m^2}}{1+m} d\varepsilon_3 \qquad (12.11c)$$

微分式(12.10)可得

$$d\sigma_i = \frac{\partial \sigma_i}{\partial \sigma_1} d\sigma_1 + \frac{\partial \sigma_i}{\partial \sigma_2} d\sigma_2 = \frac{r(1-m)+1}{(1+r)\sqrt{1 - \dfrac{2rm}{1+r} + m^2}} d\sigma_1 -$$

$$\frac{r(1-m)-m}{(1+r)\sqrt{1 - \dfrac{2rm}{1+r} + m^2}} d\sigma_2 \qquad (12.12)$$

材料的应力应变关系符合幂次式

$$\sigma_i = K\varepsilon_i^n$$

以上,我们列出了推导加载失稳的基本关系式。现就几种典型的加载失稳情况作一讨论。

1. 平板双拉

假定板料的长、宽、厚原为 a_0、b_0、t_0,双拉后变为 a、b、t,如图 12.3 所示,则沿 1 轴的拉力为

$$F_1 = bt\sigma_1 = b_0 t_0 e^{\varepsilon_2 + \varepsilon_3} \sigma_1 = b_0 t_0 e^{-\varepsilon_1} \sigma_1 \qquad (12.13)$$

第十二章 板料塑性变形的拉伸失稳

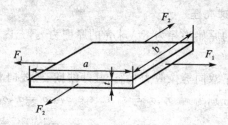

图 12.3

沿 2 轴的拉力为

$$F_2 = at\sigma_2 = a_0 t_0 e^{\varepsilon_1+\varepsilon_3}\sigma_2 = b_0 t_0 e^{-\varepsilon_2}\sigma_2 \quad (12.14)$$

假定失稳条件为 $dF_1=0$(Dorn 准则),则由式(12.13)可得

$$\frac{d\sigma_1}{d\varepsilon_1} = \sigma_1 \quad (12.15)$$

利用式(12.11a、b),除以式(12.12),注意到 $d\varepsilon_2 = \frac{m-r+rm}{1+r-rm}d\varepsilon_1$,即可求得在此条件下之加载失稳应变为

$$(\varepsilon_i)_{dP_1=0} = \frac{(1+r)\sqrt{1-\dfrac{2rm}{1+r}+m^2}}{1+r(1-m)}n \quad (12.16)$$

假定失稳条件为 $dF_1=dF_2=0$(Swift 准则),则由式(12.13)、式(12.14),可将此条件表为

$$\left.\begin{array}{l}\dfrac{d\sigma_1}{d\varepsilon_1} = \sigma_1 \\[2mm] \dfrac{d\sigma_2}{d\varepsilon_2} = \sigma_2\end{array}\right\} \quad (12.17)$$

用式(12.11a、b)除以式(12.12),可得在此条件下之加载失稳应变为

$$(\varepsilon_i)_{dF_1=dF_2=0} = \frac{\sqrt{\left(1-\dfrac{2rm}{1+r}+m^2\right)^3}}{(1+m)\left[1-\dfrac{1+4r+2r^2}{(1+r)^2}m+m^2\right]}n$$

$$(12.18)$$

2. 薄壳球充压

假定球的原始半径为 R_0，球壳的厚度为 t_0，充内压 p 后，变为 R、t。

球壳处于双向等拉应力状态，其纬线向、经线向和厚向的主应力和主应变分别为 σ_θ、σ_r、σ_t 与 ε_θ、ε_r、ε_t。$\sigma_\theta = \sigma_r = \sigma_i$，$\sigma_t = 0$；$\varepsilon_\theta = \varepsilon_r = \frac{1}{2}\varepsilon_i$，$\varepsilon_t = -\varepsilon_i$；$t = t_0 e^{\varepsilon_t} = t_0 e^{-\varepsilon_i}$，$R = R_0 e^{\varepsilon_\theta} = R_0 e^{\frac{1}{2}\varepsilon_i}$。则因 $\sigma_i = K\varepsilon_i^n$，所以

$$p = \frac{2\sigma_\theta t}{R} = 2K\varepsilon_i^n \frac{t_0}{R_0} e^{-\frac{3}{2}\varepsilon_i} \tag{12.19}$$

加载失稳时，$p = p_{\max}$，$dp = 0$，微分式(12.19)，可得此时之应变为

$$(\varepsilon_i)_{dp=0} = \frac{2}{3}n \tag{12.20}$$

而最大压力为

$$p_{\max} = 2K \frac{t_0}{R_0} \left(\frac{2}{3}n\right)^n e^{-n} \tag{12.21}$$

3. 薄壁筒拉胀

设薄壁筒的平均半径为 R_0、壁厚为 t_0，两端封闭，筒内充压 p，轴向受拉力 F 的作用，p 与 F 互为独立参数。加载后，平均半径由 R_0 变为 R，壁厚由 t_0 变为 t。

因变形为轴对称，所以周向 θ、厚向 t、轴向 z 为主轴，如果忽略端头效应与厚向应力，不难求得其主应力和主应变分别为

$$\sigma_\theta = \frac{pR}{t} \tag{12.22}$$

$$\sigma_z = \frac{F_z}{2\pi Rt} = \frac{F + \pi R^2 p}{2\pi Rt} \tag{12.23}$$

$$\sigma_t = 0 \tag{12.24}$$

$$\varepsilon_\theta = \ln \frac{R}{R_0} \tag{12.25}$$

$$\varepsilon_z = -(\varepsilon_\theta + \varepsilon_t) \tag{12.26}$$

$$\varepsilon_t = \ln\frac{t}{t_0} \tag{12.27}$$

式(12.23)中，F_z 为总的轴向拉力。

薄壁筒拉胀的加载失稳有两种类型：拉力失稳与内压失稳。分别讨论如下。

(1) 拉力失稳

假定 $\sigma_z > \sigma_\theta$，$m = \dfrac{\sigma_\theta}{\sigma_z}$，失稳条件为 $dF_z = 0$。

利用式(12.10)与式(12.11)可将式(12.23)表为

$$F_z = \frac{2\pi R_0 t_0 \sigma_i}{\sqrt{1 - \dfrac{2rm}{1+r} + m^2}} \exp\left\{ \frac{1 - [1 + r(1-m)]\varepsilon_i}{(1+r)\sqrt{1 - \dfrac{2rm}{1+r} + m^2}} \right\} \tag{12.28}$$

在 $m = $ 常数，$\sigma_i = K\varepsilon_i^n$ 的情况下，可以推得此时之失稳应变值为

$$(\varepsilon_i)_{dF_z = 0} = \frac{(1+r)\sqrt{1 - \dfrac{2rm}{1+r} + m^2}}{1 + r(1-m)} n \tag{12.29}$$

(2) 内压失稳

假定 $\sigma_\theta > \sigma_z$，$m = \dfrac{\sigma_z}{\sigma_\theta}$，失稳条件为 $dp = 0$。

利用式(12.10)与式(12.11)可将式(12.22)表为：

$$p = \frac{t_0 \sigma_i}{R_0 \sqrt{1 - \dfrac{2rm}{1+r} + m^2}} \exp\left\{ \frac{-[m + 2 + r(1-m)]\varepsilon_i}{(1+r)\sqrt{1 - \dfrac{2rm}{1+r} + m^2}} \right\} \tag{12.30}$$

在 $m = $ 常数，$\sigma_i = K\varepsilon_i^n$ 的情况下，可以推得此时之失稳应变为

$$(\varepsilon_i)_{\mathrm{d}p=0} = \frac{(1+r)\sqrt{1-\frac{2rm}{1+r}+m^2}}{m+2+r(1+m)}n \qquad (12.31)$$

4. 圆板胀形

假定圆板各向同性,胀形后近似为一球面,顶点处于双向等拉应力状态,即

$$\sigma_r = \sigma_\theta = \sigma_i, \sigma_t = 0$$

$$\varepsilon_r = \varepsilon_\theta = -\frac{1}{2}\varepsilon_t = \frac{1}{2}\varepsilon_i$$

假定在某一变形瞬间,胀形压力为 p,半球半径为 R,顶点的板厚度 t_0 变为 t。从顶点力的平衡条件出发,可得

$$p = \frac{2t\sigma_\theta}{R} = \frac{2t_0 e^{\varepsilon_t}\sigma_\theta}{R} = \frac{2t_0 e^{-\varepsilon_i}}{R}\sigma_i \qquad (12.32)$$

载荷失稳时 $p = p_{\max}, \mathrm{d}p = 0$ 所以

$$\frac{\mathrm{d}\sigma_i}{\mathrm{d}\varepsilon_i} = \frac{\sigma_i}{\dfrac{1}{1+\dfrac{1}{R}\dfrac{\mathrm{d}R}{\mathrm{d}\varepsilon_i}}} \qquad (12.33)$$

如材料的应力应变关系为 $\sigma_i = K\varepsilon_i^n$,可以推得载荷失稳时顶点之应变强度为

$$(\varepsilon_i)_{\mathrm{d}p=0} = \frac{n}{1+\dfrac{1}{R}\dfrac{\mathrm{d}R}{\mathrm{d}\varepsilon_i}} \qquad (12.34)$$

于是问题归结为求解胀形过程中球的半径变化规律。

假定胀形半径为 R 时,顶点的胀形高度为 h,顶点的应变增量为

$$\mathrm{d}\varepsilon_\theta = \mathrm{d}\varepsilon_r = \frac{\mathrm{d}h}{R} = \frac{1}{2}\mathrm{d}\varepsilon_i$$

或

$$\mathrm{d}\varepsilon_i = 2\frac{\mathrm{d}h}{R} \qquad (12.35)$$

设胀形凹模半径为 b,胀形半径 R 与高度 h 有以下关系。

$$R = \frac{b^2 + h^2}{2h} \tag{12.36}$$

$$dR = -\frac{b^2 - h^2}{2h^2}dh \tag{12.37}$$

将式(12.36)代入式(12.35),积分,可得应变强度与胀形高度之间的关系为

$$\varepsilon_i = 2\ln\left(1 + \frac{h^2}{b^2}\right)$$

或
$$\left(\frac{b}{h}\right)^2 = \frac{1}{e^{\varepsilon_i/2} - 1} \approx \frac{2}{\varepsilon_i} \tag{12.38}$$

将式(12.37)除以式(12.35):

$$\frac{dR}{d\varepsilon_i} = -\frac{R}{4}\left(\frac{b^2}{h^2} - 1\right) \approx \frac{R}{4}\left(1 - \frac{2}{\varepsilon_i}\right) \tag{12.39}$$

$$\frac{1}{R}\frac{dR}{d\varepsilon_i} \approx \frac{1}{4}\left(1 - \frac{2}{\varepsilon_i}\right) \tag{12.40}$$

载荷失稳时 $\varepsilon_i = (\varepsilon_i)_{dp=0}$,所以有

$$\frac{1}{R}\frac{dR}{d\varepsilon_i} \approx \frac{1}{4}\left(1 - \frac{2}{(\varepsilon_i)_{dp=0}}\right)$$

代入式(12.34),即可解得为

$$(\varepsilon_i)_{dp=0} \approx \frac{2}{5}(1 + 2n) = 0.4 + 0.8n \tag{12.41}$$

试与球壳充压加载失稳值(式(12.20))作一比较,不难看出:圆板胀形之加载失稳值要比球壳充压胀形之加载失稳值大得多。圆板胀形时,变形区虽也可近似视为一半球,但其变形条件实际上与球壳胀形却迥然不同。球壳充压胀形时,应力应变状态处处相同,皆为双向等拉。随着变形程度的增加,球壳半径加大($\frac{dR}{d\varepsilon_i} > 0$)、厚度减薄($\frac{dt}{d\varepsilon_i} < 0$),其值也是处处相同的。圆板胀形时,变形区的应力应变状态,由顶点的双向等拉变为凹模洞口处的平面应变。如将变形区近似视为半球,随着变形程度的增加,其半径逐渐减少

($\frac{dR}{d\varepsilon_i}<0$),其厚度的减薄率($\frac{dt}{d\varepsilon_i}<0$)也是处处不一样,而是由顶点至凹模洞口逐渐减少(指$\frac{dt}{d\varepsilon_i}$的绝对值)。如果$\sigma_r=\sigma_\theta=\frac{pR}{2t}$,在球壳充压胀形中,$R$增加,$t$减小,应力的增加较快;圆板胀形中,$R$减少,$t$也减少,因而应力的增加较慢。结果,推迟了加载失稳点,使之能维持较大的稳定变形。

二、变形失稳

板料双拉变形时,由于板面内材料的牵制和模具的约束,变形失稳的发展规律较难一概而论。

以圆筒拉胀为例,其变形失稳分凸肚型与颈缩型两类。在$\sigma_\theta>\sigma_z$的条件下,内压加载失稳($dp=0$)后,筒壁承载能力($\sigma_\theta t$)达最大值($d(\sigma_\theta t)=0$)时,圆筒开始分散性失稳,应变沿圆筒轴向分布不均,出现区域性凸肚现象,最后在最大直径处沿母线产生沟槽(集中性失稳)而开裂,如图12.4(a)所示。在$\sigma_z>\sigma_\theta$(确切地说,$\varepsilon_\theta<0$)的条件下,拉力加载失稳时,圆筒开始分散性失稳,与板条单向拉伸类似,出现区域性颈缩,最后在颈缩中心部位产生周向沟槽(集中性失稳)而开裂,如图12.4(b)所示。圆筒拉胀变形失稳的发展阶段和板条单向拉伸一样,也较明显。

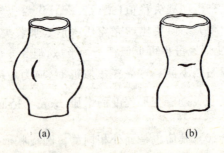

图 12.4

但是球壳充压,情况就不同了。加载失稳以后,球壳如因分散性变形失稳,产生区域性应变分布不均,这一失稳区间,由于应变增大,表面面积必然加大而凸出于球面,外凸部分的曲率半径必然小于其余部分,而由式(12.19)可知,这一局部区域内的压力 p 也应相应增加,这实际上是难以实现的。所以加载失稳以后,分散性变形失稳只是一种均匀变形的失控状态,并不意味着球壳不能保持均匀变形而产生区域性应变分布不均。当变形达到一定程度后,只是由于球壳材质不均,产生沟槽(集中性失稳)而破裂。

圆板胀形不仅加载失稳与球壳充压不同,其变形失稳也不一样。球壳充压,加载失稳与分散性变形失稳(继续均匀变形的失控状态)基本上同时发生。圆板胀形一开始,变形区就存在应变梯度,变形程度自顶点向凹模洞口逐渐减小。因此,原则上可以从变形区几何形状的变化或应变梯度的改变来寻找规律,提出分散性变形失稳的判据。实际上却较难实现,而且由此确定的失稳应变值一般都低于加载失稳的应变值。同时,试验结果还表明,即令是在加载失稳以后,顶点附近应变分布梯度的变化并不显著,甚至有些材料在胀形过程中并无加载失稳现象。因此,可以认为:圆板胀形分散性变形失稳现象并不明显,而且与加载失稳无明显的对应关系。读数显微镜观察表明,加载失稳前后,试件表面粗糙,顶点附近沿着周向和径向出现形状不规则的微小沟槽,这些沟槽迅速加深、扩展,试件很快就破裂了。

球底刚性模拉胀(局部成形)是一种更为接近板料实际生产过程的情况。这时,外加载荷始终增加直至破裂。大多数材料加载曲线变化平稳,较难据以判断试件的变形失稳,如图 12.5 所示。只有通过应变的测量(参看第十四章网格技术)才能作出判断。

图 12.6 所示为不同凸模压深(按数序标注)下,毛料上经线向和纬线向应变分布的试验曲线。曲线表明:当凸模压深不大时,应变即已开始分布不均,在板料与凸模接触边界附近出现峰值,以后因为应变硬化与摩擦效应,峰值向试件边沿挪动,最后,应变集中,产生局部细颈(沟槽)而破裂。

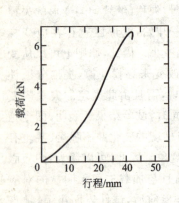

半球刚性模($R=50.8$ mm)拉胀
低碳钢板的加载曲线

图 12.5

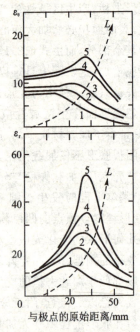

半球刚性模($R=50.8$ mm)拉胀
低碳钢板,不同成形阶段的应变分布
(ε_r—经线向应变;ε_θ—纬线向应变;
L—板料与模具接触界面)。

图 12.6

应变分布曲线说明:板料在成形过程中,由于刚性凸模的约束、摩擦作用以及材料之间的牵制,为了保持整个几何面的总体协调,分散性失稳的发展受到限制,而由图示应变分布梯度明确定出分散性变形失稳的判据也是困难的。定性地说,应变分布取决于材料应变均化的能力,n 值愈大,均化能力愈强(参看第十三章单向拉伸试验一节),应变分布愈均匀,破裂前的成形深度也愈大。但是,作为板料成形极限状态的标志还是集中性沟槽的产生。因为沟槽的宽度与板厚为同一量级,它的产生、发展,不会影响板料在成形过程中几何面的总体协调。

归纳以上分析,可以得出以下几点结论:

(1) 板料拉伸失稳可从外载和变形的角度出发,区分为加载失稳与变形失稳。

(2) 加载失稳可以根据外载变化的临界状态明确确定其失稳点。

(3) 变形失稳分为分散性与集中性两个发展阶段。原则上可从板料变形的分布与变化,描述其发展规律,定出失稳判据。同时,由于材料应力应变之间存在一定关系,所以原则上也可从变形过程中加载曲线的变化,寻求失稳点的判据。实际上,很难统一、明确。在一些板料成形过程中,加载失稳点与分散性失稳点基本一致。

(4) 由于边界和模具的约束以及相邻材料的牵制,为保证变形区几何面的总体协调,板料双拉下分散性变形失稳的发展受到限制。

(5) 作为判断板料成形极限的依据是集中性失稳——沟槽的产生与发展。但是,沟槽的宽度与板厚属同一量级,它不会影响板料成形时变形区几何面的总体协调。

兹将集中性失稳——沟槽的产生、发展进一步介绍如下。

§12.3 板料拉伸变形的集中性失稳

一、拉-压应变状态下的集中性失稳

双向受拉应力状态($0 < m \leqslant 1$)下的板料,其应变状态可能如图 12.7 所示,为

拉-压状态: $\dfrac{-1}{1+r} < \rho \leqslant 0$

拉-拉状态: $0 \leqslant \rho \leqslant 1$

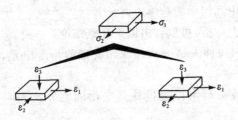

图 12.7

前已述及,集中性失稳产生的前提条件是:板面内必须存在一条应变零线,在这种条件下,板料厚度的减薄率(软化因素)恰好可由板料的强化率得到补偿,沟槽乃得以产生、发展。从应变增量莫尔圆(如图 12.8 所示)可以明显看出:只有在拉-压应变状态下,坐标原点才位于莫尔圆内,才可能存在应变零线。此应变零线与 1

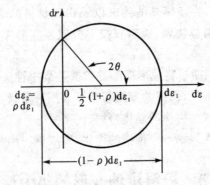

图 12.8

轴成 θ 角。由图可见:
$$\cos 2\theta = -\frac{1+\rho}{1-\rho} = -\frac{1+m}{(1+2r)-m(1+2r)} \quad (12.42)$$

显然,平面应变状态($\rho=0$ 或 $m=\frac{r}{1+r}$)时,坐标原点恰好位于圆周上,这是一种极限状态。这时,$\cos 2\theta = -1$,$\theta = 90°$,沟槽与 1 轴垂直。如果 $\rho > 0$ 或 $m > \frac{r}{1+r}$,即超过平面应变的双拉状态,

$\cos 2\theta > 1$,式(12.42)无解。

当应力状态在单向拉伸和平面应变之间时($0 \leqslant m \leqslant \dfrac{r}{1+r}$,$\dfrac{-r}{1+r} \leqslant \rho \leqslant 0$),板面内有应变零线存在。在满足这一前提条件下,当板料达到某一变形程度时,材料的强化率与厚度的减薄率恰好相等,沟槽——集中性失稳即开始发生,用数学关系表示,即为式(12.5):

$$\frac{d\sigma_i}{\sigma_i} = -\frac{dt}{t} = -d\varepsilon_3$$

或

$$d\sigma_i = -\sigma_i d\varepsilon_3$$

用式(12.11c)除以上式,即得集中性失稳产生时之应变为

$$\varepsilon_j = \frac{(1+r)\sqrt{1 - \dfrac{2rm}{1+r} + m^2}}{1+m} n \qquad (12.43)$$

此时,板面内之二主应变 ε_{j1}、ε_{j2} 及厚向应变 ε_{j3} 分别为

$$\varepsilon_{j1} = \frac{1+(1-m)r}{1+m} n \qquad (12.44a)$$

$$\varepsilon_{j2} = \frac{m-(1-m)r}{1+m} n \qquad (12.44b)$$

$$\varepsilon_{j3} = -n \qquad (12.44c)$$

二、拉-拉应变状态下沟槽的发展(M-K 理论)

在超过平面应变的双拉状态下($\rho > 0$、$m > \dfrac{r}{1+r}$),应变增量莫尔圆在坐标原点右侧,不存在应变零线,失去了产生集中性失稳的前提。希尔关于集中性失稳的理论似已失去有效性了。然而实际观察表明:板料在超过平面应变的双拉状态下发生破裂,裂纹垂直于最大拉应力的方向,破裂之前确有沟槽的产生和发展。这种集中性失稳现象,马辛尼亚克(Marciniak)与库克宗斯基(Kuczynski)用所谓"凹槽假说"(文献中称之为 M-K 理论)解释如下。

实际上板料并不是理想的均匀连续体,板面粗糙度不一,板内空穴随机分布,组织不均。所以板料在受载变形之前原来就已存在一些薄弱环节。这些薄弱环节的分布方位是随机的。为了简化分析,假定双拉板料在均匀区 A 以内,有一个薄弱环节——凹槽 B,凹槽 B 的方位,垂直于最大拉应力,一切几何的、物理的弱化影响因素都归结为板厚的减少,其模型如图 12.9 所示。

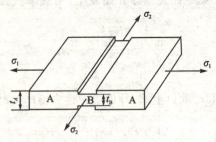

图 12.9

假定 A、B 两区的板厚、应力、应变等均标以角注以示区别,并将两区原始厚度的比值用原始不均度 f_0 表示,则

$$f_0 = \left(\frac{t_B}{t_A}\right)_0 \tag{12.45}$$

一般而言,f_0 略小于 1。

在比例加载条件下(m_0、ρ_0 为常数),均匀区的主应力、主应变分量为:

$$\sigma_{1A}, \qquad \sigma_{2A} = m_0\sigma_{1A}, \qquad \sigma_{3A} = 0$$
$$\varepsilon_{1A}, \qquad \varepsilon_{2A} = \rho_0\varepsilon_{1A}, \qquad \varepsilon_{3A} = -(1+\rho_0)\varepsilon_{1A}$$

板料受载变形满足力的平衡条件

$$\sigma_{1A}t_{1A} = \sigma_{1B}t_{1B} \tag{12.46}$$

和几何协调条件

$$d\varepsilon_{2A} = d\varepsilon_{2B} = d\varepsilon_2 \tag{12.47}$$

图 12.10 所示为板料的初始屈服轨迹。op 为一介于双向等拉与平面应变之间的双拉加载路线。op 的斜率为 m_0。如果均匀

区的加载路线为 op,则因槽内应力 σ_{1B} 大于均匀区应力 σ_{1A},因此槽内的加载路线将不同于 op。如果两区的原始厚度相差甚微,可以近似认为:弹性变形时 A、B 两区的加载路线基本重合,但 B 区材料必先于 A 区进入屈服状态(到达 A_0)。由于变形必须保证同时满足平衡条件和几何协调条件,因此凹槽 B 内应力只能在不改变材料屈服强度的前提下,沿初始屈服轨迹中性变载——σ_{1B} 增加,σ_{2B} 减少。设 B 区沿屈服表面变载至 B_0 点,A 区刚好到达屈服表面的 A_0 点。所以开始塑性变形时,两区的应力状态比即已开始产生明显的差异:

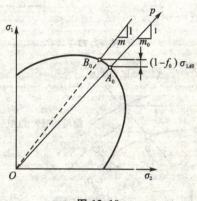

图 12.10

$$\left(\frac{\sigma_{2B}}{\sigma_{1B}}\right)_0 = m < m_0 = \left(\frac{\sigma_{2A}}{\sigma_{1A}}\right)_0 \tag{12.48}$$

继续塑性变形,根据塑性流动的法向性原则:应变强度增量 $(d\varepsilon_i)_{A0}$、$(d\varepsilon_i)_{B0}$ 应分别垂直于 A_0、B_0 点的屈服表面,$\rho < \rho_0$。但因 $(d\varepsilon_2)_{A0} = (d\varepsilon_2)_{B0} = d\varepsilon_2$,所以 $(d\varepsilon_1)_{B0} > (d\varepsilon_1)_{A0}$,$(d\varepsilon_i)_{B0} > (d\varepsilon_i)_{A0}$,如图 12.11 所示。这就意味着:继续屈服时,A 区和 B 区因变形程度不等将位于不同层次的屈服表面上。而应力 $(\sigma_i)_B > (\sigma_i)_A$,$B$ 区所处屈服表面层次将比 A 区外扩,如图 12.12 所示。

以上分析表明,塑性变形时,凹槽内、外应力状态是不同的。

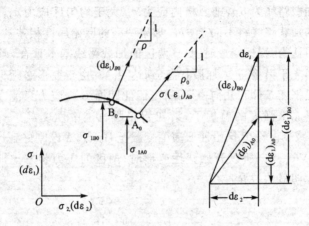

图 12.11

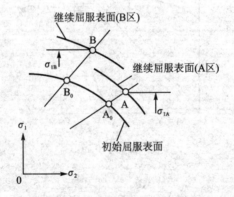

图 12.12

如果 A 区按固定路线 op 加载,应力状态不变,B 区的加载路线将沿着不同层次的屈服表面挠曲变化,如图 12.13 所示,改变应力大小与应力状态以满足静力平衡和几何协调条件,最终到达平面应变状态 B_1($m = (\frac{\sigma_{2B}}{\sigma_{1B}})_B = \frac{r}{1+r}$)。此时 $(d\varepsilon_2)_{B_f} = 0$,凹槽加深,$(d\varepsilon_1)_{B_f} > (d\varepsilon_1)_{A_f}$,直至破裂。而 A 区所能达到的应变,即为加载路线 m_0, ρ_0 下的成形极限 $(\varepsilon_{1A})_L$,如图 12.14 所示。

上述过程和结果,可用数值分析法加以描述和计算,其数学模型在文献中称之为 M-K 微积分方程。这里就不详细介绍了。

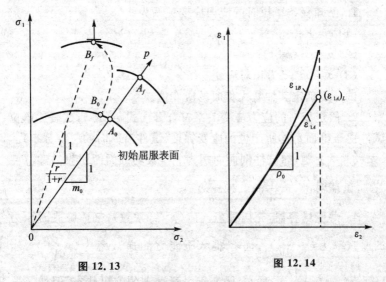

图 12.13　　　　　　　　图 12.14

拉伸失稳现象,特别是成形过程中集中性失稳(沟槽)的产生,都是在大变形下出现的,这时材料的均匀连续性已经遭到严重破坏,因此,不能单纯用宏观力学的分析方法对此加以解释(例如希尔集中性失稳理论不能解释超乎平面应变的双拉状态),必须同时从微观与细观的角度,利用宏观-细观-微观相结合的分析方法,探索其产生、发展的规律。

M-K 凹模理论,实质上就是从材质不均这一概念出发建立的。但是缺乏微观与细观方面的研究基础,分析方法没有完全摆脱宏观力学的窠臼,它所引用的板厚不均度这一基本参数过于概念化,难以实际应用。

板料的拉伸失稳问题,特别是超乎平面应变($\rho > 0$)下的集中性失稳,还是一个值得深入研究的课题。

习 题

1. 已知板条单拉时的应力应变关系为：
(1) $\sigma = K\varepsilon^n$
(2) $\sigma = A(\varepsilon_0 + \varepsilon)^m$
(3) $\sigma = p\delta^\alpha$，δ 为相对应变

试分别确定其加载失稳时的应变值。

2. 假定板料的应力应变关系符合幂次式 $\sigma = K\varepsilon^n$，试表述单拉试件由于剖面不均所产生的应变梯度（试件沿纵向的应变分布）。

3. 承上题，如试件剖面面积为 A_0，最弱剖面面积为 $A_{\min}$，$f = \dfrac{A_{\min}}{A_0}$，试证明：$f^{\frac{1}{n}} = \dfrac{\varepsilon}{n}\exp(1 - \dfrac{\varepsilon}{n})$。

4. 薄壁球容器，充以理想气体（$pV = $ 常数），气体膨胀时压力的递减率为 $\left(-\dfrac{dp}{dV}\right)_g$，而容器承压能力的递减率为 $\left(\dfrac{-dp}{dV}\right)_c$，当 $\left(-\dfrac{dp}{dV}\right)_g = \left(-\dfrac{dp}{dV}\right)_c$ 时，容器处于失稳爆破的临界状态，假如容器材料的应力应变关系为 $\sigma = K\varepsilon^n$，是否存在上述条件？此时容器的变形程度为何？

第十三章 板料的成形性能

材料的加工性,例如可焊性、可切削性、可成形性等,是产品选材时不容忽视的重要根据,它往往成为决定一种材料生命力的决定性因素。改善材料的加工性常常比改进加工方法本身具有更大的经济效益。

板料的加工性包括冲剪性、成形性和定形性三个方面:冲剪性是指板料适应各种分离加工的能力;成形性是指板料适应各种成形加工过程的能力;定形性是指板料成形加工终了,外载卸去以后,保持其已获得形状的能力。其中,成形性又是研究板料加工性的中心环节。

钣金零件形形色色,成形方法多种多样,新工艺方法层出不穷,加以工艺影响因素繁多,要想将板料适应各种成形加工的能力逐一加以研究或用一个统一指标全面评定板料成形性能好坏是不现实的,只能采取概括类比结合典型模拟的分析试验法加以研究。本书的任务之一,就是帮助读者通过这些方面的数据资料,综合分析,正确判断板料的成形性能。

§13.1 鉴定板料成形性能的基本试验

板料在成形过程中变形力通过传力区而及于变形区。传力区一般都处于平面拉应变状态,板料的成形可能性必然要受到传力区抗拉强度的限制。变形区的基本变形方式不外"收"和"放"两种类型,起皱和破裂是"收"、"放"过程不能稳定进行而出现的两种主要障碍。起皱或破裂之前,板料所能取得的最大变形程度——成形极限,是研究板料成形性的中心内容。薄板受压极易失稳起皱,对应于不起皱的极限变形程度很小,不能反映板料的极限变形能力。板料在以压为主的变形方式下成形时,往往采取预防起皱的措施(例如压边),使变形过程得以稳定进行下去,以发挥板料固有的塑性变形能力。因此,真正反映板料极限变形能力的,是板料在以拉为主的变形方式下的破裂。破裂是拉伸失稳过程的终结,破裂前的极限变形程度又取决于板料所处的应力应变状态。例如08Al 单向拉伸时,破裂前的轴向应变 $\varepsilon_{lf}=0.62$、宽向应变 $\varepsilon_{wf}=-0.33$、厚向应变 $\varepsilon_{tf}=-0.29$;近似平面应变时,$\varepsilon_{lf}=0.313$、$\varepsilon_{wf}=-0.019$、$\varepsilon_{tf}=-0.294$;双向等拉时,$\varepsilon_{lf}=\varepsilon_{wf}=0.45$、$\varepsilon_{tf}=0.90$。在板料成形所有可能的变形方式中,除掉以压为主的变形方式外,包含单向拉伸($m=0$)、平面拉应变($\rho=0$)、双向等拉($m=\rho=1$)和纯剪($m=\rho=-1$)等四种特殊的应力应变状态(参看§10.3)。通过试验,了解板料在这四种特殊状态下的变形行为对于全面认识和评估板料在以拉为主的变形方式下的成形性能很有必要。所以我们把它们称之为鉴定板料成形性能的基本试验。这些试验有的已有标准,有的还在研究中,分别介绍如下。

一、单向拉伸试验

在第二章中,我们对单向拉伸实际应力曲线的性质、特点,作了分析介绍。

通过单向拉伸试验,可以取得板料在强度、刚度、塑性等方面的机械性能指标:

1) 强度指标

屈服应力 σ_s 或 $\sigma_{0.2}$;

强度极限 σ_b: $\sigma_b=\dfrac{p_{\max}}{A_0}$;

细颈点应力 σ_j: $\sigma_j=\dfrac{p_{\max}}{A_j}$。

2) 刚度指标

弹性模数 E；

应变强化模数 D　D 为屈服后实际应力曲线上各点的斜率，为一变值。在细颈点，$D=\sigma_j$；

应变强化指数　其值为细颈点应变 ε_j。

3）塑性指标

细颈点应变 ε_j　$\varepsilon_j = \ln \dfrac{A_0}{A_j}$

总延伸率 δ_{10} 或 δ_5　δ_{10} 或 $\delta_5 = \dfrac{l_f - l_0}{l_0}$，$l_f$ 为试件拉断后的拼合长度，l_0 为试件原始长度，δ_{10} 为长试件、δ_5 为短试件的总延伸率，一般 $\delta_5 > \delta_{10}$；

总剖面收缩率 ψ　$\psi = \dfrac{A_0 - A_1}{A_0}$，其中 A_f 为拉断后，试件的剖面积 $A_f = b_f \times \dfrac{t_{f1} + t_{f2}}{2}$，如图 13.1 所示。

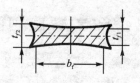

图 13.1

上述机械性能指标主要是从产品设计的角度出发直接为设计服务的。利用这些指标虽可以定性地分析评估板料的成形性能。例如，强度指标愈高，产生相同变形量所需的外力就愈大；塑性指标愈高，成形时的极限变形量就愈大；弹性模数 E 愈大，应变强化模数 D 愈小，成形后零件的回弹量就愈小等等。但是，从产品制造的角度出发，究竟什么指标对板料的成形性能影响最为显著？最为直接？兹将单向拉伸试验所能提供的这类指标，分析介绍如下。

1. 应变强化(冷作硬化)指数 n 值

材料的应力-应变本构关系，可以用幂次式近似表为

$$\sigma_i = K\varepsilon_i^n \qquad (13.1)$$

其中幂指数 n 称为应变强化指数。从数量上看，n 值等于（或近似等于）单向拉伸时材料均匀变形的大小，即所谓细颈点应变。

关于 n 值的试验确定方法，可以参看国家标准 GB50728-85。

应变分布不均是板料成形中的一个重要特点,它可以用应变梯度来衡量。在以拉为主的变形方式中,板料的某一区域应变梯度大,这一局部可能过度变薄甚至拉断,造成成形的极限状态。n 值虽然在数量上等于(或近似等于)单向拉伸时均匀应变的大小,实际上,它还反映板料应变均化的能力。

拉伸如图 13.2 所示的扇形板条。显然扇形板条应变的分布是不均匀的。如果忽略厚度的变化,任意 R 处板条的变形抵抗力 σ 与位置半径 R 的乘积为一常数。

$$\sigma R = C$$

微分上式可得:

$$\sigma \mathrm{d}R = -R \mathrm{d}\sigma$$

以 $\sigma = K\varepsilon^n$ 之关系代入可得

$$\frac{\mathrm{d}\varepsilon}{\mathrm{d}R} = -\frac{\varepsilon}{Rn}$$

式中 $\dfrac{\mathrm{d}\varepsilon}{\mathrm{d}R}$ 即应变梯度,取决于半径位置 R 与板料的应变刚指数 n 值。在半径相同的情况下,n 值愈大,应变梯度愈小,应变分布愈均匀,应变分布曲线愈趋平缓,如图 13.2 所示。

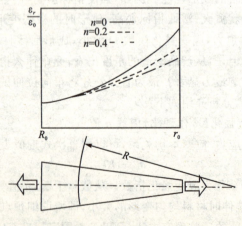

图 13.2

n 值反映板料成形时应变均化的能力,还可从如图 13.3 所示的试验结果看出。

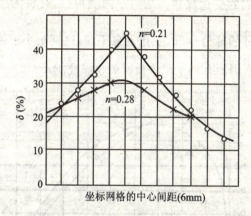

图 13.3

某一以拉为主的钣金零件,用两种 n 值不同的材料试压,试压前在毛料上印制格网,成形后测量格网的变形,画出其应变分布的曲线。对比两种材料的试验结果,可以看出两点:

(1) 零件成形后的最大应变量不同。应变刚指数 n 值小的材料产生的应变峰值高,n 值大的材料产生的应变峰值低。

(2) 整个零件上应变分布不同。n 值小的材料应变分布不均匀,n 值大的材料应变分布均匀。

因此,在成形以拉为主的钣金零件时,n 值小的材料,零件的厚度分布不均,表面粗糙,易于产生裂纹。n 值大的材料,零件的厚度分布均匀,表面质量也较好,不易产生裂纹。所以对于以拉为主的钣金零件,应变强化指数 n 值愈大,板料的压制成形性能愈好。

对于以压为主的变形方式,例如拉深,n 值对应变均化的作用主要表现在拉深过程中径向拉应力 σ_r 的变化规律上。如图 13.4 所示为拉深不同 n 值材料时,径向拉应力(以无量纲值 $\frac{\sigma_r}{\sigma_b}$ 表示,σ_b

为材料的强度极限)随拉深行程(以突缘半径 R_t 与毛料半径 R_0 的比值 $\frac{R_t}{R_0}$ 表示)的变化规律。从图中曲线可见,材料的应变强化指数 n 愈大,$\frac{\sigma_r}{\sigma_b}$ 的峰值愈低,变化也愈平缓,这就减小了传力区拉裂的危险程度,因而有利于改善板料的拉深性能。

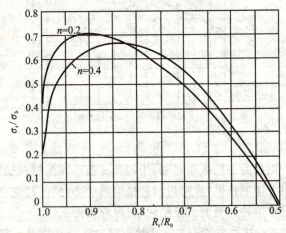

图 13.4

2. 厚向异性指数 r 值

试件拉伸时,长度延伸,宽度与厚度都要收缩(变窄、变薄)。如果板料宽度与厚度方向的变形性能相同,则宽度方向的应变量 ε_w ($\varepsilon_w = \ln \frac{b}{b_0}$)应与厚度方向的应变量 ε_t ($\varepsilon_t = \ln \frac{t}{t_0}$)相等,并且因为必须满足塑性变形体积不变条件,其绝对值恰为试件长度方向应变量 ε_l ($\varepsilon_l = \ln \frac{l}{l_0}$)的一半。

$$|\varepsilon_w| = |\varepsilon_t| = \frac{1}{2}\varepsilon_l$$

实际上,拉伸时宽度与厚度方向的收缩并不相同:$\varepsilon_w \neq \varepsilon_t$。一

般以宽度方向的应变与厚度方向的应变的比值 r 来表示这种差异,称为厚向异性指数

$$r = \frac{\varepsilon_w}{\varepsilon_t} \tag{13.2}$$

r 值愈大,表示板料愈不易在厚向发展变形,换句话说,愈不易变薄或者变厚;r 值愈小,表示板料厚向变形愈容易,即愈易变薄或者增厚;$r=1$ 表示板料不存在厚向异性。

其次,如果试件在板料中所取的方位不同,如图 13.5 所示,试验所得的厚向异性指数也不一样,这是因为板料的织构组织,各个方向的机械性能并不均匀一致的缘故。

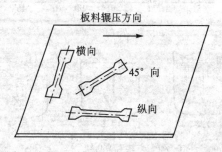

图 13.5

所以板料的厚向异性指数,最好取为三个不同方位试件所得数据的平均值,以 $\bar{r}$ 表示。

$$\bar{r} = \frac{r_0 + 2r_{45} + r_{90}}{4} \tag{13.3}$$

式中　r_0——沿板料轧制方向试件的厚向异性指数;

　　　r_{45}——与轧制方向成 45°试件的厚向异性指数;

　　　r_{90}——垂直于轧制方向试件的厚向异性指数。

几种材料的 $\bar{r}$ 值,大致如下:

　　　各种碳钢　　　　　1.0～1.35

　　　硬铝合金　　　　　0.6～0.8

　　　镁、钛合金　　　　3～6

由于板料在不同方位厚向异性不同,在板料平面内形成各向异性,板面内各向异性指数以 Δr 表示。

$$\Delta r = \frac{r_0 - 2r_{45} + r_{90}}{2} \tag{13.4}$$

Δr 的数值愈大,板面内各向异性愈严重,表现在拉深件边沿不齐,形成凸耳,影响零件的成形质量,如图 13.6 所示。

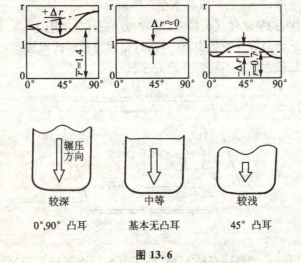

图 13.6

试验确定板料厚向异性指数 r 的方法,参看国家标准 GB50727-85。

在§3.1节中,我们讨论了 r 值对板料塑性变形抵抗力的影响。r 值愈大,板料在拉-拉、压-压状态下的变形抵抗力愈大,在拉、压应力状态下的变形抵抗力愈小,而 $\frac{\sigma_{max}}{\sigma_i}$ 的比值在平面应变状态下为最大,参见式(3.21)和图 3.2,其值为

$$\frac{\sigma_{max}}{\sigma_i} = \frac{1+r}{\sqrt{1+2r}} \tag{13.5}$$

板料成形时,从传力区的抗拉强度看,r 值愈大,抗拉强度愈

大,对成形愈有利;从变形区的变形抵抗力看,异号应力状态时,r 值愈大,变形抵抗力愈小,对成形愈有利。拉深过程恰好满足这两个条件,所以 r 值成为判断板料拉深性能好坏的重要指标。如图 13.7 所示为 $\bar{r}$ 值对板料拉深比 K_{max}(LDR,Limit Drawing Ratio,即最小拉深系数的倒数 $\dfrac{1}{m_{min}}$)的影响。由图中曲线可见,$\bar{r}$ 值愈大,板料的拉深性能愈好。

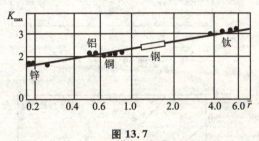

图 13.7

在以拉为主的变形方式中,板料的极限变形程度往往以集中性失稳(沟槽)的产生、发展作为判据。集中性失稳除了取决于应力状态外,也与 r 值密切有关。

在 $\dfrac{-1}{1+r} \leqslant \rho = \dfrac{\varepsilon_{mi}}{\varepsilon_{ma}} \leqslant 0, \dfrac{r}{1+r} \geqslant m = \dfrac{\sigma_{mi}}{\sigma_{ma}} \geqslant 0$ 范围内,极限应变 $(\varepsilon_{ma})_j$ 即式(12.44a),为

$$(\varepsilon_{ma})_j = \dfrac{1+(1-m)r}{1+m} n \qquad (13.6)$$

在以上变形方式(以拉为主的拉-压应变状态)下,$(\varepsilon_{ma})_j - r$ 的变化曲线如图 13.8 所示。由图可见:平面应变状态下,极限应变 $(\varepsilon_{ma})_j$ 与 r 值无关,等于 n 值。其余应力状态下,$(\varepsilon_{ma})_j$ 随着 r 值的增加而增加。

在拉-拉变形方式($0 \leqslant \rho \leqslant 1, \dfrac{r}{1+r} \leqslant m \leqslant 1$)下,极限应变 $(\varepsilon_{ma})_j$ 与 r 的关系如图 13.9 所示。图中曲线是按 M-K 理论,数值计算而得。曲线表明:极限应变值 $(\varepsilon_{ma})_j$ 随着 r 值增大而减小。

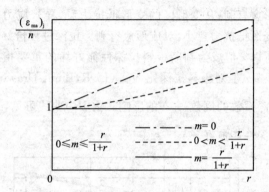

图 13.8

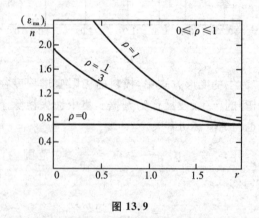

图 13.9

在以压为主的变形方式中,成形中的主要障碍是起皱。一些研究表明,r 值愈小,起皱的趋势愈大,因而防皱所需之压力也较大。

3. 应变率敏感指数 m 值

试验表明:材料塑性变形抵抗力不仅与变形程度 ε_i 而且与应变率 $\dot{\varepsilon}_i$ 有关。材料的本构关系可以表为

$$\sigma_i = c\,\varepsilon_i^n\,\dot{\varepsilon}_i^m \tag{13.7}$$

式中 $\dot{\varepsilon}_i$ 的幂指数称为应变率敏感指数 m 值。m 值可用同一试件突然改变拉伸速度求得,如图 13.10 所示。

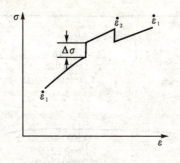

图 13.10

由图示曲线可见:
$$\sigma_1 = c\,\varepsilon^n \dot{\varepsilon}_1^m, \quad \sigma_2 = c\,\varepsilon^n \dot{\varepsilon}_2^m$$
$$\frac{\sigma_2}{\sigma_1} = \left(\frac{\dot{\varepsilon}_2}{\dot{\varepsilon}_1}\right)^m, \quad \therefore m = \frac{\ln(\sigma_2/\sigma_1)}{\ln(\dot{\varepsilon}_2/\dot{\varepsilon}_1)} \tag{13.8}$$

如果 $\Delta\sigma = \sigma_2 - \sigma_1$ 相差不大,$\ln(\sigma_2/\sigma_1) \approx \Delta\sigma/\sigma$,因此 $m = \left(\frac{\Delta\sigma}{\sigma}\right)/\ln(\dot{\varepsilon}_2/\dot{\varepsilon}_1)$。

正的 m 值有增大材料变形抵抗力的作用。一般材料在室温下的 m 值都很小(<0.05),因此对变形抵抗力的影响不大,可以忽略不计。例如某材料的 m 值为 0.043,应变率增大 10 倍,变形抵抗力大约只增加 10%。

但是值得注意的是,在板料成形中,m 值对应变均化的重要作用。特别是在拉伸失稳以后,其作用更明显。

从金属物理角度看来,应变率增加,要求加速克服位错移动时的短程阻力(来自杂质原子、晶格摩擦、位错林等),结果使变形抵抗力增加。虽然这种强化并不储存于金属内部,但对应变均化的影响却比 n 值更为显著,因为它是通过应变所需的时间而不是通过应变本身起作用的。单向拉伸加载失稳以后,由于变形区的应变率分布不均,变形抵抗力各处不等,变形薄弱环节不断转移,变形在亚稳定状态下得以持续发展,形成分散性颈缩,直至产生集中性沟槽而拉断。图 13.11 所示为不同 m 值材料的拉伸假象应力

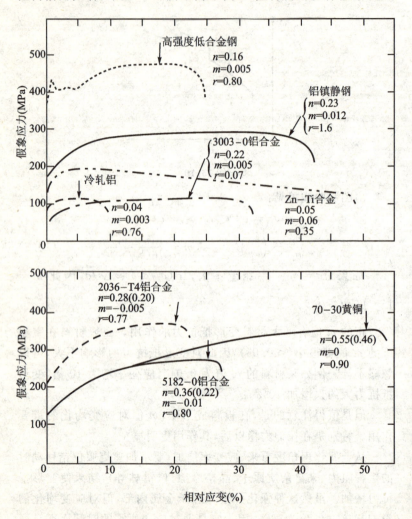

图 13.11

曲线,图中曲线表明,加载失稳(箭头所示位置)以后,m 值的大小对继续变形的作用。例如,低碳钢,$m=0.012$,而其 $n=0.23$,这样小的 m 值却在延伸中维持了大约 40% 的总变形量。

我们还可用 M-K 理论,从宏观力学的角度,对 m 值在应变均化中的作用作一讨论。

假定单向拉伸试件原始不均度为 f_0,薄弱环节的原始剖面面积为 A_{b0},其余剖面面积为 A_{a0},$f_0 = \dfrac{A_{b0}}{A_{a0}}$,如图 13.12 所示。

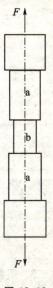

图 13.12

如果材料的本构关系为
$$\sigma_r = c\varepsilon_i^n \dot{\varepsilon}_i^m$$

对于 a 区:$A_a = A_{a0} e^{-\varepsilon_a}$,$\sigma_i = \sigma_a$,$\varepsilon_i = \varepsilon_a$,$\dot{\varepsilon}_i = \dot{\varepsilon}_a$
对于 b 区:$A_b = A_{b0} e^{-\varepsilon_b}$,$\sigma_i = \sigma_b$,$\varepsilon_i = \varepsilon_b$,$\dot{\varepsilon}_i = \dot{\varepsilon}_b$

将以上关系代入平衡条件 $A_a \sigma_a = A_b \sigma_b$,得

$$A_{a0} e^{-\varepsilon_a} \varepsilon_a^n \dot{\varepsilon}_a^m = A_{b0} e^{-\varepsilon_b} \varepsilon_b^n \dot{\varepsilon}_b^m$$

因 $\dot{\varepsilon}_a = \dfrac{d\varepsilon_a}{dt}$,$\dot{\varepsilon}_b = \dfrac{d\varepsilon_b}{dt}$,代入上式,消去 dt,积分可得:

$$\int_0^{\varepsilon_a} e^{\frac{-\varepsilon_a}{m}} \varepsilon_a^{\frac{n}{m}} d\varepsilon_a = f_0^{\frac{1}{m}} \int_0^{\varepsilon_b} e^{\frac{-\varepsilon_b}{m}} \varepsilon_b^{\frac{n}{m}} d\varepsilon_b \tag{13.9}$$

取 $n=0.2$,$f_0=0.98$,用不同 m 值计算上式,可得 $\varepsilon_a - \varepsilon_b$ 的关系,如图 13.13 所示。

由图中曲线可见,m 值对沟槽内、外应变均化的作用是十分明显的:m 值愈大,ε_b 愈近于 ε_a。

一般而言,m 值取决于金属的晶粒大小,变形温度与应变率。当晶粒均匀细小(直径小于 3μ),变形温度 $T=0.4T_M$(T 为绝对温度,T_M 为熔点绝对温度),应变率在 $10^{-2} 1/s$ 以下时,m 值可达 0.5 以上。这种条件下,稳定的变形可达 1000%～2000%,称为超塑性。

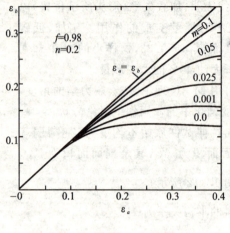

图 13.13

二、双向等拉试验

取得双向等拉状态($m=\rho=1$)的试验方法有两种:液压胀形与平底刚性模局部成形。前者为曲面内拉伸(Curve stretching, Stretching out of plane),后者为平面内拉伸(Stretching in plane)。分别介绍如下。

1. 液压胀形试验(参看§3.2)

液压胀形时,变形区各点应力应变状态不同,从顶点的双向等拉状态变为凹模边沿的近似平面应变状态(ρ 从 1 变为 0)。因此变形区存在着明显的应变梯度。

液压胀形试验的作用有二:测定板料在双向等拉下的应力应变关系;评估板料的成形性能。

(1) 应力应变关系的测试 利用液压胀形测定板料双向等拉时实际应力曲线 $\sigma_i = f(\varepsilon_i)$ 的原理,§3.2 节已作了讨论,这里仅就试验方法与试验结果作一补充。

前已述及,胀形顶点的应力、应变强度 σ_i、ε_i 分别为

$$\sigma_i = \frac{pR}{2t} \tag{13.10}$$

$$\varepsilon_i = 2\varepsilon_\theta = 2\ln\frac{r}{r_0} \tag{13.11}$$

试验时利用压力传感器、曲率计、引伸计连续测出液压压力 p、拱曲位移 h、标距 r 的变化,通过微机进行数据处理即可直接取得 $\sigma_i = f(\varepsilon_i)$ 曲线,这种自动测试系统如图 13.14 所示。

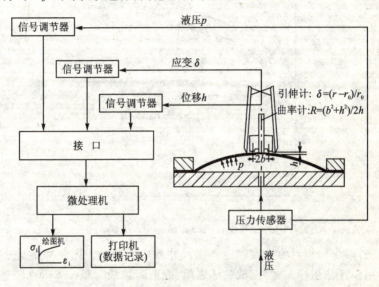

图 13.14

北京航空航天大学研制的 BHB-80 液压胀形试验机,具有以上功能。利用 BHB-80 液压胀形机所得的试验结果如图 13.15 与图 13.16 所示。

(2) 成形性能评估 胀形过程中,板料变形区由"扁"变"尖",在载荷失稳附近为一球形。变形区的几何参数包括曲率半径 R,胀形高度 H 和表面面积 S。究竟在什么变形时刻,以什么作为指标来评估板料在以拉为主的变形方式下的成形性能,从来就是学者们研究的对象。试验表明:上述三个参数都与模具几何尺寸有

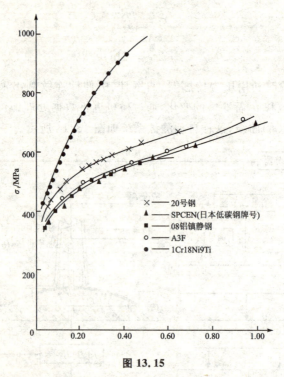

图 13.15

关,即令取相对值也难完全排除尺寸效应的影响。因此都不适于用作评估指标。此外,试验还表明:变形时加载失稳($dp=0$)与变形失稳之间并无明显的对应关系,有不少材料在胀形过程中甚至没有载荷最大值 p_{max} 或明显的 p_{max} 点,变形失稳中分散性失稳表现也不明显。试件破裂以后,颈缩(沟槽)区很窄。因此,可以用破裂后裂口附近(沟槽之外)的厚度应变 ε_{tf} 作为评估板料成形性能的指标。表 13.1 所列为 12 种板料的试验数据 ε_{tf} 和成形性能的排列顺序。

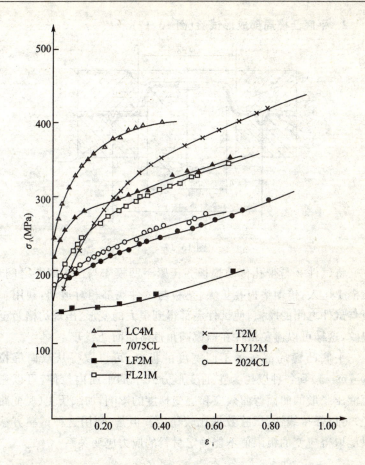

图 13.16

表 13.1

序号	1	2	3	4	5	6	7	8	9	10	11	12
材料	T2M	1Cr18Ni9Ti	SPCEN	0.8Al	2024CL	LF21M	7075M	20*	LY12M	A3F	LF2M	LC4M
ε_{tf}	0.985	0.945	0.930	0.900	0.885	0.875	0.740	0.710	0.665	0.625	0.515	0.405

2. 平底凸模局部成形试验(图 13.17)

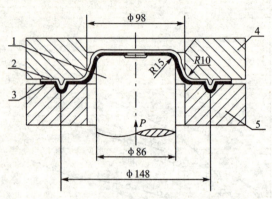

图 13.17

将试件 2 与带孔传动垫板 3 压紧于凹模 4 与压边圈 5 之间,凸模 1 压入,传动垫板孔扩大,垫板与试件底部相对运动,利用垫板与试件之间的摩擦,使试件底部得到很大的变形,出现沟槽乃至裂纹,这样可以避免试件在凸模圆角危险断面处裂开。

平底凸模局部成形不同宽度的板料,可以取得从双向等拉($\rho=m=1$)到各种以拉为主的变形方式下的平面内拉伸,可以避免液压胀形的曲面弯曲效应和应变梯度的影响,加载历史(应变路径)可以保持线性,试验数据比较稳定。但是,利用这种试验方法只能取得应变的极限值不能确定材料的应力应变关系。

三、平面应变拉伸试验

板料成形时,传力区的抗拉强度对于评估其成形性能有重要作用。传力区大多处于平面应变状态,如果材料符合希尔厚向异性板屈服准则,其抗拉强度可以推得为:

$$\sigma_{\max} = \frac{1+r}{\sqrt{1+2r}} \sigma_j \tag{13.12}$$

但是,对于符合或不完全符合希尔准则的材料,仍按此式估算难免产生误差。由于平面应变拉伸是介于单向拉伸和双向等拉之间,所以日本吉田清太等人建议利用 X 值作为评定板料成形性能的指标,并取代 r 值:

$$X = \frac{(\sigma_i)_{m=1}}{(\sigma_i)_{m=0}} \tag{13.13}$$

即同一变形程度下,双向等拉与单拉变形抵抗力的比值。如果材料的应力应变关系符合幂次式 $\sigma_i = K\varepsilon_i^n$,试验表明不同材料的 X 值与 K 值较之与 n、r 值有更好的相关性。模拟试验(参看§13.2)还表明,除碳钢外,大部分材料(包括铝及其合金、不锈钢、钛等)的拉深性能与 X 值较之与 r 值具有更好的相关性。平面拉应变试验,不必考虑材料的屈服性质,可以直接与板料成形时的传力区抗拉强度建立关系,更有利于用作评估板料成形性能的指标。

图 13.18 所示为平面拉应变试验所用的夹具。试件尺寸取为 200 mm×120 mm 与 140 mm×120 mm,拉伸变形区约为 20 mm 宽,试验夹具装于万能材料试验机上。

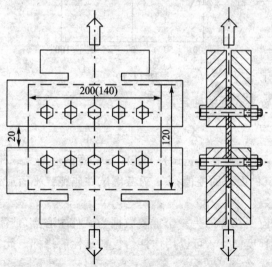

图 13.18

宽板拉伸时,板边沿为自由边,宽向没有材料的牵制,$\varepsilon_{mi}<0$,处于单向拉伸应力状态。中心点,受材料的牵制最大 $\varepsilon_{mi}\to 0$,基本上处于平面应变状态,此处即为破裂的始点。而从边沿到中心,随着牵制作用的加强,应力状态由单向拉伸逐渐趋于平面应变,应变比值 ρ 在小于零和等于零之间变化。这种变化规律因试件宽度不同而异。

图 13.19 所示为不同宽度试件 ρ 值的变化规律。由图可见:试件宽度为 140 mm 时,中心点开始趋于平面应变。试件愈宽处于平面应变状态的区间愈大(曲线的平段愈宽),而且各种宽度的试件,其 ρ 值的变化梯度基本相同。假定应力的分布规律与应变的分布规律基本一致,所以平面应变时的抗拉强度(假象应力)

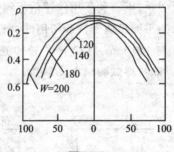

图 13.19

$(\sigma_b)_{\rho=0}$ 可按下式近似确定,

$$(\sigma_b)_{\rho=0} = 1.1 \frac{\Delta P_{max}}{\Delta A} \tag{13.14}$$

式中 ΔP_{max} 为 200 mm 宽试件与 140 mm 宽试件最大载荷之差值;ΔA 为两试件面积的差值;1.1 为考虑试件非纯粹平面应变所增加的修正系数。

平面应变拉伸的另一个重要数据为试件中心点(或附近)破裂前的变形程度 $(\varepsilon_{ma})_f$,可以用作评估板料延性的指标。此数据可用网格法试验确定。

四、纯剪试验

纯剪的试验目的有三:

(1) 确定在此特殊应力状态下材料的应力应变关系 $\sigma_i = f(\varepsilon_i)$,以便与其他试验方法(不同应力状态下)取得的结果进行比较,推动塑性理论的发展。

(2) 测定材料破裂前的有效应变 $(\varepsilon_i)_f$,作为评估材料的延性指标。因为利用单拉、双向等拉直接测量破裂前的板厚应变作为评估板料延性的指标比较困难而且不易量准,对于薄板,误差尤大,如量取板面的极限应变 $(\varepsilon_{ma})_f$ 作为评估指标,又不易排除沟槽的影响。

(3) 确定希尔厚向异性板新屈服准则中的材料参数 m 值,参见式(3.27)。

原则上说,只要知道某一特殊应力状态下材料屈服时的板面两主应力,就可确定 m 值。液压胀形试验中,开始屈服阶段,板料拱曲很小,曲率半径很大,难以准确测定屈服应力。纯剪中,屈服应力较易确定 $\sigma_1 = -\sigma_2 = \tau_s$,所以

$$m = \frac{\ln\left[\dfrac{2(1+r)}{1+2r}\right]}{\ln\left(\dfrac{2\tau_s}{\sigma_s}\right)} \tag{13.15}$$

纯剪的试验方法有二:带槽试件拉伸;板面内扭转。

(1) 带槽试件拉伸

利用带槽试件拉伸可以取得板面内变形区的纯剪变形。图 13.20 所示为试件剪切示意图。

将带槽试件左、中、右三板条分开夹持在拉伸夹具中,拉伸时夹具可以保证中间板条在两侧板条之间平行相对错动。由于两侧的转动受到夹具约束,变形区(未夹持部分)的板料就处于纯剪状态,保证了较大范围内的稳定变形。

试验时记录拉伸载荷 P 以及中间与两侧板条之间的相对位移量 Δ,即可求得相应的切应力 τ 与切应变 γ。

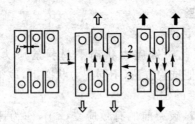

图 13.20

$$\tau = \frac{P}{2A}, \qquad \gamma = \text{tg}\,\frac{\Delta}{b} \tag{13.16}$$

式中　A——承剪面积,等于剪切区长度 l 与板厚 t 的乘积,$A=lt$;

　　　b——剪切区宽度(图 13.20)。

纯剪时的应力强度 σ_i 与应变强度 ε_i 为

$$\sigma_i = \sqrt{3}\tau, \varepsilon_i = \frac{1}{\sqrt{3}}\gamma \tag{13.17}$$

经过换算即可求得一般性实际应力曲线。

拉伸过程中,拉力 P 始终上升,没有加载失稳,直至试件破裂(有的材料因角部应力集中而撕裂),而破裂前的有效应变$(\varepsilon_i)_f = \frac{1}{\sqrt{3}}\gamma_f = \frac{1}{\sqrt{3}}\text{tg}\,\frac{\Delta_{\max}}{b}$。利用纯剪还易于试验板料的反载软化性质(图 13.20)。

(2) 板面内扭转试验(Marciniak 扭转试验)

将试件的内、外边沿牢牢夹紧在一专用夹具中,使平板变形区为一环板,夹具使试件内、外边缘相对转动,于是,试件变形区在板面内受扭,处于纯剪状态,如图 13.21 所示。

设扭转前试件上有一径向线 $\overline{OAC}$,如图 13.22 所示,扭转后某一瞬间 $\overline{AC}$ 变为 $\widehat{AC}$。B 为 $\widehat{AC}$ 上的任意点,半径为 r,如果此时之扭矩为 M,则 B 点之切应力 τ 为

$$\tau = \frac{M}{2\pi r^2 t} \tag{13.18}$$

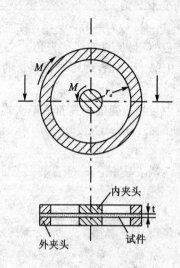

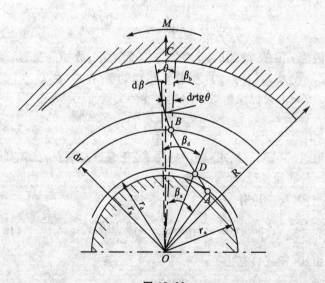

图 13.21

图 13.22

而 B 点之剪切变形 γ 为

$$\gamma = \mathrm{tg}\theta \tag{13.19}$$

θ 为径向线 $\overline{OB}$ 与 $\widehat{AC}$ 上 B 点切线的夹角。

确定变形过程中的 $\tau \sim \gamma$ 值,即可求得材料的一般性实际应力曲线。

假定材料切应力与切应变之关系符合幂次式

$$\tau = C(\mathrm{tg}\theta)^n \tag{13.20}$$

则因

$$M = 2\pi r^2 t\tau = 常数$$

或

$$r^2(\mathrm{tg}\theta)^n = 常数 \tag{13.21}$$

微分后,化简

$$\frac{\mathrm{d}r}{r}\mathrm{tg}\theta + \frac{n}{2}\mathrm{d}(\mathrm{tg}\theta) = 0 \tag{13.22}$$

利用几何关系

$$-r\mathrm{d}\beta = \mathrm{d}r\mathrm{tg}\theta, \mathrm{d}\beta = -\frac{\mathrm{d}r}{r}\mathrm{tg}\theta \tag{13.23}$$

式中因为 r 沿 $\widehat{AC}$ 增加时,β 增加,θ 反而减小,故加一负号。将式(13.23)代入式(13.22),积分。利用边界条件:在 C 点,$\theta=0$,$\mathrm{tg}\theta=0$,$\beta=0$,可以求得 β 角与切应变的关系为

$$\beta = \frac{n}{2}\mathrm{tg}\theta \tag{13.24}$$

通过式(13.21)、式(13.24)两式,任意选择两点,已知其位置半径 r 与转角 β 后,即可确定 n 值。

由式(13.21)有

$$r_\mathrm{b}^2(\mathrm{tg}\theta_\mathrm{b})^n = r_\mathrm{d}^2(\mathrm{tg}\theta_\mathrm{d})^n, \quad 或 \frac{\mathrm{tg}\theta_\mathrm{d}}{\mathrm{tg}\theta_\mathrm{b}} = \left(\frac{r_\mathrm{b}}{r_\mathrm{d}}\right)^{\frac{2}{n}} \tag{13.25}$$

由式(13.24)有

$$\beta_\mathrm{d} = \frac{n}{2}\mathrm{tg}\theta_\mathrm{d}, \beta_\mathrm{b} = \frac{n}{2}\mathrm{tg}\theta_\mathrm{b}, \quad 或 \frac{\beta_\mathrm{d}}{\beta_\mathrm{b}} = \frac{\mathrm{tg}\theta_\mathrm{d}}{\mathrm{tg}\theta_\mathrm{b}} \tag{13.26}$$

式(13.25)与式(13.26)相等

$$\frac{\beta_d}{\beta_b} = \left(\frac{r_b}{r_d}\right)^{\frac{2}{n}}$$

$$n = \frac{2\ln\dfrac{r_b}{r_d}}{\ln\dfrac{\beta_d}{\beta_b}} \tag{13.27}$$

试件的内边沿切应变最大,假定此处之半径为 r_a,则由式(13.25)用 r_a 取代 r_d,利用式(13.24),可得此处之切应变 $\text{tg}\theta_a$ 为

$$\text{tg}\theta_a = \text{tg}\theta_b\left(\frac{r_b}{r_a}\right)^{\frac{2}{n}} = \frac{2}{n}\beta_b\left(\frac{r_b}{r_a}\right)^{\frac{2}{n}} \tag{13.28}$$

r_a 处切应变最大,此处最先破裂,所以破裂时之切应变 $(\text{tg}\theta)_f$ 为

$$(\text{tg}\theta)_f = \frac{2}{n}\beta_{bf}\left(\frac{r_b}{r_a}\right)^{\frac{2}{n}} \tag{13.29}$$

式中 β_{bf} —— r_a 处破裂时,B 处之 β 值(圆心角转角)。

相应的应变强度 $(\varepsilon_i)_f$ 为

$$(\varepsilon_i)_f = \frac{1}{\sqrt{3}}(\text{tg}\theta_f) = \frac{2}{\sqrt{3}n}\beta_{bf}\left(\frac{r_b}{r_a}\right)^{\frac{2}{3}} \tag{13.30}$$

平面内扭转专用夹具,用液压夹紧试件,并装有圆心转角测量盘与扭矩测量装置。

五、方板对角拉伸试验(YBT)

近年来,吉田清太(Yoshida)提出的,用以评估板料在非均匀拉伸下抗皱能力的试验(YBT——Yoshida Buckling Test)得到了广泛的重视。

对角拉伸试件中部因受压失稳而皱曲,可用应力流线的挠曲,定性地解释,如图 13.23(a)所示。试验时,将 100 mm×100 mm 的方板试件沿对角方向施加拉力,夹持宽度为 40 mm,如图 13.23

(b)所示。拉伸过程中,记录载荷、拉伸量与拱曲高度,如图 13.24 所示。试件拉伸变形,通常以中部标距 75 mm 内的拉应变 λ_{75} 为准。以加载-拱曲曲线,如图 13.24(a)所示,临界点 B 时的应变 $(\lambda_{75})_{cr}$ 与 $\lambda_{75}=1\%$ 时中心跨度 b=25 mm 内的拱曲高度 h 值,如图 13.24(b)所示,作为抗皱性的评估指标。

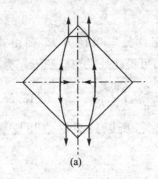 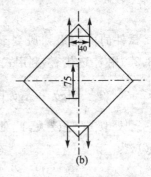

图 13.23

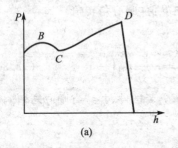 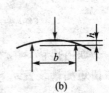

图 13.24

§13.2 鉴定板料成形性能的模拟试验

基本成形性试验所提供的参数,显然可以作为定性评估板料成形性能的依据,但是板料在这些试验中的变形方式要比现实成形工序中单纯得多。因此,评估板料在总体上对某类工序的变形能力时,不够直接。然而,现实工序极其复杂多样,难以一一考察研究,只能选择一些典型的成形工序,用小尺寸的典型零件,试验求得板料在这类工序中的极限变形程度,并以此作为指标评估板料对这类工序的适应能力。这种方法称为模拟试验。应当注意:一方面模拟试验与实际生产之间,在变形条件、变形历史、应变梯度、尺寸效应、边缘状况等方面,不能保证完全相似,所以它所求得的极限成形参数用作板料对某类工序适应性(成形性好坏)的评估比较是可以的,要用以作为指导生产的具体数据,尚需加以修正。另一方面,要把模拟试验的指标,作为公认的评估依据,还必须把取得这些指标的试验规范作出统一的规定,制定相应的试验标准。我国航空工业部颁布的航标 HB 6140-87 对弯曲等模拟试验作了规定,简介如下。

一、弯曲试验

板料弯曲试验如图 13.25 所示,其性能指标是最小相对弯曲半径 $\dfrac{R_{\min}}{t}$。

用一系列不同圆角半径 R 的凸模将长方毛料弯至 90°或 180°,用 20 倍工具显微镜检查时,弯曲区无裂纹或显著凹陷时的相对弯曲半径,即为板料的最小相对弯曲半径 $\dfrac{R_{\min}}{t}$。

二、拉深试验

板料拉深试验如图 13.26 所示,其成形性能指标,是极限拉深比 LDR,即 $\dfrac{1}{m_{\min}}$。LDR 与 r 值有很好的相关性。求得 LDR 的方法有二:

(1) 渐进试验法(Swift 试验法)

用不同直径的圆板毛料,在规定的拉深模中成形为平底杯形件,求得破裂时的毛料外径 $D_{\max}$ 并计算 LDR 值。

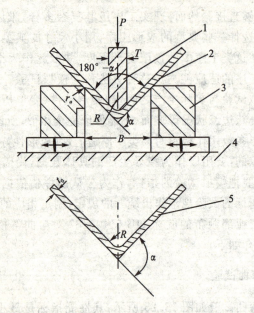

注：1—凸模；2—毛料；3—可调凹模块；4—底座；5—试件。

图 13.25

(2) 最大载荷法(Engelhardt 试验法)

此法可比渐进法减少试压次数，它可提供以下两个拉深性能指标：

(i) 拉深裕度 T

用最大拉深力 P_{max} 与筒壁拉断力 P_{ab} 之差值，作为拉深裕度，用无量纲值表示为

$$T = \frac{P_{ab} - P_{max}}{P_{ab}} \times 100\% \qquad (13.31)$$

(ii) 极限拉伸比 LDR(T)

因为最大拉深力 P_{max} 与毛料外径 D_0 呈近似线性关系。确定 $D_0 - P_{max}$ 的直线关系后，即可进而确定 P_{ab} 下的 D_{max} 与 LDR(T)值。

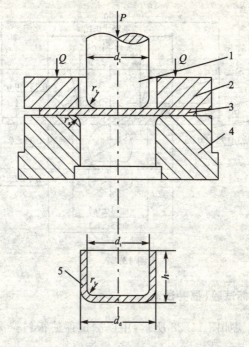

1—凸模;2—压边圈;3—毛料;4—凹模;5—试件。

图 13.26

三、杯突试验(Erichsen 试验)

杯突试验如图 13.27 所示,主要用于评估板料的拉胀性能。其试验指标称 IE 值(杯突值)。

试验时,用 20 mm 的球形凸模,压入夹紧在凹模与压边圈间的毛料,使之成形为半球鼓包,直到毛料底部出现能透光的裂缝为止,而以此时凸模的压入深度作为指标,称为 IE 值(杯突值)。IE 值与 n 值有很好的相关性。

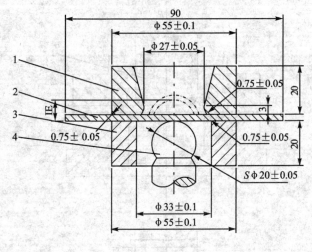

图 13.27

四、锥杯试验(福井试验)

锥杯试验如图 13.28 所示,用以测试评估板料拉深与胀形的综合性能。其评估指标为 CCV 值(锥杯值)。

用规定直径的钢球凸模,将规定外径 D_0 的毛料压入一有 60° 锥角的凹模内,使之成为一球底锥杯件,用锥杯底破裂后杯口的外径 D 作为锥杯值 CCV。

CCV 同时反映了拉深与胀形的综合性能,所以与 n、r 值的乘积相关性很好。

五、扩孔试验(Silbel-Pomp 试验)

扩孔试验如图 13.29 所示,用以测试评估板料的扩孔翻边性能。

凸模将带孔毛料压入凹模,毛料中心孔扩大,当孔的边缘出现颈缩和裂纹时,停止压入,测定此时的孔径,而以其扩大量与原始孔径的比值作为板料扩孔性能的评估指标,称为扩孔值 δ(或 KWI

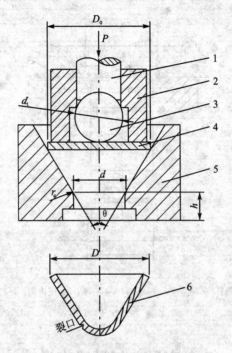

注：1—凸模杆；2—定位环；3—钢球；4—毛料；5—凹模；6—试件。

图 13.28

值：

$$\delta = \frac{d - d_0}{d_0} \times 100\% \tag{13.32}$$

也有以 90 mm×90 mm 的带孔(ϕ 12 mm)方板，作为毛料，用 ϕ 40 mm 的凸模压入，测量孔开始拉裂时的有关数据：试件深度；孔的最大直径 d_{max}；最小直径 d_{min}。用 g 值作为综合评估板料成形性能的指标。

$$g = \frac{h(d_{max} + d_{min})^2}{4d_0(d_{max} - d_{min})} \tag{13.33}$$

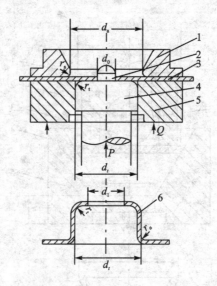

1—凹模；2—定位销；3—毛料；4—凸模；5—压边圈；6—试件。
图 13.29

§13.3 基本成形性与模拟成形性的相关性

成形性是板料极为重要的属性之一，它是不能用一、两个或两、三个指标所能概括和确切表征的。以上，我们分别从基本成形性与模拟成形性两个方面对此作了讨论。

基本成形性研究的是成形性的共性问题。从一般性试验中，寻求评估板料成形性的合适指标——材料参数，这些参数假定以 x_i 来概括。例如，x_i 可能是 $x_1 = n$、$x_2 = m$、$x_3 = r$ ……

模拟成形性研究的是成形的特殊性（即个性）问题。从典型成形工序的模拟试验中，寻求评估板料适应某种工序的性能评估指标，假定以 F_i 来概括表示。例如，F_i 可能是：$F_1 = \text{LDR}$、$F_2 = \text{IE}$、$F_3 = \text{KWI}$ ……

一般而言,在一定的试验条件(按标准规定)下,任一模拟试验的性能指标,只与基本成形性的某些材料参数密切有关,这就是说,F_i 与 x_i 之间存在着一定的函数关系。

$$F_i = F(x_i) \tag{13.34}$$

材料参数的变化,必然导致某一性能指标的变化。

$$\mathrm{d}F_i = \sum_{i=1}^{n} \frac{\partial F_i}{\partial x_i} \mathrm{d}x_i \tag{13.35}$$

建立这种函数关系是多年来各国学者孜孜以求的目标。因为十分明显,这种关系正确确定以后,一种材料,只需通过少数一般性性能试验求得的基本材料参数,就可进而确定各种模拟性能参数。一般而言,确定 $F_i=F(x_i)$ 的函数关系,原则上有两种方法:

1. 数理统计法

通过大量的试验数据统计,利用相关性原则,建立经验性函数关系。例如,有人建议极限拉深比 LDR 与材料 n、r 值的经验关系式为

$$\mathrm{LDR} = 1.93 + 0.00216n + 0.226r \tag{13.36}$$

2. 分析计算法

通过解析或数字计算,确定 $F_i=F(x_i)$ 的函数关系。例如在 $n=0.25, r=1, \varepsilon_0=0.05, f_0=0.95$ 的材料参数条件下,经解析计算:

拉深时,以 $F=\ln\dfrac{D}{d}$ 作为评估指标(D、d——毛料与杯件直径),在上述条件下算得 $F=\ln\dfrac{D}{d}=1.18$,而材料参数的变化引起性能参数的变化率为

$$\frac{\mathrm{d}F}{F} = 0.33\mathrm{d}n + 0.26\mathrm{d}r - 0.36\mathrm{d}\varepsilon_0 + 0.84\mathrm{d}f \tag{13.37}$$

胀形时,以 $F=\ln\dfrac{t_0}{t_f}$ 作为评估指标(t_0、t_f——原始和破裂前板厚),在上述条件下,算得 $F=\ln\dfrac{t_0}{t_f}=0.05$,而材料参数的变化引起

性能参数的变化率为

$$\frac{\mathrm{d}F}{F} = 9.8\mathrm{d}n - 1.38\mathrm{d}r - 12.0\mathrm{d}\varepsilon_0 + 15.8\mathrm{d}f \quad (13.38)$$

实际上,利用纯粹的数理统计或解析计算法往往并不可取。较好的办法是两者结合,在分析计算结果的基础上,进行实验修正。分析计算建立数学模型时,尤应注意以下两个方面：

(1) 利用失稳理论结合破坏形式,正确确定成形极限的判据;
(2) 在此基础上正确筛选和确定重要的材料参数。

以计算机作为思维载体的人工智能技术,在确定 $F_i = F_i(x)$ 函数关系中已有不少成功应用的实例,可望取得更多的实效。这种分析技术,只需以少量的试验数据作为样本,利用神经网络技术,就可以建立起输入与输出参数之间的映射模型——多参数耦合的函数关系。

揭示板料基本成形性与模拟成形性的相关性,具有重要的理论与实际意义,但这是一个认识逐渐深化的过程,是一项长远的目标,不能指望一蹴而就。

习 题

1. 指出下列成形工序可能出现的主要故障,它们与 n、r 值的相关性,并提出在不增加过渡模的情况下的可能解决措施。
(1) 圆孔翻边;
(2) 局部成形;
(3) 圆板拉深;
(4) T 型材拉弯,如图 13.30 所示。

2. 已知 A 和 B 两种板料的机械性能指标如下：

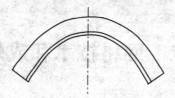

图 13.30

材料	$\sigma_{0.2}$ (MPa)	σ_b (MPa)	ψ_f (%)	E (MPa)	n	r
A	61.7	103.9	80	69580	0.21	0.44
B	102	162.7	53	69580	0.13	0.64

比较它们的成形性能。

3. 假定板料的应力应变关系为 $\sigma = K\varepsilon^n$，厚向异性指数为 r，如以集中失稳作为圆孔极限翻边的判据，求最小翻边系数 K_{fmin}。

4. 板料的应力应变关系为 $\sigma = K\varepsilon^n$。拉深杯形件时，最大拉应力可以表为：

$$\sigma_{max} = \frac{1}{\eta} \frac{\sigma_b}{(1+n)^n} \left(\ln \frac{1}{m}\right)^{n+1}$$

假定拉深效率 η 取为 0.75，试确定其极限拉深系数 m_{min}。

5. 试解释何以极限拉深系数 LDR 值与 n 值的相关系数较小，而与 r 值的相关性较大。压坑试验的 IE 值与 r 值的相关性较小，而与 n 值相关性较大？

第十四章 网格技术和成形极限图

§14.1 概 述

利用基本试验只能对板料的成形性能作出定性的、综合性的一般性评价,而模拟试验又是针对少数典型工序,在比较单纯、典型的条件下进行的,所得结果很难对复杂零件的成形性能作出确切判断,对于处理冲压生产中的各种具体问题,也难提供直接的帮助。

1965年基勒(Keeler)和古德文(Goodwin),着眼于复杂零件的每一变形局部,利用网格技术提出了成形极限图(FLD,Forming Limit Diagram)(图14.1)和应变分析法。

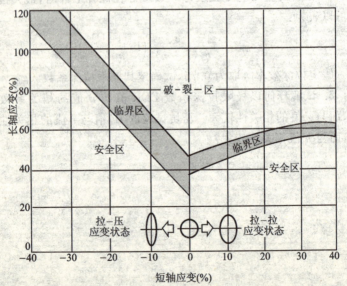

图 14.1

这种方法的实质是：在毛料表面上预先作出一定形式的密集网格，观察测定网格的变形 δ_1、δ_2，作为纵轴和横轴的坐标数据在成形极限图上标出，以与图中的成形极限曲线（FLC, Forming Limit Curve）对比。如果变形在图 14.1 曲线临界区的下方，零件能顺利压出；在临界区的上方，零件将发生破裂。一种材料，有一种 FLC，一般由试验取得。由于影响因素很多，判据不一，试验 FLC 数据分散，形成为一定宽度的条带，称为临界区。变形如位于临界区，表明此处的板料有濒临破裂的危险。由此可见，成形极限图是判断和评定板料成形性的最为简便和直观的方法，是解决板料冲压问题的一个非常有效的工具。

§14.2 网格技术与成形极限图

一、网格的形式和印制方法

网格的基本形式有图 14.2 所示的四种。采用圆圈的理由是使变形的主向可以在变形后的椭圆上定出。如图 14.2(b) 和图 14.2(d) 所示是叠合圆的形式，裂纹通过网格中央的机会增多，对测量裂纹处的应变值有利。图 14.2(c) 所示的邻接圆形式与图 14.2(a) 所示相比可以减少应变梯度的误差，但线条重叠，测量结果反而不易精确。对以细颈外的应变值作成形极限曲线的情况，以圆圈外带方格的形式，如图 14.2(a) 所示的网格最为实用，因为根据变形后方格线条的形状，还可判断材料流动的方向。在生产中常选圆圈为 $\phi5$ 的网格，对试验工作来说，因为试件尺寸较小，一般以 $\phi2$ 或 $\phi2.5$ 的网格较为适宜。

印制网格可以用晒相法、电化学浸蚀法和混合法几种。

晒相法是在除油的板料上涂上一层感光树脂，待干燥后放上网格底片（根据不同的感光层材料，分别选用正像底片或负像底片），用真空装置压紧，利用紫外线感光，最后进行显影、定影和染

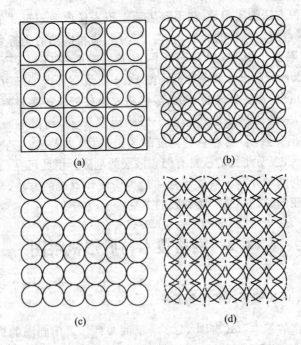

图 14.2

色。晒相法印制的线条精确度高,但在压制过程中,板料沿凹模工作面滑动时,网格容易擦掉。

电化学浸蚀法,如图 14.3 所示,是将去油的毛料 1 放在厚铝板上作为电极之一,在毛料上放上一张网格模板 2,模板一般用尼龙织物制成,在网格线条处可以导电,其他部分则留有绝缘涂层。模板上覆盖浸有电解液的毛毡 3,毛毡上再加金属板 4 作为另一电极。通过木板 5 把 1、2、3、4 压贴接触,通电几秒钟,毛料表面即被电蚀出网格图案。电蚀完后,毛料用中和液洗净,对钢毛坯需要立即喷涂极化油防锈。

混合法是先用晒相法,利用正像底片在毛料表面得到负像的网格线条——即毛料表面被曝光固化的感光层覆盖,而网格线条的地方,毛料表面是裸露的。此时用腐蚀液擦拭毛料表面,因曝光

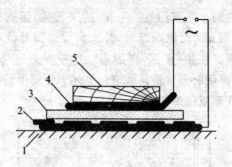

图 14.3

固化后的感光层有很强的抗腐蚀能力,只有裸露的地方会被刻蚀。因此,在毛料表面也能刻蚀出与模板上的图案相同的网格线条来。

上述三种印制坐标网方法的优缺点如表 14.1 所列。

表 14.1

方法	晒相	电蚀	混合	方法	晒相	电蚀	混合
线条宽度	0.11mm	0.25mm	0.08mm	表面状态的变化	好	差	中
线条精度	好	差	好	印制时间	长	短	长
粘附性	差	好	好	应变测量数据	精确	粗糙	较好

二、成形极限曲线的制作

成形极限曲线可以用试验方法制作,也可以根据生产中积累的对破裂零件或濒于破裂零件的测量数据得出。

用试验方法制作成形极限曲线时,一般采用纳卡西马(Nakazima)法:试件在带凸埂的压边圈和凹模上牢固夹紧,凹模孔径为 $\phi 100$ mm,凹模圆角半径大于 5 倍的试件厚度,然后用刚性半球形凸模将试件胀形至破裂或出现细颈时为止。利用不同的试件宽度和润滑方式,使试验结果尽可能覆盖较大的变形范围,如图 14.4 所示。在拉-拉区,增加短轴拉应变是靠改善润滑作用来达到。在试件和凸模之间加垫厚约 0.08 mm 的聚乙烯,四氯乙烯等薄膜、或厚度 1～2 mm 的聚氨酯薄板,并涂润滑油润滑,可以达到无摩擦作用的效果。在拉-压区,增加短轴压应变则需采用较窄的试件,利于试件拉胀时产生横向收缩。上述方法简单易行,试验数据也能在整个变形范围内散布。

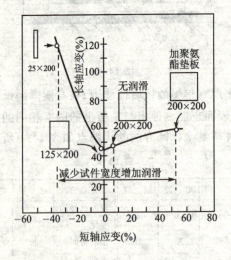

图 14.4

不同的应变测量准则,得到不同的成形极限曲线,因此有破裂型、缩颈型和普通型三种。图 14.1 中的上极限曲线属于前者,下极限曲线代表后者。

作破裂型成形极限曲线时,要求测量的变形椭圆,最好是裂纹贯穿它的中间,并要处在起始发生裂纹的位置附近,不然因变形不匀或受撕裂的影响产生误差。裂开的椭圆本身很难测量,而断口往往又带坡度,测量结果不会很精确;而且零件在开裂前产生的颈缩或集中性变薄,已形成潜在的结构缺陷,一般都认为这种压制件属于残次品或废品了。很明显,这种型式的成形极限曲线大大高估了材料的实际成形极限,在生产中使用价值不大。

材料的许可成形极限,应该是缩颈形成瞬间的应变值。为了捕捉这一时刻,建立缩颈型成形极限曲线,很多学者提出不同的试验技术,但都还没有成为一种精确、省时和行之有效的方法。

普通型成形极限曲线,是测量破裂起始部位(裂纹中央),与裂纹最接近,但不包含颈缩的椭圆的应变求得的,如图14.5所示。普通型成形极限曲线比颈缩型的要低,如果网格的基圆较小,圆圈采用交错斜排,二者差别不大。成形极限曲线的试验点比较散乱,生产因素又比较复杂;应用普通型曲线,制作简单,测量工作量小,在生产中更为实用。

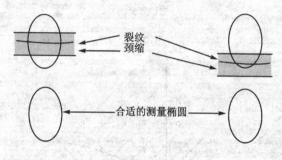

图 14.5

近年来,哈夫拉尼克(Havranek)等人提出在成形极限图中应添加起皱极限线,如图14.6所示,使其作用日臻完善。零件起皱和拉裂是冲压过程顺利进行的主要障碍之一。但是,起皱可以采用加大压边力或增设防皱埂等多种工艺措施来防止,因此起皱极限有一个变动范围。将两者合在一起必要性不大。

成形极限曲线有用相对应变和绝对应变表示的两种。

用绝对应变,在简单加载情况下,应变途径为一直线。利用实际应变作坐标轴时,还能看出零件各处的厚向应变的分布情况,如图14.7所示。

图上一族45°的平行线的直线方程为
$$\varepsilon_1 = -\varepsilon_2 + b$$
式中 b 为直线族在 ε_1 轴上的截距,其值为 b_1、b_2、……b_n 等常数。

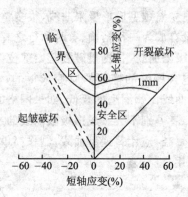

图 14.6

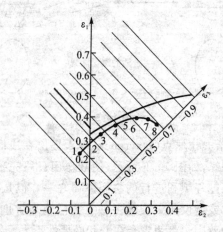

图 14.7

由体积不变条件 $\varepsilon_1 + \varepsilon_2 + \varepsilon_3 = 0$，可得

$$\varepsilon_1 = -\varepsilon_2 - \varepsilon_3$$

对比上述两式可得 $\varepsilon_3 = -b(-b_1, -b_2, \cdots, -b_n)$，将不同的 ε_3 值表示在双向等拉的直线上，如果把零件上各点的应变 $(\varepsilon_1, \varepsilon_2)$ 标在图上，还可看出它的厚度变化情况。

生产中为了简便，成形极限图上一般用相对应变作为坐标轴，并将横坐标的比例尺取得比纵坐标的大,参见图14.1,以便观察。在这种成形极限图上,应变途径不可能仍旧保持直线,而且三个相对应变之和也不再为零($\delta_1+\delta_2+\delta_3\neq 0$)。因此,从概念上来说不如用实际应变严格。但成形极限图的制作本身具有一定误差,习惯上常用相对应变,便于生产中使用。

三、成形极限曲线的数学模型——理论成形极限曲线

前已述及,板料的基本变形方式,不外"收"与"放"两种类型(参看§10.3),而成形极限是板料塑性变形不能稳定进行的结果。成形极限曲线所涵盖的变形方式只限于以拉为主——"放"的区域,即从单向拉伸到双向等拉的范围($\frac{r}{1+r}\leqslant\rho\leqslant 1;0\leqslant m\leqslant 1$)。因此板料变形的拉伸失稳(参看第十二章),可以作为我们建立成形极限曲线数学模型的理论基础。

板料的成形极限,应该是沟槽形成瞬间(集中颈缩开始)的应变值,包括稳定和不稳定(或亚稳定)的塑性变形量两部分,如图14.8所示,即线性应变路径(比例加载)阶段,$\overline{oa}$阶段的应变量与应变路径漂移阶段(这种漂移反映了应力状态的变化)$\widehat{ab}$阶段的应变量。

第一阶段自板料塑性变形开始,至载荷失稳($\mathrm{d}p=0$,分散性失稳)止。在此阶段,载荷稳定上升($\mathrm{d}p>0$),应变路径保持线性($\rho=const$,$\mathrm{d}\rho=0$),这一阶段的应变可用简单加载下的应力应变关系求得。在所有 a 点:$\varepsilon_1=n$,$\varepsilon_2=\rho n$。

第二阶段,自载荷失稳($\mathrm{d}p=0$,分散性失稳)开始至集中失稳发生时($\mathrm{d}\varepsilon_2=0$)为止。在此阶段,载荷在最高水平保持相对稳定,而板料的变形则失去稳定处于一种亚稳定状态,应变状态逐渐变化,$\mathrm{d}\rho<0$,ρ 值逐渐变为 $\rho=0$。这一阶段的变形量可用数值积分的方法求得。而板料所能达到的极限变形量即为此二阶段应变量之和。连接所有的 b 点,即可建立板料的成形极限曲线 FLC。

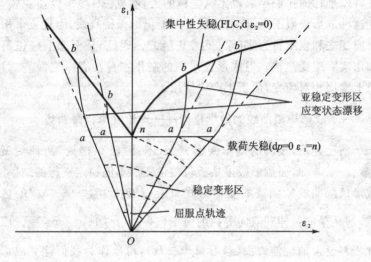

图 14.8

四、影响成形极限曲线的因素

如上所述,不同的材料种类,不同的应变测量准则,所得的成形极限曲线也不一样。此外,诸如材料的 n、r 和 m 值,应变梯度,应变途径和应变率等因素,也对成形极限曲线的形状和位置产生很大的影响。以下分别讨论它们之间的关系。

1. 材料的 n, r 值

应变刚指数 n 值大,材料的强化效应大,应变分布比较均匀。因此,板料的压制成形性能好,成形极限曲线升高。图 14.9 所示为根据凹槽理论计算得出的关系曲线。

根据凹槽理论计算,厚向异性指数 r 值大,拉-拉区的极限应变值就低,如图 14.10 所示。但皮尔斯(R. Pearce)的试验结果显示,除了平面应变端以外,r 值对成形极限曲线影响不太显著,但是可以看出 r 值下降,极限应变值也下降,如图 14.11 所示。这和上述分析计算有出入。

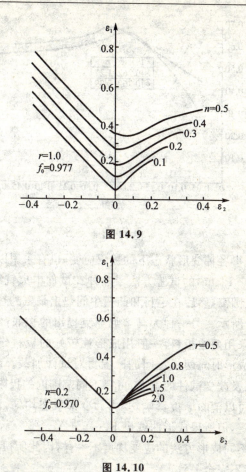

图 14.9

图 14.10

无论从理论分析或试验结果来看,n 值对成形极限曲线的影响远比 r 值重要。

2. 应变梯度

变形区材料的应变分布不均匀时,应变梯度愈大,周围材料对危险区材料的补偿作用愈大,应变分散效应愈强,有利于提高成形极限。

应变梯度既可以在平面内存在,也可以发生在板厚方向。因此,增加板料厚度或减少凸模曲率半径都能提高成形极限。

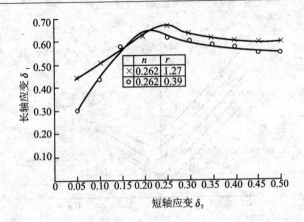

图 14.11

为了求得各种变形状态下的极限应变,也有采用以下两种"平板面内"(in-Plane)的试验方法。一种在试件中央铣制圆窝和各种尺寸的长圆窝,然后在毛料和凸模中间垫上聚氨酯垫圈后胀形,如图 14.12 所示。另一种为马辛尼亚克提出的平底凸模法,参看图 13.17。采用两块板料,一般用成形性较好的板料作垫板,并在中间制孔,成形时靠两板之间的摩擦力对试件加载。改变垫板中孔的尺寸以及改变试件的宽度,可得不同范围内的极限应变。"平板面内"法可以消除摩擦影响,受力和变形状态均匀,没有应变梯度,数据稳定,但所得成形曲线也不一样。

总之,不同成形方法的应变梯度不一样,因此所得的成形极限曲线有可能不完全一致。

3. 测量方法

由于试件和零件上存在应变梯度,网格基圆的直径愈小,被测椭圆离裂纹愈近,所得的极限应变愈大,愈接近真实极限应变值。

用光学工具测量时,光轴应与被测椭圆相垂直,不然所得尺寸有误差。对球面零件也可以用复印膜拓制后,在读数放大镜下读数。生产零件上急剧折曲部位的椭圆,可用能挠曲的带照相刻度的透明胶片测量,如图 14.13 所示。

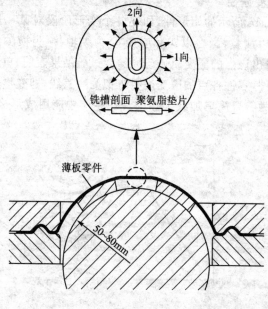

图 14.12

用于刻度为直径φ2.5的圆

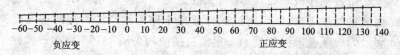

负应变　　　　　　　　　　　　正应变

图 14.13

4. 变形速度

普通压力机的成形速度对极限应变没有多大影响。但高速成形时,材料的成形性能降低。

增加应变率和减少 n 值对成形极限曲线的影响很类似。因此,增加应变率对成形极限曲线的影响,可归结为降低 n 值所引起的结果。

5. 应变途径

图 14.14 所示的帽形件,如在各个变形阶段对某一固定点 A 的应变加以测量,画在以实际应变 ε_1 为纵轴、ε_2 为横轴的坐标图上,可以看出该点的应变轨迹(途径)。试验结果表明,单道工序的普通压制件,零件各点的应变途径近似为一直线,即变形过程基本上可以认为符合简单加载定律的。在生产中应用成形极限曲线,并不困难。

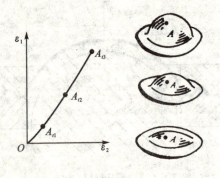

图 14.14

用多工序成形时,零件的加载历史不同应变轨迹不一定再遵循简单加载定律,因而由试验件或单工序的生产件所得的用应变表示的成形极限曲线就不一定能直接应用。图 14.15 所示的试验结果可以看出不同的应变路线对于应变成形极限的影响。

如果将宽板条先进行单向拉伸变形,然后在半球形凸模上加垫聚乙烯薄膜和润滑剂进行双向拉伸(胀形),如路线 1,变形的结果高于原极限曲线。反之,先用方形毛料进行双向拉伸(胀形),然后在中间部位切出一带条,进行类似单向拉伸的变形,如路线 2,此时变形的结果就低于原极限曲线。从各种加载路线的试验结果中得出这样的结论:如第一道变形方式的 $\dfrac{d\varepsilon_1}{d\varepsilon_2}<0$,而第二道的 $\dfrac{d\varepsilon_1}{d\varepsilon_2}>0$,叫拉伸-胀形路线,其成形极限曲线比简单加载的高,

第十四章 网格技术和成形极限图

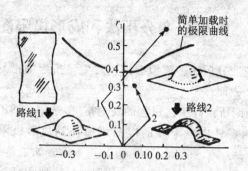

图 14.15

图 14.6 曲线 a。如第一道的 $\dfrac{d\varepsilon_1}{d\varepsilon_2}>0$，第二道的 $\dfrac{d\varepsilon_1}{d\varepsilon_2}<0$，则叫胀形-拉伸路线，其成形极限曲线比简单加载的低（图 14.16 曲线 b）。

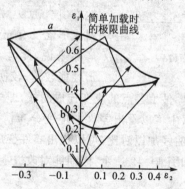

图 14.16

总之，如果不了解零件的应变历史，它的最后的应变分布，就不能用来作为成形分析的依据。因此，多工序成形时必须首先弄清它的应变途径，再根据上述原则，在应用应变成形极限曲线时加以必要的修正。

目前，学术界正在开展的建立用应力表示的成形极限曲线的研究，就是为了摆脱应用应变成形极限曲线的限制。

§14.3 网格应变分析法和成形极限图的应用

网格应变分析法和成形极限图对生产所起的指导作用,大致有以下几个方面:

(1) 判断所设计工艺过程的安全裕度,选用合适的材料。

把压制零件中危险点的应变值标注到成形极限图上,如图 14.17 所示。如果落在临界区内(位置 A),说明很危险,零件压制时废品率很高,如果落在靠近界限曲线的地方(位置 B),说明相当危险,必须对各有关条件严格控制。如果落在远离界限曲线的地方(位置 C),说明过分安全,板料成形性没有充分发挥。对民用产品来说,此时常常可以换用成形性能较差、较便宜的材料。

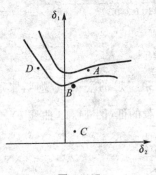

图 14.17

将同一瞬间零件上各点的应变连成曲线,即为应变构成线,如图 14.18 所示,从中可以看出零件的应变分布情况。如果与该种材料的成形极限曲线加以对比,可以找出零件变形的安全裕度、潜在的破裂位置,如图 14.19 所示,因而能对改进零件成形的措施提供正确的途径。

(2) 合理利用变形可控因素,完善冲压过程。

生产现场常用的可控因素有:模具圆角、毛料尺寸、润滑状况和压边力等。如果原来零件的危险点在图 14.17 中位置 B 处,要增加其安全性,从图上可以明显看出应减小 δ_1 或增大 δ_2,最好兼而有之。减小 δ_1 需降低椭圆长轴方向的流动阻力,这可用在该方向上减小毛料尺寸、增大模具圆角、改善润滑等方法来实现。而要增大 δ_2 需增加椭圆短轴方向的流动阻力,实现的方法是在短轴方

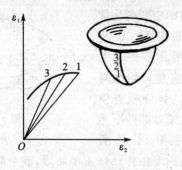

图 14.18

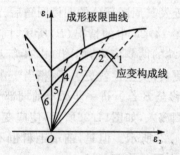

图 14.19

向上增大毛料尺寸,减小模具圆角,在垂直于短轴方向设防皱埂(或称拉深筋)等。如原来零件的危险点是落在图 14.17 的 D 处,要增加其安全性,可从减小 δ_1 或减小 δ_2 的代数值着手。要注意,减小 δ_2 的代数值需减小短轴方向的流动阻力。可见危险点在 $\delta_2 < 0$ 或 $\delta_2 > 0$ 的区域,为提高安全度需要努力的方向是不同的。

(3) 用于试模中发现问题,找出改进措施和确定毛料的合适形状。

图 14.20 所示的电熨斗顶盖用新模具试压时,在零件前端位于凸模冲击线和凹模圆角之间的材料发生开裂。经检查,压边力大小合适,分布均匀,润滑合理。于是用几块印制网格的毛料,分别压成高度为 6.35、12.7、19、22.2 mm 的中间半成品和零件全

高,以分析临界点的应变变化情况,应变测量值如图 14.21 所示。从图中可以看出零件深度达到 19 mm 后,应变开始在局部有急剧的增长。详细检查模具后,发现凸模尖端处型面不光滑,有局部凸起,如图 14.22 所

图 14.20

示,因而材料产生过度拉伸。修正型面后,破裂防止了,但应变值仍嫌太高,不利于生产条件下的压制,如图 14.23 中的情况(A)所示。加大高应变处及其周围部分的凹模圆角后,最大应变(长轴应变)下降很多,如图 14.23 中的情况(B)所示,同时凹模圆角增加后,材料易于从前端的两侧流入,如图 14.24 所示,这样最小应变(短轴应变)变得更负,安全性就更大了,相当于在图 14.25 所示的成形图上由 A 点移至 B 点。进一步减窄前端部分的毛料,可促进材料更容易从两侧流入,如图14.26所示,使应变点进一步由 B 点移至 C 点,如图14.25所示。但是,前端毛料也不是愈窄愈好,如果宽度过窄,可能在零件头部起皱。

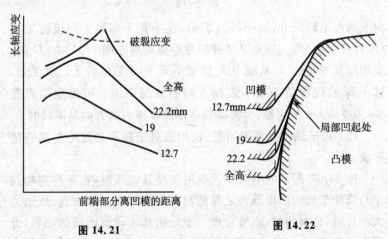

图 14.21   图 14.22

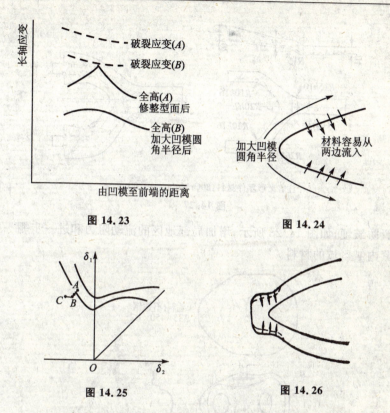

图 14.23

图 14.24

图 14.25

图 14.26

（4）有利于开展工艺性试验研究,便于积累生产经验。

复杂零件压制时,在一定条件下调整毛料的尺寸和外形,可以改变材料的变形条件,防止危险区域发生拉裂和起皱。图14.27所示的叉形零件,凹弯边处变形量大,容易拉裂。在展开毛料上适当增加余量,如图中阴影线部分所示,增大翻边区材料的变形抗力,将危险区域的拉伸变形更多分散至两边直段,使材料的变形性质向局部成形转化,就有可能防止边缘拉裂。工艺余量的合理数值与翻边变形量有关,翻边变形量大的地区,工艺余量也应较大。

复杂拉深件成形时,为了防止因四周材料不均匀流动形成的边皱,以及中间悬空部分出现的内皱,往往需要在零件的突缘上布

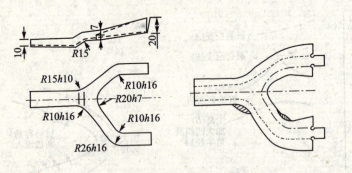

注：叉形零件材料：30CrMnSi, $t=1.0$ mm

图 14.27

置防皱埂,如图 14.28 所示,增加局部地区的流动阻力和进一步绷紧内皱区域的材料。

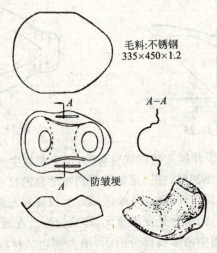

毛料：不锈钢
$335\times450\times1.2$

防皱埂

图 14.28

复杂零件的毛料尺寸和形状,防皱埂的布置和相应的毛料余量,新产品的造型设计等等,直接关系到模具的制造难易,材料能否经济利用,压制过程的成败,因而必须开展系统的工艺研究。应用坐标网应变分析法,能够正确确定各种工艺参数,做到生产过程合理化,并且也便于生产经验的积累和应用。

(5) 用于提高复杂冲压件的成形质量。

汽车覆盖件类冲压件,形状十分复杂,零件成形往往兼有多种变形性质。由于各部分变形相互牵制,零件起皱和拉裂的倾向更为严重。

起皱可以通过加大压边力,合理设置防皱埂,以及调整毛料形状来克服。拉裂则说明零件壁部传力区不能负担成形力,局部材料已达到变形极限。

成形极限曲线表征各种变形状态下材料拉伸变形的成形极限,似乎只限于解决破裂这种成形障碍。但是任何起皱问题的解决,都必须以不裂为基本条件。克服起皱问题的难点,实质上可归结为在防皱的情况下如何保证零件不裂。因此,也只有应用坐标网应变分析法,才能检查所采取的工艺措施是否恰当、有力,零件内部的拉伸变形是否足够、充分,以保证零件的贴模性和定形性,提高压制件表面质量和外形精度。

(6) 用于生产过程的控制和监视。

实际生产中影响生产过程稳定的因素繁多,如材料成形性能的差异,润滑剂性能的变动,模具磨损情况,机床调整,压边力控制和工人操作情况等等。但是这些众多因素影响的综合效果,集中表现在零件应变的分布和大小上。验收工艺规程和模具时,可压出一件带有坐标网的"标准零件",将其危险区的应变标注在成形极限图上。定期插入一块印有坐标网的毛料,成形后将其与"标准零件"加以比较,就可看出所有影响因素是否稳定。如果发现对"标准零件"有任何较大的漂移,都应仔细研究引起漂移的原因。如发现已漂移到临近界限曲线,则应停止生产,以预防大量废品的产生。

(7) 用于寻找故障

例如,大量生产的汽车轮毂盖,如图 14.29 所示,分三道工序成形。第一道正拉深压成带突缘的锅底,第二道是中间部分的反拉深,第三道成形工序是内孔翻边,中部压出平面下陷和弯出四个外弯边。正常情况下,其危险点的应变路线如图 14.30(a)所示。某次突然发生大量废品,要在三次工序的许多因素中去寻找原因,漫无目标。如画出报废情况下危险点的应变路线,如图 14.30(b)所示。比较图 14.30(a)和图 14.30(b),可以明显看出工序 2 的应变路线有突然改变,问题就出在工序 1 和 2 的转接上。由于工序 1 拉深深度偏大,拉入的材料过多,至使在工序 2 中要将多余的材料"挤出去"。工序 1 深度大的原因是冲床检修后,调整时行程大

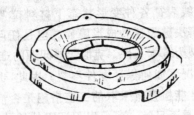

图 14.29

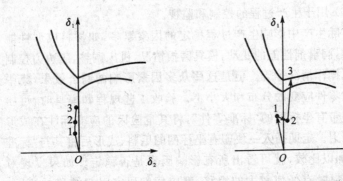

注:(a) 正常压制;(b) 有故障。

图 14.30

了 12 mm。消除此因素后,危险点的应变路线和零件的生产情况又都回到原来的稳定状态。

综上所述,网格应变分析法和成形极限图,已是工艺人员改进工艺过程,检验人员控制产品质量,工人之间进行生产交接等的有力工具。

在冲模试压阶段,应用上述技术作为诊断工具,更有重要的功用。通过发现潜在的危险,可以及时采取有效的补救措施,避免模具移交生产车间时带有"后遗症"。

大型复杂件的压制中,毛料尺寸和形状的确定,以及模具上防皱埂的设置,是两个重要的关键。只有应用上述技术,才能摸清设计规律、提高设计水平,以及节约材料。因此,积极开发这一技术,并在冲压领域中加速推广,对挖掘生产潜力、增加产量产品提高产品质量、经济效益和生产技术管理水平,都会有巨大促进作用。

附录 例题

1. 某材料作拉伸试验,结果如图 1 所示。如果加载过程中的最大拉力 P_{max} 为 19.6 kN,试件的原始剖面面积 F_0 为 40 mm², 拉断后的试件如图 1 所示,求材料的实际应力曲线的近似解析式: $\sigma = K \varepsilon^n$ 及 $\sigma = \sigma_c + D\varepsilon$。

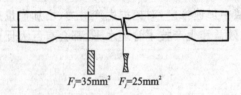

图 1

[解]

根据拉断后的试件图判断,试件细颈点的剖面面积 $F_j = 35 \text{ mm}^2$,因此:

细颈点应力
$$\sigma_j = \frac{P_{max}}{F_j} = \frac{19\,600}{35} = 560 \text{ MPa}$$

细颈点应变 $\varepsilon_j = \ln \dfrac{F_0}{F_j} = \ln \dfrac{40}{35} = 0.132$

近似解析式的各常数为:
$$n = \varepsilon_j = 0.132$$
$$K = \frac{\sigma_j}{\varepsilon_j^n} = \frac{560}{0.132^{0.132}} = 732$$
$$\sigma_c = \sigma_j(1 - \varepsilon_j) = 486$$
$$D = \sigma_j = 560$$

材料实际应力曲线的近似解析式分别为:

幂次式 $\sigma=K\varepsilon^n$：$\sigma=732\varepsilon^{0.132}$

直线式 $\sigma=\sigma_c+D\varepsilon$：$\sigma=486+560\varepsilon$

2. 用拉弯机拉校一直型材，该型材的材料为LY12M，剖面面积为80 mm², 长度为1 800 mm, 如果需要产生 $\varepsilon=0.05$ 拉伸量才能使型材校直，试计算所需拉力，已知LY12M拉伸试验的 $\sigma_b=163$ MPa, $\varepsilon_j=0.13$。

[解]

因拉伸量 $\varepsilon=0.05$ 远小于 $\varepsilon_j=0.13$，求拉应力时选用幂次式 $\sigma=K\varepsilon^n$ 较为合适。其中：

$$n=\varepsilon_j=0.13$$

$$\sigma_j=\sigma_b e^{\varepsilon_j}=163e^{0.13}=185.6$$

$$K=\sigma_j/\varepsilon_j^n=\frac{185.6}{0.13^{0.13}}=242$$

所以材料的应力应变关系为：

$$\sigma=242\varepsilon^{0.18}$$

拉伸量 $\varepsilon=0.05$ 时的应力为：

$$\sigma=242(0.05)^{0.18}=164 \text{ MPa}$$

此时型材的剖面面积为：

$$F=F_0/e^{0.05}=80/e^{0.05}=76 \text{ mm}^2$$

所需拉力 P 为：

$$P=\sigma \cdot F=164\times76=12\ 464 \text{ N}$$

3. 某次蒙皮拉形工艺试验中，在毛料上事先划出10 mm×10 mm的方格，拉形后测得方格尺寸的变化为(1)钳口附近10.78 mm×10.01 mm；(2)蒙皮中部10.55 mm×10.02 mm，近似计算蒙皮的最大变薄量和所需的拉力 P，如图2所示。已知蒙皮宽度为700 mm，厚度为2 mm，采用纵拉，材料的近似应变刚直线为 $\sigma=164+201\varepsilon$ MPa。

[解]

假定方格的尺寸为长×宽×厚=$a\times b\times t$，根据塑性变形体积不变条件，$a_0 b_0 t_0 = abt$。

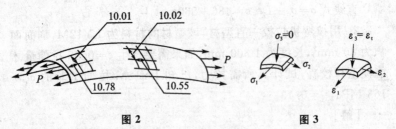

图 2　　　　　　　　图 3

钳口附近的蒙皮厚度

$$t_{钳口} = \frac{10 \times 10 \times 2}{10.78 \times 10.01} = 1.85 \text{ mm}$$

蒙皮中部的厚度

$$t_{中部} = \frac{10 \times 10 \times 2}{10.55 \times 10.02} = 1.89 \text{ mm}$$

可见蒙皮的最大变薄量在钳口附近，其值为：

$$\Delta t = t_0 - t_{钳口} = 2 - 1.85 = 0.15 \text{ mm}$$

钳口附近的应力状态如图 3 所示。

单向拉伸试验，材料的应变刚直线为：

$$\sigma = 164 + 201\varepsilon$$

此处 $\sigma_1 - \sigma_3 = \sigma$，而 $\sigma_3 = 0$，$\therefore \sigma_1 = \sigma$

$\varepsilon = \varepsilon_{max} = |\varepsilon_t|$，而 $|\varepsilon_t| = \ln \dfrac{t_0}{t_{钳口}} = \ln \dfrac{2}{1.85} = 0.077$，

$$\therefore \varepsilon = 0.077$$

所以 $\sigma_1 = \sigma = 164 + 201 \times 0.077 = 179.5 \text{ MPa}$

如果忽略蒙皮剖面的收缩，即可按下式算得所需拉力 P 的近似值为：

$$P = \sigma_1 F = 179.5 \times 2 \times 700 = 251.3 \text{ kN}$$

4. 在研制 MG-1 型蒙皮滚弯机中，根据调研确定：辊床取对称三轴的结构形式，其上辊轴直径为 60 mm，下辊轴直径为 80 mm，下辊轴轴心距离为 120 mm，如图 4 所示，辊轴的有效工作

长度为 5 000 mm,要求机床能滚弯 LY12C 厚 6 mm 蒙皮,其最小弯曲半径为 75 mm,试确定:

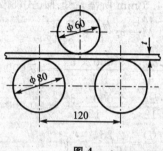

图 4

(1) 蒙皮所需的滚弯半径;
(2) 机床所需的吨位;
(3) 上辊轴的下降量。

已知 LY12C 的近似应变刚直线为 $\sigma = 299 + 2\,254\delta$,弹性模数 $E = 6.86 \times 10^{10}$ Pa。

[解]

(1) 假设零件所需的滚弯半径为 R,其中性层半径 $\rho = R + \dfrac{t}{2} = R + 3$,利用式(5.22)可以推得:

$$\rho = \frac{\rho_0 \left(1 - \dfrac{D}{E}\right)}{1 + 3\dfrac{\sigma_c}{E} \cdot \dfrac{\rho_0}{t}}$$

其中
$$\rho_0 = 75 + 3 = 78$$
$$\frac{\rho_0}{t} = \frac{78}{6} = 13$$
$$\frac{D}{E} = \frac{2\,254}{68\,600} = 0.0328$$
$$\frac{3\sigma_c}{E} = \frac{3 \times 299}{68\,600} = 0.0131$$

所以滚弯中性层的半径 $\rho=64.5$ mm，蒙皮所需的滚弯半径 $R=\rho-3=64.5-3=61.5$ mm。

（2）滚弯 $\rho=64.5$ mm 所需弯矩 M(式(5.20))：

$$M = \sigma_c \frac{bt^2}{4} + \frac{D}{\rho} \frac{bt^3}{12}$$

其中

$$\frac{bt^2}{4} = \frac{5\,000 \times 6^2}{4} = 45\,000$$

$$\frac{bt^3}{12} = \frac{5\,000 \times 6^3}{12} = 90\,000$$

$$\frac{D}{\rho} = \frac{2\,254}{64.5} = 34.9$$

所以

$$M = \sigma_c \frac{bt^2}{4} + \frac{D}{\rho} \frac{bt^3}{12} = 299 \times 45\,000 + 34.9 \times 90\,000 = 16.6 \text{ kJ}$$

根据内、外弯矩相等的条件，如图 5 所示，可以推得所需机床吨位 T 为：

$$T = \frac{2M}{(R+t)\text{tg}\alpha}$$

其中

$$\sin\alpha = \frac{B}{2\left(R+t+\frac{d_2}{2}\right)} = 0.558, \alpha = 34°$$

$$\text{tg}\alpha = \text{tg}34° = 0.675$$

所以 $T = \dfrac{2M}{(R+t)\text{tg}\alpha} = \dfrac{2 \times 16\,600\,000}{(61.5+6) \times 0.675} = 728.7$ kN

（3）上辊轴下降量 $bc = oc - ob$（图 5）

$$oc = R$$

$$ob = oe - be$$

$$oe = \left(R + t + \frac{d_2}{2}\right)\cos\alpha$$

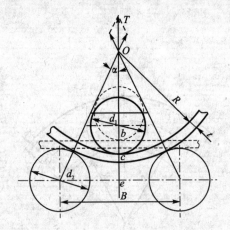

图 5

$$be = t + \frac{d_2}{2}$$

$$ob = \left(R + t + \frac{d_2}{2}\right)\cos\alpha - \left(t + \frac{d_2}{2}\right)$$

$$bc = oc - ob = R - \left[\left(R + t + \frac{d_2}{2}\right)\cos\alpha - \left(t + \frac{d_2}{2}\right)\right] =$$

$$\left(R + t + \frac{d_2}{2}\right)(1 - \cos\alpha) = (61.5 + 6 + 40)(1 - \cos 34°) =$$

$$107.5 \times 0.172 = 18.5 \text{ mm}$$

所以上辊轴的下降量为 18.5 mm。

5. 试证明：薄壁管弯曲时，管壁的最大变薄量 Δt 为：

$$\Delta t = \left[\frac{D - t_0}{2(R + D) - t_0}\right] t_0$$

式中　R——薄壁管弯曲内半径；

　　　D——薄壁管外径；

　　　t_0——薄壁管原始厚度。

[解]

薄壁管弯曲时，变薄现象发生于外区，其应力应变状态如图 6

所示。

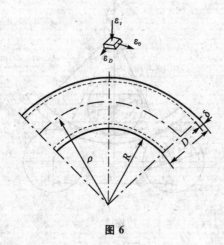

图 6

管子外壁平均切向应变 ε_θ 为:

$$\varepsilon_\theta = \ln \frac{\rho + \dfrac{D-t_0}{2}}{\rho}$$

管子外壁的厚向应变 ε_t 为:

$$\varepsilon_t = \ln \frac{t}{t_0}$$

管子周向应变 $\varepsilon_D = 0$(假定管径不变)。

根据塑性变形体积不变条件:

$$\varepsilon_\theta + \varepsilon_t + \varepsilon_D = 0$$

当 $\varepsilon_D = 0$ 时, $\quad \varepsilon_t = -\varepsilon_\theta$

所以 $\quad \ln \dfrac{t}{t_0} = -\ln \dfrac{\rho + \dfrac{D-t_0}{2}}{\rho} = \ln \dfrac{\rho}{\rho + \dfrac{D-t_0}{2}}$

$$\frac{t}{t_0} = \frac{\rho}{\rho + \dfrac{D-t_0}{2}} = \frac{2\rho}{2\rho + D - t_0} = \frac{2R + D}{2(R+D) - t_0}$$

$$t = \frac{2R+D}{2(R+D)-t_0}t_0$$

所以 $\Delta t = t_0 - t = \left[\dfrac{D-t_0}{2(R+D)-t_0}\right]t_0$

6. 计算厚 1 mm 左右，弯曲角度为直角的板弯件展开长度 L 时，可用以下近似公式：

当 $\dfrac{R}{t} \approx 3$ 时，$L = l_1 + l_2 - 2.5\,t$；

当 $\dfrac{R}{t} \approx 1$ 时，$L = l_1 + l_2 - 2t$。

式中 l_1、l_2 为弯边高度，如图 7 所示。

试分析近似计算的误差。说明误差与厚度的关系。

[解]

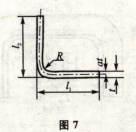

图 7

当弯曲半径 R 相当小时，弯曲中性层内移，展开弯曲毛料，必须计及这一因素。假定中性层半径为 ρ，$\rho = R + at$，a 为中性层内移的比例系数，其值小于 0.5，可查冷压手册。

当 $\dfrac{R}{t} = 3$ 时，$\rho = R + 0.47t$；

当 $\dfrac{R}{t} = 1$ 时，$\rho = R + 0.42t$。

精确展开长度应为：

$L' = l_1 + l_2 - 2(R+t) + \dfrac{\pi}{2}(R+at) = l_1 + l_2 - 0.43R -$

$\left(2 - \dfrac{\pi}{2}a\right)t = l_1 + l_2 - \left[0.43\,\dfrac{R}{t} + \left(2 - \dfrac{\pi}{2}a\right)\right]t$

当 $\dfrac{R}{t} = 3$ 时，$a = 0.47$。

$$L' = l_1 + l_2 - 2.55t$$

误差 $\Delta = L' - L = (l_1 + l_2 - 2.55t) - (l_1 + l_2 - 2.5t) = -0.05t$

$t = 1$ mm 时,误差 $\Delta = -0.05$ mm,板料厚度 t 愈大,误差愈大。

当 $\dfrac{R}{t} = 1$ 时,$a = 0.42$。

$$L' = l_1 + l_2 - 2.23t$$

误差 $\Delta = L' - L = (l_1 + l_2 - 2.23t) - (l_1 + l_2 - 2t) = -0.23t$

$t = 1$ mm 时,误差 $\Delta = -0.23$ mm,板料厚度 t 愈大,误差愈大。

7. 拉弯如图 8 所示挤压型材,采用先弯后拉的方案。

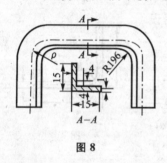

图 8

(1) 近似确定合适的拉力 P 的范围;

(2) 如果拉力 P 为 $4\,410N$,计算可能产生的最大变薄量;

(3) 计算 R 的回弹量。

已知 LC4M 的 $\sigma_{0.2} = 98$ MPa,$E = 6.86 \times 10^{10}$ Pa,实际应力曲线为 $\sigma = 294\varepsilon^{0.12}$。

[解]

求解前,必须先确定分析计算时所用的应力应变关系式。从 LC4M 实际应力曲线近似解析式 $\sigma = 294\varepsilon^{0.12}$,可以推得其有关机械性能数据为:

$$\varepsilon_j = n = 0.12$$
$$\sigma_j = K\varepsilon_j^n = 294 \times 0.12^{0.12} = 228 \text{ MPa}$$
$$\sigma_b = \sigma_j / e^{\varepsilon_j} = 228 / e^{0.12} = 202 \text{ MPa}$$

型材弯曲时中性层的半径 ρ 为:

$$\rho = R + 4 = 196 + 4 = 200 \text{ mm}$$

外区最大变形量 ε 为:

$$\varepsilon = \frac{y_{max}}{\rho} = \frac{11}{200} = 0.055$$

将 ε=0.055 代入 σ=294 ε^0.12 中,可以求得应变为 0.055 时的相应的应力 σ 为:

$$\sigma = 294\varepsilon^{0.12} = 294 \times 0.055^{0.12} = 207.6 \text{ MPa}$$

假定分析计算时,实际应力曲线 σ−ε 采用折线表达式(参看图 5.18)。

弹性区:
$$\sigma = E\varepsilon \quad 即 \quad \sigma = 68\,600\varepsilon \qquad (a)$$

塑性区:
$$\sigma = \sigma_s + D\left(\varepsilon - \frac{\sigma_s}{E}\right)$$

因为弯曲后加拉,应变发生在 ε=0.055、σ=207.6 附近,可以假定上式即为此点(207.6、0.055)与屈服点$(\sigma_s、\frac{\sigma_s}{E})$之连线,所以斜率 D 为:

$$D = \frac{207.6 - \sigma_s}{0.055 - \frac{\sigma_s}{E}} = \frac{207.6 - 98}{0.055 - \frac{98}{68\,600}} = 2\,046 \text{ MPa}$$

将各具体数值代入,即可确定塑性区的应力应变关系式为:

$$\sigma = 95 + 2\,046\varepsilon \qquad (b)$$

以下即可按(a)、(b)两式求解。

(1) 近似确定合适的拉力范围。

取得如图 9 所示均匀应力分布的最小必要拉伸量为 $\frac{2\sigma_s}{E}$。

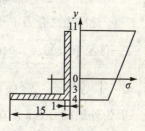

图 9

在此拉伸量下,沿型材剖面应力的分布即为(b)式。如以 $\varepsilon = \frac{2\sigma_s}{E} + \frac{y}{\rho}$ 代入(b)式,又因中性层半径 $\rho=200$,(b)式变为:

$$\sigma = 100.8 + 10.23y \qquad (c)$$

式中 y——剖面上任意点与中性层的距离。

所以最小必要拉力 $P_{\min}$ 为:
$$P_{\min} = 1 \times \int_{-3}^{11}(100.8+10.23y)\mathrm{d}y + 15 \times \int_{-4}^{-3}(100.8+10.23y)\mathrm{d}y = 2.94 \text{ kN}$$

最大拉力 $P_{\max}$ 按式(5.34)近似估算
$$P_{\max} = 0.9\sigma_b F = 0.9 \times 202 \times 30 = 5.45 \text{ kN}$$

所以合适的拉力范围为:
$$2.94 \text{ kN} \leqslant P \leqslant 5.45 \text{ kN}$$

(2) 求 $P = 4.41$ kN 时,型材的最大变薄量。

因为 $P_{\min} = 2.94$ kN < 4.41 kN,可见沿型材剖面的应力分布为图9所示的均匀应力分布。加拉后,假定产生的拉应变为 $\varepsilon_{拉}$,任意 y 处的弯曲应变为 $\varepsilon_{弯} = \dfrac{y}{\rho}$,所以总应变量 $\varepsilon = \varepsilon_{拉} + \varepsilon_{弯} = \varepsilon_{拉} + \dfrac{y}{\rho}$,沿型材剖面的应力分布(按($b$)式)为:

$$\sigma = 95 + 2\,046\varepsilon = 95 + 2\,046(\varepsilon_{拉} + \varepsilon_{弯}) = 95 + 2\,046\varepsilon_{拉} + 10.23y$$

此应力之合力 P 为:
$$P = 1 \times \int_{-3}^{11}(95+2\,046\varepsilon_{拉}+10.23y)\mathrm{d}y + 15 \times \int_{-4}^{-3}(95+2\,046\varepsilon_{拉}+10.23y)\mathrm{d}y = 59\,334\varepsilon_{拉} + 2\,790$$

因为外加拉力为 $4\,410N$,所以
$$59\,334\varepsilon_{拉} + 2790 = 4410$$
$$\varepsilon_{拉} = 0.027$$

型材外边沿,因为弯曲而产生的拉应变最大,此处:
$$\varepsilon_{弯\max} = \frac{y_{\max}}{\rho} = \frac{11}{200} = 0.055$$

此处的总拉应变也为最大值:
$$\varepsilon_{\max} = \varepsilon_{拉} + \varepsilon_{弯\max} = 0.027 + 0.055 = 0.082$$

所以型材的最大变薄量为：

$$1 \times \frac{1}{2}\varepsilon_{max} = 0.041 \text{ mm}$$

（3）设回弹后的曲率半径为 ρ_0，曲率回弹量 Δk 为[式(5.32)]：

$$\Delta k = \frac{1}{\rho} - \frac{1}{\rho_0} = \frac{M}{EJ}$$

而

$$M = 1 \times \int_{-8}^{11} \sigma y \mathrm{d}y + 15 \int_{-4}^{-3} \sigma y \mathrm{d}y$$

式中 $\sigma = 95 + 2\,046\varepsilon_{拉} + 10.23y = 150 + 10.23y$

$$M = 1 \times \int_{-3}^{11}(150 + 10.23y)y\mathrm{d}y + 15 \times$$

$$\int_{-4}^{-3}(150 + 10.23y)y\mathrm{d}y = 7\,048 \text{ N} \cdot \text{mm}$$

由图 8 可以算得型材的惯性矩 $J = 638 \text{ mm}^4$

$$\Delta k = \frac{M}{EJ} = \frac{7\,048}{68\,600 \times 638} = 0.000\,161$$

$$\frac{1}{\rho} - \frac{1}{\rho_0} = 0.000\,161$$

∴

$$\rho_0 = \frac{1}{\frac{1}{200} - 0.000\,161} \approx 207$$

半径的回弹量

$$\Delta R = \rho_0 - \rho = 207 - 200 = 7 \text{ mm}$$

8. 横拉如图 10 所示 LY12 厚 2.0 蒙皮，从拉形模上量得 $l_{max} = 940$ mm，$l_{min} = 900$ mm，零件包角约为 $90°$，已知 LY12 在新淬火状态下 $\varepsilon_j = 0.13$，$\delta_{10} = 0.18$，$\sigma_b = 294$ MPa，模具与毛料间摩擦系数取为 $\mu = 0.15$，拉形时采用 $2\,500$ mm $\times 1\,500$ mm 的整张板料，试近似估算：（1）零件一次成形的可能性；（2）机床所需的吨位。

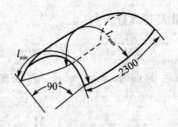

图 10

[解]

(1) 材料许可的最大拉形系数(参见§8.1):
$$K_{l\max} = 1 + 0.8\delta/e^{\frac{\mu\alpha}{2n}} = 1 + 0.8 \times 0.18/e^{\frac{0.15 \times 1.57}{2 \times 0.13}} = 1.058$$
零件的拉形系数:
$$K_l = \frac{l_{\max}}{l_{\min}} = \frac{940}{900} = 1.045$$

$K_l < K_{l\max}$,所以可以一次成形。

(2) 机床所需的吨位 P 近似为(§8.1):
$$P = 2F\sin\frac{\alpha}{2} = 2cBt\sigma_b\sin\frac{\alpha}{2} = 2 \times 1.02 \times 2\,500 \times$$
$$2 \times 294 \times \sin 45° = 2\,117 \text{kN} = 216t$$

9. 图 11 所示为某液压胀形工序所用的毛料和成形零件,已知最大变形区的毛料直径为 200 mm,零件材料为 LF21M 厚 1 mm,材料的机械性能如下:$\sigma_{0.2}=61.7$ MPa,$\sigma_b=103.9$ MPa,$\delta_j=0.21$,$\delta_{10}=0.30$。假定变形过程中沿零件母线的应变分布均匀,试求:

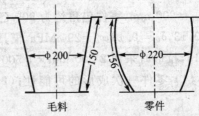

图 11

(1) 最大变形区材料的主应力主应变状态图；
(2) 成形后零件的最大变薄量；
(3) 成形中的最大切向应力；
(4) 成形所需的单位液压压力。

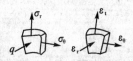

图 12

[解]

(1) 主应力应变状态如图 12 所示。

主应变状态：两拉一压。主应力状态：两向受拉。θ—周向；r—母线方向；t—板厚方向。

(2) 最大变薄量发生在最大变形区，此处材料厚度方向的应变 ε_t 为：

$$\varepsilon_t = -(\varepsilon_\theta + \varepsilon_r) = -\left(\ln\frac{220}{200} + \ln\frac{156}{150}\right) =$$

$$-(0.0953 + 0.0392) = -0.1345$$

$$|\delta_t| = 1 - e^{\varepsilon_t} = 0.144$$

所以最大变薄量 Δt_{max} 为：

$$\Delta t_{max} = 1 \times |\delta_t| = 1 \times 0.144 = 0.144 \text{ mm}$$

(3) 材料的应力应变关系设为 $\sigma = K\varepsilon^n$，其中

$$n = \varepsilon_j = \ln(1 + \delta_j) = \ln(1 + 0.21) = 0.19$$

$$K = \left(\frac{e}{n}\right)^n \sigma_b = \left(\frac{e}{0.19}\right)^{0.19} \times 103.9 = 172 \text{ MPa}$$

所以应力应变关系为 $\sigma = 172\varepsilon^{0.19}$

因为

$$\varepsilon_i = \sqrt{\frac{2}{3}(\varepsilon_\theta^2 + \varepsilon_r^2 + \varepsilon_t^2)} = 0.1383$$

$$\sigma_i = 172 \times 0.1383^{0.19} = 118 \text{ MPa}$$

所以

$$\sigma_\theta = \frac{2\sigma_i}{3\varepsilon_i}(\varepsilon_\theta - \varepsilon_i) = \frac{2 \times 118}{3 \times 0.1383} \times$$

$$(0.0953 + 0.1345) = 130.7 \text{ MPa}$$

(4) 液压压力(参看§8.2)为：

$$q = \frac{2\sigma_\theta t}{D} = \frac{2 \times 130.7 \times 1}{220} = 1.19 \text{ MPa}$$

10. 用半径为 R_0 的毛料拉深半径为 r_0 的筒形件,拉深过程中,突缘边沿处 R_t 与凹模洞口 r_0 处的变形程度哪个大？试证明之。

[解]

参看 §6.1 图 6.5。

假设拉深时突缘的切向应变 ε_θ 为最大主应变 $\varepsilon_{\max}$,ε_θ 的绝对值即表示其变形程度的大小。

拉深过程中,当毛料边沿由 R_0 变为 R_t 时,突缘边沿 R_t 处的变形程度为：

$$|\varepsilon_\theta|_{R_t} = \ln \frac{R_0}{R_t}$$

凹模洞口 r_0 处的变形程度为：

$$|\varepsilon_\theta|_{r_0} = \ln \frac{R}{r_0}$$

其中 R 表示:当 R_0 收缩至 R_t 时,R 处恰收缩至 r_0,根据塑性变形体积不变条件可得：

$$\pi(R_0^2 - R^2) = \pi(R_t^2 - R_0^2)$$

所以
$$R = \sqrt{R_0^2 - R_t^2 + r_0^2}$$

$$|\varepsilon_\theta|_{r_0} = \ln \frac{\sqrt{R_0^2 - R_t^2 + r_0^2}}{r_0} = \ln \sqrt{\left(\frac{R_0}{r_0}\right)^2 - \left(\frac{R_t}{r_0}\right)^2 + 1} =$$

$$\ln \sqrt{\left(\frac{R_0}{R_t}\right)^2 \left[\left(\frac{R_t}{r_0}\right)^2 - \left(\frac{R_t}{r_0}\right)^2 \left(\frac{R_t}{R_0}\right)^2 + \left(\frac{R_t}{R_0}\right)^2\right]} =$$

$$\ln \left[\frac{R_0}{R_t} \sqrt{\left(\frac{R_t}{r_0}\right)^2 - \left(\frac{R_t}{r_0}\right)^2 \left(\frac{R_t}{R_0}\right)^2 + \left(\frac{R_t}{R_0}\right)^2}\right]$$

其中
$$\sqrt{\left(\frac{R_t}{r_0}\right)^2 - \left(\frac{R_t}{r_0}\right)^2 \left(\frac{R_t}{R_0}\right)^2 + \left(\frac{R_t}{R_0}\right)^2} =$$

$$\sqrt{\left(1 - \frac{R_t^2}{R_0^2}\right)\left(\frac{R_t^2}{r_0^2} - 1\right) + 1}$$

因为
$$\frac{R_t}{R_0} < 1, \frac{R_t}{r_0} > 1$$

所以
$$\sqrt{\left(\frac{R_t}{r_0}\right)^2 - \left(\frac{R_t}{r_0}\right)^2 \left(\frac{R_t}{R_0}\right)^2 + \left(\frac{R_t}{R_0}\right)^2} > 1$$

$$|\varepsilon_\theta|_{r_0} = \ln\left[\frac{R_0}{R_t}\sqrt{\left(\frac{R_t}{r_0}\right)^2 - \left(\frac{R_t}{r_0}\right)^2 \left(\frac{R_t}{R_0}\right)^2 + \left(\frac{R_t}{R_0}\right)^2}\right] =$$

$$\ln\frac{R_0}{R_t} + \ln\sqrt{\left(\frac{R_t}{r_0}\right)^2 - \left(\frac{R_t}{r_0}\right)^2 \left(\frac{R_t}{R_0}\right)^2 + \left(\frac{R_t}{R_0}\right)^2}$$

因为
$$\ln\frac{R_0}{R_t} = |\varepsilon_\theta|_{R_t}$$

$$\ln\sqrt{\left(\frac{R_t}{r_0}\right)^2 - \left(\frac{R_t}{r_0}\right)^2 \left(\frac{R_t}{R_0}\right)^2 + \left(\frac{R_t}{R_0}\right)^2} > 0$$

所以
$$|\varepsilon_\theta|_{r_0} > |\varepsilon_\theta|_{R_t}$$

即凹模洞口材料的变形程度大于突缘边沿材料的变形程度。

11. 为了鉴定某一新材料的拉深性能,进行工艺试验,试验所用的板料厚度 $t=1$ mm,试件外径 $d=50$ mm,已知该材料拉伸试验的部分机械性能数据为 $\varepsilon_j = 0.35$, $r = 0.84$, $\sigma_b = 764$ MPa。试验前试估算:(1) 材料的极限拉深系数;(2) 所需的拉深力;(3) 所需的压边力;(4) 所需的设备吨位。

[解]

(1) 由式(6.35)知

$$m_{\min} = \frac{a}{\left(\sqrt{\frac{1+r}{1+2r}}\right)^{n+1} e^n \eta + b}$$

由表 6.1 查得 $a = 1.06$, $b = 1.11$,取 $\eta = 0.70$ 代入上式可算得极限拉深系数 $m_{\min}$ 为:

$$m_{\min} = 0.47$$

(2) 由式(6.21)知,所需的拉深力 P 为:

$$P = 5d t\sigma_b \ln\frac{1}{m} = 5(50-1) \times 1 \times 764 \ln\frac{1}{0.47} = 141.32 \text{ kN}$$

(3) 由式(6.24)知，所需的压边力 Q 为：

$$Q = \frac{\pi}{4}(D_0^2 - d^2)q$$

式中 $d = 50$ mm, $D_0 = \dfrac{50}{0.47} = 106$ mm，单位压边力 q 由(6.25)式计算：

$$q = 8\frac{D_0}{t}\left(\ln\frac{1}{m}\right)^{1+n}\sigma_b = 8 \times \frac{106}{1} \times$$

$$\left(\ln\frac{1}{0.47}\right)^{1+0.35} \times 764 \times 10^{-5} = 4.43 \text{ MPa}$$

所以 $Q = \dfrac{\pi}{4}(D_0^2 - d^2)q = \dfrac{\pi}{4}(106^2 - 50^2) \times 4.43 = 30.4$ kN

(4) 设备所需的吨位 T 为

$$T = P + Q = 141.32 + 30.4 = 171.72 \text{ kN}$$

12. 承上题，试验时共用了两块 $D_0 = 90$ mm, $t = 1$ mm 的毛料，第一件在正常条件下顺利压出，测得最大拉深力为 105.35 kN，第二件，加大压边力使拉深件拉裂，测得拉裂时的拉深力为 134.75 kN，试估算此材料的极限拉深系数。

[解]

按照一般规律，假定拉深力 P 与拉深系数的倒数 $\dfrac{1}{m}$ 成比例，

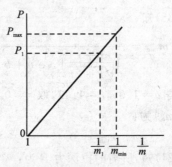

图 13

如图 13 所示。利用这一关系,我们有:

$$\frac{P_1}{P_{\max}} = \frac{1 - \dfrac{1}{m_1}}{1 - \dfrac{1}{m_{\min}}}$$

$$m_{\min} = \frac{m_1}{\dfrac{P_{\max}}{P_1} - m_1\left(\dfrac{P_{\max}}{P_1} - 1\right)}$$

式中
$$m_1 = \frac{50 - 1}{90} = 0.545$$

$$\frac{P_{\max}}{P_1} = \frac{134.75}{105.35} = 1.28$$

所以极限拉深系数 $m_{\min}$ 为:

$$m_{\min} = \frac{0.545}{1.28 - 0.545(1.28 - 1)} = 0.482$$

13. 试近似确定弹性凹模深拉深时容框压力 q 与凹模圆角半径 r_a 之间的关系。

[解]

弹性凹模拉深时,危险断面位于筒壁与凹模圆角连接处,分析凹模圆角处的受力状况,即可从力的平衡条件近似推得 q 与 r_a 的关系,如图 14 所示。

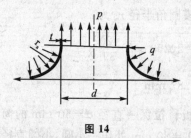

图 14

假定凹模直径为 d,板料厚度为 t 并忽略其变化,如危险断面传递的单位拉力为 p,则沿竖直方向力的平衡条件为:

$$\frac{\pi}{4}[(d + 2r_a + 2t)^2 - (d + 2t)^2]q = \pi(d + t)tp$$

将上式整理后可得 q 与 r_a 的关系为:

$$q = \frac{(d + t)t}{r_a(d + r_a + 2t)}p$$

或按 r_a 求解,舍去不合理根得：

$$r_a = \sqrt{\left(\frac{d}{2}+t\right)^2 + t(d+t)\frac{p}{q}} - \left(\frac{d}{2}+t\right)$$

14. 在橡皮囊深拉深液压成形机床 XY-1200 上拉深 LY12M 厚 2 mm、内径为 200 mm 的筒形件,如液囊容框的最大单位压力为 3.92 kN/cm²,求极限情况下的凹模圆角半径。

已知 LY12M 的强度极限 $\sigma_b = 162.7$ MPa,厚向异性指数 $r = 0.64$, $n = \varepsilon_j = 0.13$。

[解]

由 13 题知,凹模圆角半径 r_a 为：

$$r_a = \sqrt{\left(\frac{d}{2}+t\right)^2 + t(d+t)\frac{p}{q}} - \left(\frac{d}{t}+t\right)$$

以危险断面濒于拉裂时为极限状态,这时危险断面传递的单位拉力 p 等于其抗拉强度 σ_p,由式(6.34)知：

$$\sigma_p = \left(\frac{1+r}{\sqrt{1+2r}}\right)^{n+1} \sigma_b \cdot e^n = \left(\frac{1+0.64}{\sqrt{1+2\times 0.64}}\right)^{1.18} \times$$

$$162.7 \times e^{0.18} = 203.4 \text{ MPa}$$

将有关数值代入上式,得凹模圆角半径 r_a 为：

$$r_a = \sqrt{\left(\frac{200}{2}+1\right)^2 + 2(200+2)\frac{203}{39.2}} -$$

$$\left(\frac{200}{2}+2\right) = 8.87 \text{ mm}$$

15. 用直径 $D_0 = 95$ mm 的板料拉深一直径 $d = 50$ mm 的筒形件。拉深前在毛料表面直径 $D' = 80$ mm 处作一小圆,小圆直径 $2r_0 = 2.50$ mm。在拉深某一阶段,当板料突缘直径 $D_t = 85$ mm 时,小圆变为椭圆,测得其长轴 $2r_1 = 2.81$ mm,短轴 $2r_2 = 2.12$ mm,如图 15 所示。(1) 试估算此时毛料边缘三个主应变分量的大小,并确定此处的 β 值。(2) 试估算小圆变形后的位置直径 D 及其切向应变。(3) 由测量数据计算小圆的三个主应变分量的大小,并

确定此处的 β 值。将(3)的计算结果与(1)、(2)加以比较。(4) 假定材料单向拉伸实际应力曲线为:$\sigma=624\varepsilon^{0.18}$ MPa, 试确定小圆的三个主应力分量。

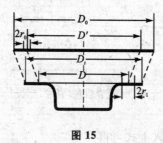

图 15

[解]

变形为轴向对称,所以径向、切向、厚向即为主轴所取的方向。

(1) 边沿处的切向应变 ε_θ 为:

$$\varepsilon_\theta = \ln \frac{\pi D_t}{\pi D_0} = \ln \frac{D_t}{D_0} = \ln \frac{85}{95} = -0.111$$

因边沿与单向压缩近似,因此 $\beta=1$,且 $\varepsilon_r=\varepsilon_t=-\frac{1}{2}\varepsilon_\theta=0.0555$

(2) 利用体积不变条件即可近似确定小圆变形后的位置直径 D 为:

$$D = \sqrt{D_t^2 - D_0^2 + D'^2} = \sqrt{(85)^2-(95)^2+(80)^2} = 67.8 \text{ mm}$$

其切向应变 ε_θ 为:

$$\varepsilon_\theta = \ln \frac{\pi D}{\pi D'} = \ln \frac{D}{D'} = \ln \frac{67.8}{80} = -0.165$$

(3) 小圆处的三个主应变分量:

$$\varepsilon_\theta = \ln \frac{2r_2}{2r_0} = \ln \frac{2.12}{2.50} = -0.166$$

$$\varepsilon_r = \ln \frac{2r_1}{2r_0} = \ln \frac{2.81}{2.50} = 0.117$$

$$\varepsilon_t = -(\varepsilon_\theta + \varepsilon_r) = -(-0.166+0.177) = 0.049$$

根据三个主应变分量可以算得其应变强度 ε_i 为:

$$\varepsilon_i = \sqrt{\frac{2}{3}(\varepsilon_r^2 + \varepsilon_t^2 + \varepsilon_\theta^2)} = 0.171$$

因为

$$\frac{\sigma_r - \sigma_\theta}{\varepsilon_r - \varepsilon_\theta} = \frac{\sigma_i}{\frac{3}{2}\varepsilon_i} \text{ 且 } \sigma_r - \sigma_\theta = \beta\sigma_i$$

所以

$$\varepsilon_r - \varepsilon_\theta = \frac{3}{2}\beta\varepsilon_i, \quad \beta = \frac{\varepsilon_r - \varepsilon_\theta}{\frac{3}{2}\varepsilon_i}$$

将相应数值代入上式可得：

$$\beta = \frac{\varepsilon_r - \varepsilon_\theta}{\frac{3}{2}\varepsilon_i} = \frac{0.0117 - (-0.166)}{\frac{3}{2} \times 0.171} \approx 1.1$$

与(1)、(2)结果加以比较可见：

a) 切向与径向应变：小圆处均较边沿处为大，厚向应变则较边沿处为小；

b) 小圆处之切向应变实测结果与估算结果相当近似；

c) 因小圆处径向拉伸作用较边沿明显，因此其 β 值由 1 增至 1.1。

(4) 由(3)知小圆处之 $\varepsilon_i = 0.171$，因此其应力强度 σ_i 为

$$\sigma_i = 624\varepsilon_i^{0.18} = 624(0.171)^{0.18} = 454 \text{ MPa}$$

因为

$$\sigma_r - \sigma_t = \frac{\sigma_i}{\frac{3}{2}\varepsilon_i}(\varepsilon_r - \varepsilon_i)$$

假定垂直于板料的应力为零，即 $\sigma_t = 0$

所以

$$\sigma_r = \frac{\sigma_i}{\frac{3}{2}\varepsilon_i}(\varepsilon_r - \varepsilon_t) = \frac{454}{\frac{3}{2} \times 0.171}$$

$$(0.117 - 0.049) = 120.4 \text{ MPa}$$

$$\sigma_\theta = -(\beta\sigma_i - \sigma_r) = -(1.1 \times 454 - 120.4) = -379 \text{ MPa}$$

主要参考文献

1 胡世光.板料冷压成形原理.北京:国防工业出版社,1977
2 胡世光、陈鹤峥.板料冷压成形原理(修订版).北京:国防工业出版社,1989
3 RAC 斯莱特.工程塑性理论及其在金属成形中的应用(中译本).北京:机械工业出版社,1983
4 W. F. Hosford & R. M. Caddel. Metal forming Mechanics and metallurgy, 1983
5 梁炳文、胡世光.板料成形塑性理论.北京:机械工业出版社,1987
6 日本塑性加工学会:压力加工手册(中译本).北京:机械工业出版社,1984
7 МЕЗубцов. Листовая Штамповка, 1980
8 ASM. Metals Handbook, 8 th Edition, Vol. 4, Forming, 1969
9 ВП Романовский. Справочникпо холодной штамповке, 1979
10 湖南省机械工程学会锻压分会.冲压工艺.湖南:湖南科学技术出版社,1984
11 李硕本等.冲压工艺学.北京:机械工业出版社,1982
12 王孝培等.冲压设计资料.北京:机械工业出版社,1983
13 胡世光、唐荣锡.板料压制塑性变形原理.北京:国防工业出版社,1965
14 林兴等.实用塑性弯曲译文集,中国工业出版社,1962
15 唐荣锡、陈鹤峥、陈孝戴.飞机钣金工艺.北京:国防工业出版社,1983
16 陈适先等.强力旋压工艺与设备.北京:国防工业出版社,1986
17 王成和等.旋压技术.北京:机械工业出版社,1986
18 阮雪榆等.冷挤压技术.上海:上海科学出版社,1963
19 陈进化.位错基础.上海:上海科学出版社,1984
20 陈光南.板料拉伸变形损伤、失稳与成形极限研究:博士论文.北京:北京航空航天大学,1991

后 记

　　本书并没有完全拘泥于教材的形式,而是同时作为专著推出,原因有二:其一,随着专业与教学计划的演变,《板料冷压成形的工程解析》已经不再作为主干课程的专用教材,但却仍是相关学科的学生和从事相关行业技术人员的重要学习参考资料;其二,本书立足于北京航空航天大学704教研室多年来在板料成形方面的教学科研实践,结合实际应用和经验总结编写而成。

　　北京航空航天大学704教研室有着深厚的学术积累,一直是"中国板料成形技术研究会(CDDRG)"的副理事长单位,孕育了本书的问世。本书是作者这一辈人,在此学科领域辛勤耕耘的业绩,绝非作者个人的成果,因而作为专著出版甚是不安。

　　学术的积累与继承是十分必要的。厚积才能薄发,继承完全是为了创新。这也是作者编撰本书的理念和心得。